W0087787

ullstein

Das Buch

Das Universum ist für uns oft noch ein Rätsel – und das, obwohl wir unser gesamtes Leben hier verbringen. Ob Sterne, Kometen und Planeten, ob Weiße Zwerge oder Schwarze Löcher – Michael Büker nimmt uns mit auf eine spannende Reise durch fremde Galaxien und erklärt anschaulich und unterhaltsam die physikalischen Phänomene dahinter. Er berichtet von astronomischen Entdeckungen und zeigt, was in der Zukunft noch alles möglich sein wird. Schnallen Sie sich an, und machen Sie sich bereit für eine rasante Fahrt, im Bordprogramm zeigen wir alles von den Möglichkeiten der Raumfahrt über die Wahrscheinlichkeit außerirdischen Lebens – bis hin zur alles entscheidenden Frage, was der Weltuntergang mit einem Latte macchiato zu tun hat.

Der Autor

Michael Büker, geboren 1987, lebt und arbeitet als Physiker in Dresden. 2014 wurde er Publikumssieger beim Bundesentscheid des FameLabs, einem internationalen Präsentationswettbewerb für Naturwissenschaften.

Michael Büker

Ich war noch niemals auf Saturn

Eine Reise durchs Universum

Ullstein

Besuchen Sie uns im Internet:
www.ullstein-taschenbuch.de

Originalausgabe im Ullstein Taschenbuch
1. Auflage Juli 2016
© Ullstein Buchverlage GmbH, Berlin 2016
Umschlaggestaltung: ZERO Werbeagentur, München
Titelabbildung: © FinePic®, München
Autorenfoto: © Maja Asanović
Illustrationen im Innenteil: © Veronika Mischitz,
Kirschvogelkantine
Satz: KompetenzCenter, Mönchengladbach
Gesetzt aus der Adobe Caslon Pro
Druck und Bindearbeiten: CPI books GmbH, Leck
Printed in Germany
ISBN 978-3-548-37637-0

Für meine Eltern.

Inhaltsverzeichnis

Vorwort

Liebe Leserin, lieber Leser: Willkommen im Universum!

Eigentlich sind wir ja schon unser ganzes Leben lang hier, also im Universum. Aber alles, was auf der Erde so los ist – die Arbeit, das Wetter, Nutellabrötchen, im Fernsehen nur Blödsinn –, hält uns so auf Trab, dass wir selten über das große Ganze nachdenken. Ich hoffe, dieses Buch kann Ihre Neugier für all das wecken, was es draußen im Universum Erstaunliches und Faszinierendes gibt. Trotz der unvorstellbaren Entfernungen im Weltall wissen wir als Menschheit nämlich schon überraschend viel über dessen entlegene Winkel, und wir lernen ständig dazu.

Fremdartige und spannende Orte gibt es natürlich auch bei uns auf der Erde. Vom Meeresgrund über die Polkappen bis auf die Gipfel der höchsten Gebirge sind Entdeckerinnen und Entdecker sowie Forscher und Forscherinnen unterwegs, angetrieben von Neugier und Beharrlichkeit. Sie erleben echte Abenteuer und liefern uns wichtige Erkenntnisse über unseren Planeten. Doch der Weltraum birgt eine besondere Faszination mit seinen scheinbar unendlichen Weiten. Denn auch nur einen Fuß vor die »Tür« der Erde zu setzen erfordert die allergrößten technischen und menschlichen Anstrengungen, und wir haben bisher nur ein paar erste zaghafte Schritte unternommen.

Viele spannende Ziele im Weltall, wie etwa andere Sterne und ihre Planeten oder auch fremde Galaxien, scheinen für uns unerreichbar zu sein. Nach allem, was wir heute wissen, sind die Entfernungen im All so groß, dass nur unsere allernächste Nachbarschaft überhaupt innerhalb der Lebenszeit eines Menschen zu erreichen ist. Aber es gibt keinen Grund, sich entmutigen zu lassen: Zum einen ist schon unsere nähere Umgebung reich an faszinierenden, unerforschten Orten und verblüffenden Rätseln. Zum anderen wissen wir auch über das, was noch weiter draußen liegt, inzwischen eine ganze Menge.

Wir Menschen bemühen seit Jahrhunderten unsere Augen, Teleskope und Messgeräte und seit einer Weile sogar Satelliten sowie Raumsonden, um möglichst alles zu untersuchen, was wir aus dem Weltraum einfangen können: Bilder, Staub, Gestein oder verschiedene Arten von unsichtbarer Strahlung und winzigen Elementarteilchen. So haben Wissenschaftler bereits jede Menge in Erfahrung gebracht – über unsere Nachbarplaneten, Asteroiden und Kometen, das Entstehen und Vergehen der Sterne und sogar über Zusammenstöße von Galaxien und die Entwicklung des Universums. Auf diese Weise ist langsam ein Bild von allem um uns herum entstanden. Dieses Bild ist mal mehr und mal weniger eindeutig, doch wir finden ständig neue Antworten und, wie es sich in der Wissenschaft gehört, natürlich auch neue Fragen.

Hier im Buch sind unserer Reise zum Glück keine Grenzen gesetzt: Schlüpfen wir nach Lust und Laune in ein fiktives, wahnsinnig schnelles Raumschiff oder einen gedachten, besonders widerstandsfähigen Raumanzug und besuchen unerreichbar ferne Orte und vergangene Zeiten – auf den Spuren unzähliger Entdecker und Forscher, die Stück für Stück unser heutiges Bild des Universums zusammengesetzt haben. Wir starten auf der Erde und bewegen uns tiefer und tiefer ins All, wo wir immer mehr Phänomene, Kurioses und Erstaunliches entdecken werden. Sind Sie bereit? Dann los!

In den folgenden Kapiteln finden Sie am Seitenrand einige der Himmelskörper des Sonnensystems im maßstabsgetreuen Abstand von der Sonne. Zwischen ihnen ist sehr viel Platz – ganz wie im echten Sonnensystem!

Genauer gesagt: Die Entfernungen der Planeten von der Sonne auf den nächsten Seiten entsprechen der größten Sonnenentfernung ihrer Umlaufbahn. Dabei steht eine Seite für rund 60 Millionen Kilometer. Die Größen von Sonne und Planeten sind allerdings nicht maßstabsgetreu, sonst wären sie schwer zu erkennen.

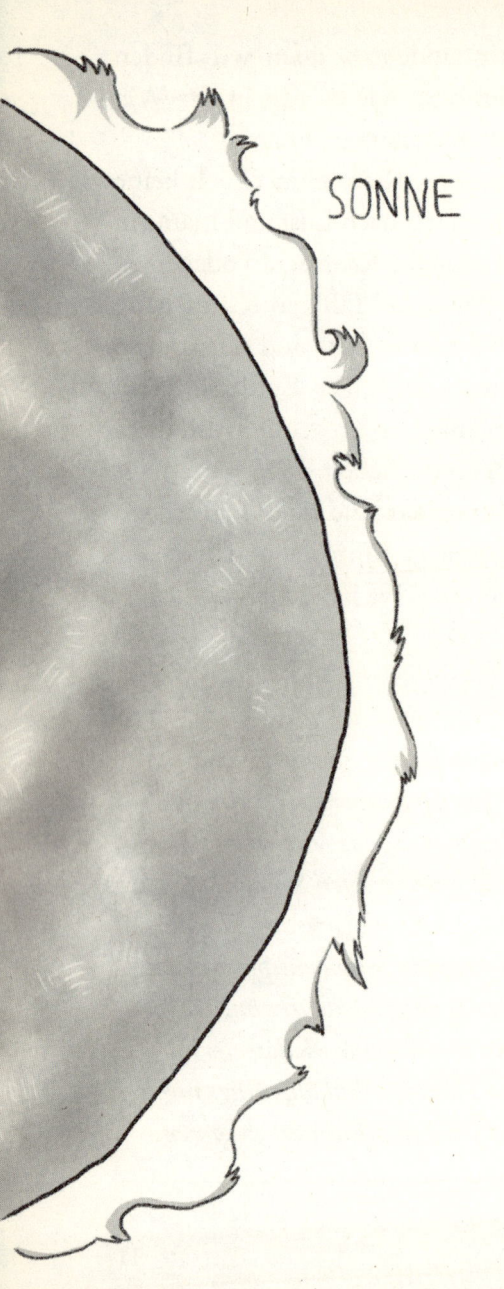
SONNE

Unser Sonnensystem

○ MERKUR

◯ VENUS

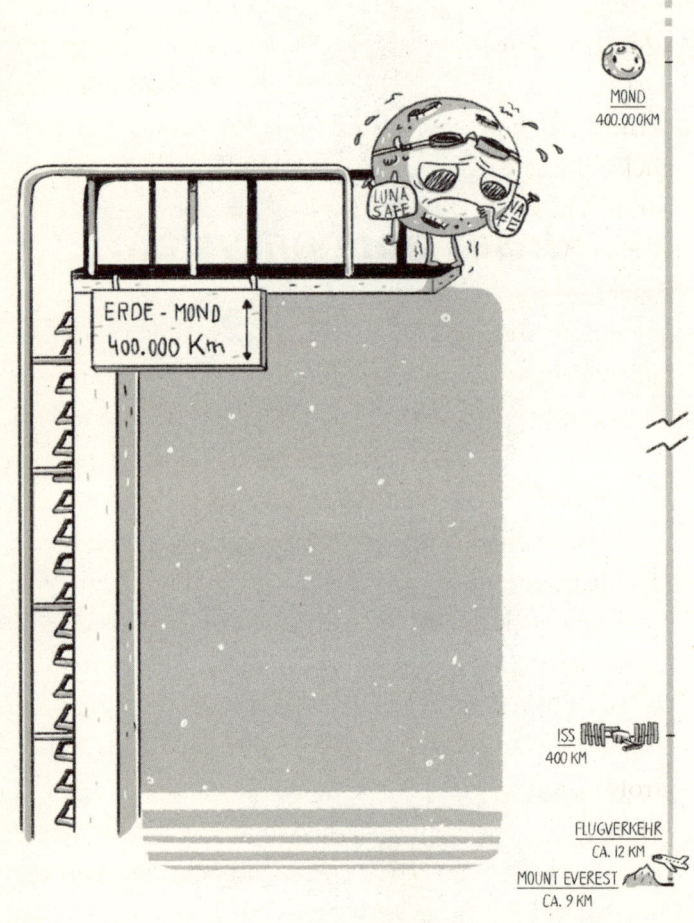

ERDE

Vor der Haustür:
Auf den Spuren der Raumfahrt

Der erste Schritt, den wir ins Weltall wagen, bringt uns dorthin, wo sich tatsächlich schon andere Menschen herumgetrieben haben und sogar in diesem Augenblick tummeln. Dieser Teil des Alls ist sehr überschaubar, um nicht zu sagen: winzig. Trotzdem ist die Reise alles andere als einfach oder eintönig. Folgen wir also zunächst den waghalsigen Raumfahrern vergangener Jahrzehnte und den routinierten Astronauten von heute, und begeben wir uns später sogar auf die Spur von Raumsonden und Landerobotern an all den Orten im Sonnensystem, die wir noch nicht mit unserer persönlichen Anwesenheit beglücken konnten.

Doch zuvor müssen wir kurz darüber sprechen, wie wir auf unserer Reise Entfernungen beschreiben: Wir brauchen geeignete Maßeinheiten. Wie wäre es mit Kilometern? Der Vorteil ist, dass so ziemlich jeder ein Gefühl für Kilometer haben dürfte: Zur Schule oder Arbeit sind es soundso viele Kilometer, die nächste Großstadt liegt ein paar Dutzend Kilometer weg, und auf einer langen Flugreise legt man auch schon mal Tausende Kilometer zurück. Und zunächst können wir auch tatsächlich bei Kilometern bleiben. Wir sollten uns aber nicht zu sehr daran gewöhnen, denn schon innerhalb des Sonnensystems werden Kilometer bald unhandlich klein. Das ist wie beim Einrichten eines Zimmers: Die Breite des Schranks notiere ich als »120 Zentimeter«, aber die Entfernung zum Möbelmarkt merke ich mir nicht als »dreihundertfünfzigtausend Zentimeter«, sondern lieber gleich als »dreieinhalb Kilometer«. Auf unserem Streifzug durchs Universum werden sich die Entfernungseinheiten gewissermaßen die Klinke in die Hand geben, und wir müssen immer wieder unsere Perspektive wechseln, um mit den enormen Entfernungen Schritt zu halten. Aber das regeln wir, wenn es so weit ist. Niemand muss befürchten, ohne Anmoderation mit einer »Astronomischen Einheit« (ja, die heißt wirklich so) oder einem »Lichtjahr« konfrontiert zu werden. Für die Neugierigen sei vorab verraten: Eine Astronomische Einheit steht für knapp 150 Millionen Kilometer, ein Lichtjahr für nicht ganz zehn Billionen Kilometer.

Ein Problem gibt es allerdings doch mit unseren altbekannten Kilometern: Wir benutzen sie als Maßeinheit, wenn wir beschreiben möchten, wie weit wir uns auf der Erde fortbewegen. Nach oben, also von der Erde weg und in Richtung des Weltalls, sind die Dimensionen schon ganz andere. Ich selbst fahre zum Beispiel oft zwölf Kilometer mit dem Fahrrad zur Arbeit. Das ist keine bemerkenswerte Entfernung (obwohl ich trotzdem furchtbar stolz darauf bin). Zwölf

◉ MARS

Kilometer nach oben wären allerdings für jeden Fahrradfahrer eine handfeste Sensation! Die höchsten Berge der Erde sind gerade mal acht bis neun Kilometer hoch, und in zehn bis zwölf Kilometern Höhe tummeln sich vor allem Passagierflugzeuge. Im Flugzeug ist dabei übrigens von einer Flughöhe zwischen 30 000 und 40 000 Fuß die Rede – jede Unternehmung hat eben ihre eigenen Einheiten.

Auch eine Reise zur Internationalen Raumstation ISS verdeutlicht den Unterschied zwischen Kilometern geradeaus und Kilometern nach oben. Die ISS umkreist die Erde in einer Höhe von gut 400 Kilometern. Das entspricht auf der Erde etwa der Strecke Hamburg – Köln. Doch der Unterschied ist, dass die ISS selbst in Bewegung ist. Man kann sie also nicht direkt anfliegen, sondern muss mindestens sechs Stunden lang auf die Raumstation zusteuern und dabei die Triebwerke feuern, um genauso schnell zu werden wie sie. Bevor 2013 ein neues Anflugmanöver entwickelt wurde, dauerte der Flug fast zwei Tage! Die Enge in der Kapsel, die schwindelerregende Beschleunigung und die Vibrationen beim Start, die schweren Raumanzüge und die rudimentären Toilettenanlagen: Auch wenn viele gern über die Bahn schimpfen, ist der Flug zur ISS mit Sicherheit wesentlich unangenehmer, als vier Stunden im ICE zu sitzen.

Also dann, auf nach oben! Unsere ersten Schritte ins All beginnen mit Höhen, die man zu Fuß erreichen kann. Wer auf einem der höchsten Gebäude der Welt steht, befindet sich rund einen Kilometer über dem Boden. Die Unregelmäßigkeit der Erdoberfläche sorgt sogar für überraschende Situationen: Auf jedem beliebigen Barhocker in Mexiko-Stadt sitzen Sie höher über dem Meeresspiegel als auf dem Dach irgendeines der zehn höchsten Gebäude der Welt (und der Tequila ist in Mexiko auch besser).

Auf eine größere Höhe als die zehn bis zwölf Kilometer, die große Passagierflugzeuge auf langen Strecken erreichen, verschlägt es die wenigsten Menschen jemals. Forschungs- und Militärpiloten kratzen bisweilen an der Grenze zum Weltraum, und wer höher als 100 Kilometer über dem Meeresspiegel fliegt, darf sich Astronaut oder Astronautin nennen. Diese Grenze wurde von der *Fédération Aéronautique Internationale* festgelegt, die seit über 100 Jahren Rekorde in der Luft- und Raumfahrt verwaltet. So hoch können Menschen nur mit speziellen Flugzeugen fliegen – oder eben mit Raumschiffen. Im Deutschen ist übrigens, ebenso wie im Englischen, der Begriff »Astronaut« üblich. Juri Gagarin, der erste Mensch im All, wurde allerdings »Kosmonaut« genannt, und in zahlreichen Ländern Osteuropas und Asiens ist dieser Begriff weiterhin üblich. Das Französische kennt zusätzlich auch den Begriff »spationaute«. In den 2000er Jahren hat sich für Raumfahrer aus China der Begriff »Taikonaut« eingebürgert. All diese Begriffe sind Kunstwörter mit griechischen oder lateinischen Wurzeln und bedeuten wörtlich so viel wie »Raumfahrer«. Es ist gut möglich, dass in der Zukunft weitere Länder mit eigenen Raketen in die Raumfahrt einsteigen und der Tradition folgend eine eigene Wortschöpfung etablieren.

Der entscheidende Unterschied zwischen Flugzeugen und Raumschiffen ist die Strategie, mit der sie oben bleiben. Ein Flugzeug macht sich zum Fliegen den Luftstrom um die Flügel zunutze, der ihm Auftrieb verleiht, während die Triebwerke es nach vorne drücken. Dabei bewegt sich der Rumpf weitgehend parallel zum Erdboden, während das Flugzeug vorwärtsfliegt. Das ist enorm praktisch, weil man dann als Passagier festen Boden unter den Füßen hat und sich genauso schwer fühlt wie am Boden, während der Pilot in Flugrichtung vorwärts aus dem Cockpitfenster schauen kann. Diese Technik ist aber nur bis zu einer gewissen Flughöhe anwendbar, denn irgendwann ist die Luft zu dünn, um dem Flugzeug genügend Auftrieb zu verleihen.

Mit einer Rakete schaffen wir es dagegen weit über diese Höhe hinaus, etwa bis zur Internationalen Raumstation, 400 Kilometer über dem Meeresspiegel, oder sogar noch weiter. Allerdings ist es in einer Rakete mit dem Komfort vorbei, den ein Flugzeug bietet: Wir liegen auf dem Rücken in unserer Kapsel, während von unten die Triebwerke die Rakete senkrecht nach oben drücken. Wir erleben den Aufstieg wegen des starken

· CERES

Antriebs streckenweise so, als wären wir dreimal so schwer, wie wir tatsächlich sind! Zusammen mit den massiven Raumanzügen bedeutet das, dass wir uns kaum bewegen können. Damit man überhaupt die Instrumente benutzen und Knöpfe drücken kann, haben die russischen Raumkapseln namens »Sojus« kleine Stangen an Bord, mit denen man seinen Arm verlängert, um an die Steuerungen zu kommen. Zu allem Überfluss haben Raumkapseln meist nur winzige Fensterchen, durch die man auf dem Flug ins All nichts als den Himmel sehen kann.

Einmal im All angekommen, verspüren wir, sobald die Triebwerke abgeschaltet sind, plötzlich gar kein Gewicht mehr. Alles, was nicht an die Wand geklebt ist, schwebt nun durch die Gegend. Wie der Wissenschafts-Comiczeichner Randall Munroe in seinem hervorragenden Buch »What if? – Was wäre wenn?«[*] erklärt, legt das eine falsche Vorstellung nahe. Nämlich die, dass man aus der Erdatmosphäre hinaus ins All fliegt und dann mit seinem Raumschiff in enormer Höhe gewissermaßen bewegungslos »rumhängt«. Immerhin schweben ja auch die Astronauten selbst seelenruhig in der Mitte ihrer Kapsel und versuchen bisweilen erfolglos mit rudernden Bewegungen, ihr davontreibendes Abendessen aufzufangen, wenn sie es

---

[*] Randall Munroe: »What if? – Was wäre wenn?«, Knaus, 2014, S. 221 ff.

zu schwungvoll aus der Tüte gedrückt haben. Also könnte man vermuten, dass auch ihr Raumschiff seelenruhig und langsam vor sich hin schwebt. Doch in Wahrheit ist es ganz anders: Die Grenze von der Erde zum Weltall zu *erreichen* ist längst nicht das Schwierigste an so einem Raumflug. Oben zu *bleiben* ist die Herausforderung.

Um das Problem zu illustrieren, möchte ich den Science-Fiction-Klassiker »Per Anhalter durch die Galaxis« des britischen Autors Douglas Adams zu Rate ziehen. Sein Werk ist unter Physikern so beliebt, dass während meines Studiums ein Exemplar davon in der Bibliothek des Fachbereichs Physik an der Universität Hamburg stand und zu der Literatur gehörte, die uns zu Beginn des Studiums empfohlen wurde. Die *International Astronomical Union* (IAU) benannte nach Adams' Tod sogar den Asteroiden »2001 DA42« in »25924 Douglasadams« um. In besagtem Klassiker gibt er eine Einführung zum Thema Fliegen ohne Hilfsmittel:

Es ist eine Kunst, sagt er, oder vielmehr ein Trick zu fliegen. Der Trick besteht darin, daß man lernt, wie man sich auf den Boden schmeißt, aber daneben. [...] Zweifellos ist es dieser zweite Teil, nämlich das Verfehlen, der Schwierigkeiten bereitet.[*]

---

[*] Zitat aus: Douglas Adams: »Per Anhalter durch die Galaxis«, Rogner & Bernhard, 1983, S. 71 f. (deutsche Übersetzung von Benjamin Schwarz)

Es gibt bislang keine glaubhaften Berichte, nach denen irgendjemand diesen Tipp erfolgreich umsetzen konnte und das Fliegen erlernt hat. Douglas Adams' Beschreibung des Problems kommt aber der tatsächlichen Situation in der Raumfahrt überraschend nahe.

Stellen wir uns einmal Kinder im Freibad vor, die vom Sprungturm hüpfen. Wer einfach nur einen kleinen Schritt vom Sprungbrett macht, fällt direkt nach unten. Wenn man aber kräftig Anlauf nimmt, fliegt man auch ein gutes Stück weit vom Sprungturm weg, ehe man ins Wasser eintaucht. Je schneller der Anlauf ist, desto weiter fliegt man dabei. Zum Glück sind Schwimmbäder so ausgelegt, dass es selbst mit einem enorm schnellen Anlauf nicht möglich ist, das Wasser zu verfehlen.

Was aber wäre, wenn wir, wie ein Superheld, beim Anlauf wahnsinnig schnell werden könnten? Wir würden dann nach dem Absprung vielleicht bis ins nächste Becken oder gleich ins nächste Schwimmbad fliegen! Wenn man dann noch bedenkt, dass die Erde rund ist, kann man sich auch fragen: Wäre es möglich, so schnell anzulaufen, dass man nach dem Sprung überhaupt nicht mehr aufkommt, sondern gewissermaßen hinter den Horizont fällt und einfach immer weiter fliegt? Wie schnell müsste man dafür wohl sein? Nun, theoretisch ginge das tatsächlich! Die Geschwindigkeit, die man dafür braucht, wird »erste kosmische Geschwindigkeit« genannt. In Lehrbüchern wird sie meist mit dem Gedankenexperiment eingeführt, mit dessen Hilfe sie der berühmte britische Physiker Isaac Newton Ende des 17. Jahrhunderts erstmals beschrieb: Eine Kanonenkugel wird von einem hohen Berg geschossen, und zwar so schnell, dass sie nicht mehr auf die Erde herunterfällt (zu Newtons Zeiten gab es eben noch mehr Kanonen und weniger Rücksicht auf die öffentliche Sicherheit). Wie groß diese erste kosmische Geschwindigkeit ist, hat Newton jedenfalls damals schon berechnet. Sie beträgt 7,9 Kilometer pro Sekunde oder auch 28 500 km/h. Wirklich keine Übung fürs Freibad!

Unser Beispiel zeigt, dass eine Rakete nicht nur nach oben kommen muss, um wirklich ins All zu fliegen. Denn wenn sie oben ankommt, aber seitlich nicht schnell genug ist, fällt sie einfach wieder herunter. Dieses Prinzip können Sie sogar bei Raketenstarts beobachten: Die Rakete steigt nicht schnurgerade nach oben, sondern neigt sich schon nach einigen Sekunden, um genügend seitliche Geschwindigkeit zu gewinnen. Besonders günstig ist ein Start in Richtung Osten in der Nähe des Äquators, denn dort kann man die Geschwindigkeit, mit der sich die Erde um sich selbst dreht, einfach mitnehmen. So muss die Rakete rund 470 Meter pro Sekunde (1700 km/h) weniger aus eigener Kraft aufbringen. Deshalb werden viele Raketen heute bevorzugt in Florida, Kasachstan oder in Französisch-Guayana gestartet.

Auf ihrer Umlaufbahn um die Erde befindet sich eine Raumkapsel also ständig im freien Fall, ist aber schnell genug, um an der Erde vorbeizufallen. Das erinnert schon ein bisschen an Douglas Adams' Trick, sich neben den Boden zu schmeißen, oder? Nun leuchtet auch ein, warum uns als Besucher auf der ISS dauernd das Essen wegschwebt: Im freien Fall genießt man nicht den Luxus, dass die Schwerkraft alles um einen herum in eine Richtung drückt, sondern alles, was nicht befestigt ist, schwebt frei umher. Wenn Sie schon mal mit einer dieser Achterbahnen gefahren sind, wo in einem denkbar ungünstigen Moment Fotos von den Fahrgästen gemacht werden, haben Sie das Phänomen vielleicht an Ihrer Frisur beobachten können. Obwohl dieser Zustand oft »Schwerelosigkeit« genannt wird, ist das Raumschiff natürlich keineswegs der Schwerkraft entkommen, sondern ist noch fest im Griff der Erde. Die Insassen befinden sich aber im freien Fall, da sich ihre hohe Geschwindigkeit mit der Erdanziehung ausgleicht. Der Schlaumeier-Begriff für diese Art der Schwerelosigkeit lautet »Mikrogravitation«, weil die Auswirkungen der Schwerkraft sehr klein, aber eben nicht ganz verschwunden sind.

Auf jeden Fall ist das Leben in einer Raumstation deutlich komplizierter als zu Hause. Stellen Sie sich vor, dass Sie als ISS-Gäste Ihr Essen in Tüten mit Klettverschluss an der Wand aufbewahren und sich beim Schlafengehen festschnallen, damit Sie nicht davonschweben. Tagsüber macht es Spaß, lustige Videos von Kunststückchen zu drehen, aber das ist alles andere als einfach! Eine so ruhige Hand zu haben, dass die Nuss vorm Gesicht oder die Kamera vor dem Bauch nicht wegtrudelt und davonschwebt, erfordert viel Übung. Weil auch echte Astronauten der Versuchung oft nicht widerstehen können, gibt es von ihnen eine Menge lustiger Videos über das Leben ohne Schwerkraft.

Obwohl wir ohne die Raumstation um uns herum nicht atmen könnten, sind wir keinesfalls der Erdatmosphäre entkommen. Es gibt nämlich keine feste Grenze, an der die Luft aufhört – sie wird einfach nach oben hin langsam dünner, und selbst in 400 Kilometern Höhe hat die ISS noch mit Luftwiderstand zu kämpfen. Würde die Raumstation nicht regelmäßig mit Triebwerken angehoben, dann würde sie früher oder später zu tief in die Erdatmosphäre eintauchen und verglühen. So endete im Jahr 2001 die russische Raumstation Mir durch ein gezieltes Manöver nach ihrer Stilllegung. Wie seinerzeit die Mir hat auch die ISS nicht genügend Treibstoff vorrätig, um sich auf Dauer selbst oberhalb der Atmosphäre zu halten. Deshalb werden nach Möglichkeit Raumschiffe, die zu

JUPITER

Besuch sind, für solche Anschubmanöver herangezogen. Sie zünden dann im angedockten Zustand ganz vorsichtig die Triebwerke, um die Raumstation nach oben zu drücken. Während des Anschiebens erfährt auch das Innere der Station eine – wenn auch geringe – Beschleunigung. Die kann sich für die Insassen wie eine sehr schwache Variante der Schwerkraft anfühlen, wovon verspielte Astronauten während eines solchen Manövers auch schon ein Video gemacht haben: Sobald sie die Wände loslassen, driften sie und alle frei schwebenden Gegenstände langsam, aber sicher gemeinsam in eine Richtung.[*]

Das alles spielt sich, nüchtern betrachtet, gar nicht besonders weit über dem Erdboden ab, auch wenn 400 Kilometer nach einer Menge klingt. Wenn die Erde so groß wäre wie ein Fußball, den Sie in der Hand halten, dann wären wir auf der ISS nur eine halbe Zeigefingerbreite von der Oberfläche entfernt. Nur ein paarmal haben Menschen Flüge unternommen, die sie noch weiter von der Erde weggebracht haben. An Weihnachten 1968 wurde vom Mond aus das wohl bekannteste Foto unseres Planeten aufgenommen: Es zeigt die aufgehende Erde über der Mondoberfläche. Das Bild mit dem Spitznamen »Earthrise« (Erdaufgang) wurde von den ersten Menschen aufgenommen,

---

[*] Nasa: »Space Station Reboost: The Inside Story« vom 27.10.2011 auf Youtube: https://youtu.be/cmHamp0IIyE

die jemals diese Szene gesehen haben, nämlich den NASA-Astronauten Bill Anders, Frank Borman und Jim Lovell. Es gilt als eines der bedeutendsten Fotos des 20. Jahrhunderts.

Ein grundsätzliches Problem, wenn man mit Raketen weit weg fliegen möchte, ist der Treibstoff. Denn je weiter man hinauswill, desto mehr Treibstoff braucht man dafür. Logisch, so ist es beim Auto ja auch. Aber je mehr Treibstoff man dabeihat, desto schwerer ist die Rakete, und um sie überhaupt aus der Erdatmosphäre zu bewegen, braucht man – Sie ahnen es – noch mehr Treibstoff. Der macht nämlich bei Weltraumraketen einen Großteil des Gewichts aus, ganz anders als bei Autos. Ein durchschnittlicher Pkw, der eine bis eininhalb Tonnen wiegt, fasst nur etwa 50 bis 60 Kilogramm Benzin. Die Saturn-Rakete, die Menschen zum Mond gebracht hat, wog bereits leer stolze 200 Tonnen und wurde dann mit zusätzlichen 2800 Tonnen Treibstoff betankt.

Die Entfernung zwischen der Erde und dem Mond beträgt übrigens rund 400 000 Kilometer. Tja, und schon die allererste Entfernungsangabe, mit der wir es im All zu tun bekommen, sprengt die Vorstellungskraft. Wir können uns behelfen, indem wir wieder an den Fußball in unserer Hand denken: Wenn der für die Erde steht, dann ist der Mond eine Mandarine im Nachbarzimmer, etwa sieben Meter weit weg. Es lohnt sich, wenn wir uns diese Entfernung merken, denn sie taugt für viele anschauliche Vergleiche im Sonnensystem.

An dieser Stelle will ich mal zur Beruhigung ein Geheimnis lüften: Auch unter hartgesottenen Astrophysikern oder Kosmologen werden Sie kaum jemanden finden, der behauptet, er könne sich allen Ernstes etwas unter den kosmischen Entfernungen vorstellen. Stattdessen ist es eine Frage der Routine: Man wirft täglich mit den Zahlen um sich, man rechnet damit herum, und irgendwann hat man sie oft genug gehört, um sich mit Leichtigkeit an sie zu erinnern und sie miteinander in Verbindung zu bringen. So kann es sein, dass Sie auf die Frage »Wie groß ist das Universum eigentlich?« die selbstbewusst klingende Antwort erhalten: »Och, na ja, der beobachtbare Teil des Universums hat einen Durchmesser von um die 14 Gigaparsec, das sind so in etwa 45 Milliarden Lichtjahre.« Aber nach mehrmaligem Nachfragen und spätestens nach dem zweiten Feierabendbier dürften die meisten Wissenschaftler zugeben: »Natürlich kann sich das niemand wirklich vorstellen – es platzt einem ja schon die Birne, wenn man überlegt, wie weit es zum Mond ist!«

Dass die Reise zum Mond über ebendiese Entfernung hinweg gelungen ist, kann durchaus auch als kulturelle Leistung der Menschheit betrachtet werden. Wenn man sich überlegt, auf wie viele verschiedene Arten sich Zivilisationen entwickeln können, dann ist es keinesfalls selbstverständlich, dass wir unseren Planeten verlassen und auf benachbarten Himmelskörpern unsere Spuren hinterlassen können. Und wir leben bereits ein bis zwei Generationen nach den ersten Menschen, die dies getan haben – ist das nicht spannend?

Leider war es mit den Mondflügen nach nur vier Jahren im Dezember 1972 schon wieder vorbei. Neunmal waren jeweils drei Männer mit riesigen Raketen gestartet und drei Tage lang zum Mond gereist. Sechsmal waren dabei jeweils zwei Astronauten auf dem Mond gelandet. Hohe Kosten und schwindendes politisches wie auch öffentliches Interesse führten dann allerdings zu einem vorzeitigen Abbruch des Programms. Die Astronauten haben häufig und aufrichtig bekundet, dass sie sich als Vertreter der ganzen Menschheit und nicht nur eines Landes gesehen haben. Trotzdem ist kaum von der Hand zu weisen, dass die Rivalität des Kalten Kriegs ein zentraler Ansporn für die damaligen Weltraumprogramme war. Heute gibt es dagegen mit der Internationalen Raumstation eine sehr viel nachhaltigere Präsenz im All, an der ein deutlich größerer Teil der Welt beteiligt ist.

Das für mich faszinierendste Ereignis der Mondflüge war die Mission Apollo 13. Es sollte die dritte Mondlandung werden, und das öffentliche Interesse an der Mission war zunächst erstaunlich gering. Auf dem Weg zum Mond ereignete sich allerdings eine Explosion an Bord der Raumkapsel. Die Schäden waren schwerwiegend und machten eine Landung auf dem

Mond unmöglich. Die Astronauten kämpften mit mangelndem Strom für ihre Instrumente, großer Kälte in der Raumkapsel, Unsicherheit über ihre tatsächliche Flugbahn und völliger Erschöpfung. Am Boden bestand die Herausforderung darin herauszufinden, in welchem Zustand sich das Raumschiff befand, um hilfreiche Anweisungen geben zu können. Da die Kapsel durch den Unfall vom Kurs abgekommen war, musste buchstäblich mit Stift und Rechenschieber nachgerechnet werden, wie die Erde sicher erreicht werden konnte. Dass es trotz der schweren Schäden und Unwägbarkeiten gelang, die Besatzung zu retten, war sowohl ein großer Glücksfall als auch das Ergebnis harter Teamarbeit. Die NASA stufte die Mission als »erfolgreichen Fehlschlag« ein – wegen der glücklichen Rettung und der gelernten Lektionen. Über 20 Jahre nach dem Flug erlangte das Ereignis durch eine Verfilmung mit Tom Hanks erneut große Aufmerksamkeit. »Apollo 13« genießt zu Recht den Ruf, einer der realistischsten Kinofilme zur Raumfahrt zu sein. Und doch kommt diese wahre Geschichte so haarsträubend daher, dass sich der Regisseur von Kinogästen anhören musste: »Noch mehr Hollywood-Blödsinn! Das hätten die doch niemals überlebt!«[*]

---

[*] Zitat aus: Charlie Rose, »A conversation about the film ›Frost/Nixon‹«, TV-Beitrag des Senders PBS vom 5.12.2008, eigene Übersetzung.

Leider sind nicht alle Unglücke so glimpflich ausgegangen. Zwar ist noch nie ist ein Mensch im All verlorengegangen, doch auf dem Weg dorthin oder zurück zur Erde hat es tödliche Unfälle gegeben. So ging das Bild des unmittelbar nach dem Start explodierenden Spaceshuttles Challenger im Januar 1986 um die Welt. Die Untersuchungen all dieser Katastrophen haben immerhin dabei geholfen, eine Sicherheitskultur zu etablieren. Kein Ablauf wird dem Zufall überlassen, alle Vorgänge und Bauteile werden mehrfach gründlich überprüft, und menschliche Fehler sollen durch verschiedene Maßnahmen möglichst abgefangen werden. Vor allem wurden im Nachgang der Unfälle die Schwachpunkte von großen Organisationen untersucht, in denen viele Menschen an einem sehr komplexen Projekt arbeiten.

Wenn von jedem noch so kleinen Teil unter den etlichen Tausend Komponenten einer Maschine oder einer Computersteuerung Menschenleben abhängen, dann müssen alle Einzelheiten perfekt funktionieren. Dazu gehört nicht nur, dass die Bauteile in Ordnung sind, sondern auch, dass gründlich getestet wird, wie sie am Ende zusammen und unter wechselnden Bedingungen funktionieren. Doch leider kann es in so großen Unternehmungen passieren, dass durch strenge Hierarchien, Zeitdruck oder die schiere Komplexität der Unternehmung manche Probleme nicht erkannt werden oder mit der Zeit unter den Tisch fallen. Um dem entgegenzuwirken, braucht es eine Kultur der Verantwortung und Wachsamkeit, jede Menge Disziplin und das allgemeine Mitdenken aller Beteiligten über den Dienst nach Vorschrift hinaus. Diese Lektionen hat die Raumfahrt genauso wie die zivile Luftfahrt gelernt, so dass sie heute uns allen zugutekommen.

Die Raumfahrt ist und bleibt ein schwieriges und gefährliches Geschäft. Doch mit dem Fortschritt der Technik haben sich immer mehr Länder allein oder gemeinsam in die Raumfahrt gewagt. Der aktuelle Höhepunkt dieser Entwicklung ist zweifellos die Internationale Raumstation ISS. Ihre Besucher und Besatzungsmitglieder kamen bis 2015 aus mehr als einem Dutzend Ländern von fünf Kontinenten. Dort führen sie gemeinsam Experimente durch, welche die Entwicklung von Mikroorganismen, Pflanzen und Menschen in der Mikrogravitation erforschen, ergründen physikalische Fragen und beobachten die Erde. Nachschub an Nahrung und Experimenten lieferten bisher Raumfahrzeuge aus Russland, Europa, den USA und Japan – wo die Kapseln übrigens seit einigen Jahren von dem in Kanada konstruierten Roboterarm *Canadarm2* eingefangen werden. Die europäischen Nachschubfrachter namens *Automated Transfer Vehicle* (ATV) konnten sogar automatisch an der ISS andocken. Die fünf ATVs, die zwischen 2008 und 2014 dorthin geflogen sind, hießen *Jules Verne*, *Johannes Kepler*, *Edoardo Amaldi*, *Albert Einstein* und *Georges Lemaître*.

Auch die Besatzungen werden immer bunter: Von den rund 550 Menschen, die bis heute im All gewesen sind, kam schon jeder fünfte aus einem anderen Land als den USA, der Sowjetunion oder Russland. Stark vertreten sind vor allem Europa, Japan und China. Und während im Apollo-Programm nur Männer zu Astronauten ausgebildet wurden, haben sich auch in dieser Hinsicht die Zeiten geändert. Die erste Frau im All war die russische Kosmonautin Walentina Tereschkowa, die 1963 mit der Mission »Wostok 6« startete. Sie blieb allerdings fast 20 Jahre lang die einzige Raumfahrerin der Welt, bevor Astronautinnen weltweit zur Normalität wurden. Bis 2015 waren unter den etwa 550 Menschen im All rund 60 Frauen. In den Ausbildungsprogrammen für kommende Generationen von Raumfahrern werden Frauen heute immer zahlreicher.

Doch trotz des relativ regen Verkehrs ins All sind echte Raumschiffe weit entfernt von den großen und eleganten Gefährten, die man sich manchmal vorstellt. Sie sind oft überraschend enge, zerbrechlich wirkende Kapseln, die im Innern nur aus Knöpfen und Schaltern zu bestehen scheinen. Ein Grund dafür, dass fast jeder Komfort fehlt, ist das Gewicht des Raumschiffs. Je mehr Krempel man ins All bringen will, desto komplizierter und kostspieliger wird die Unternehmung und desto größer muss die Rakete sein. Menschen mitzunehmen ist ein Heidenaufwand, denn sie brauchen einfach viel schweres Gerät, um im All überleben zu können. Dazu gehören beispielsweise eine schützende Kapsel, Sicherheits- und Rettungssysteme, Verpflegung, Wasser, Kleidung, Luft und vieles mehr. Außerdem sind die Sicherheitsvorkehrungen und Ansprüche an die Geräte sowie das Material für Flüge mit Menschen an Bord enorm viel höher, als wenn man nur Fracht transportiert.

Deutlich einfacher und weitaus sicherer für alle Beteiligten ist es deshalb, kleine Maschinen ohne Menschen an Bord ins All zu bringen, um große Entfernungen zurückzulegen. Die Raumsonde Rosetta, die 2014 mit ihrer spektakulären Forschungsmission zu einem Kometen berühmt wurde, konnte sich für eine sparsame und zielgenaue Flugbahn durchs All zehn Jahre Zeit lassen. Das wäre sicherlich keine Option für eine menschliche Besatzung gewesen! Trotzdem gibt es technische und kulturelle Fertigkeiten, die Maschinen anstelle von Menschen nicht aufbringen können: unsere enorm schnelle Auffassungsgabe, die unübertroffene Flexibilität bei der Problemlösung und Einschätzung unerwarteter Situationen. Außerdem waren es nicht etwa Satellitenfotos, sondern die ersten menschlichen Eindrücke und Aufnahmen von der Erde im Ganzen, die das Bewusstsein der Weltbevölkerung für ihren Planeten langsam zu wandeln begannen. Der deutsche Geophysiker und Astronaut der Europäischen Raumfahrtagentur ESA, Alexander Gerst, der im Jahr 2014 fast sechs Monate auf der ISS verbracht hat, macht uns seit seinem Flug die Bedeutung des Anblicks der Erde bewusst. Die dünne Erdatmosphäre, so sagt er, lasse unseren Lebensraum zerbrechlich wirken und mache deutlich, wie wichtig dessen Schutz sei.[*]

Die Motivation für unsere Expeditionen ins All können also durchaus in einer Reihe mit der bei Besuchen in der Tiefsee oder der Besteigung der höchsten Berge stehen – manchmal lautet der Grund dafür, dass sie unternommen werden, auch einfach: »Weil wir es können.« Der Antrieb dahinter ist längst nicht nur Eitelkeit, sondern ein Drang zur Entdeckung, der Menschen einfach innewohnt.

Doch es ist nur eine kleine Ecke des Weltalls, die wir als Menschen bisher selbst bereist haben. Noch weiter von der Erde weg liegt das »Roboterland«, das wir seit Jahrzehnten mit Maschinen besuchen und untersuchen. Dorthin, schlage ich vor, begeben wir uns als Nächstes: in den Raum zwischen den Planeten.

---

[*] Vgl. Zitat: Alexander Gerst als @Astro_Alex auf Twitter am 9.12.2015: https://twitter.com/Astro_Alex/status/674621280507830272

Die Nachbarschaft:
Die Planeten unseres Sonnensystems

Unsere Erde, wie sie blau leuchtend, bedeckt von einer Menge Wasser und umhüllt von weißen Wolken im All hängt, ist zweifellos ein besonderer Planet, aber er ist nicht der einzige. In der Nachbarschaft um unsere Sonne kreisen einige weitere Planeten, die der Erde durchaus ähnlich sind. Aber können wir von der Erde aus überhaupt bemerken, dass es sie gibt? Nun, manchmal hat man die zweifelhafte Freude, eine sternenklare Nacht mit einem weltraumbegeisterten Schlaumeier wie mir zu teilen. Und während man einige besonders helle, funkelnde Sterne bewundert, hört man plötzlich: »Der ganz helle da ist gar kein Stern, sondern ein Planet!«

Keine Bange, mit Ihren Augen ist alles in Ordnung. Sterne und Planeten sehen sich am Himmel sehr ähnlich, und wer sie auf Anhieb unterscheiden kann, hat wahrscheinlich schon Übung darin oder sich vorher schlaugemacht, wo zurzeit Planeten zu sehen sind.

SATURN

Wie wir sehen werden, sind manche Planeten heller als die Sterne, andere aber auch deutlich schwächer, und der entscheidende Unterschied liegt darin, wie sie sich am Himmel bewegen. Obwohl man sie nicht immer auf den ersten Blick unterscheiden kann, gibt es einen wesentlichen Unterschied zwischen dem Licht der Sterne und dem der Planeten: Die Planeten, die uns sehr viel näher sind als alle Sterne, reflektieren das Licht unserer Sonne. Die Sterne hingegen leuchten selbst – jeder für sich, jeder eine eigene Sonne!

Den Nachthimmel genauer zu betrachten kann übrigens eine Menge Spaß machen. Wer eines der etwa 100 Planetarien in Deutschland besucht, bekommt unter anderem einen Überblick, welche Sterne, Planeten oder anderen Erscheinungen zur jeweiligen Jahreszeit gerade am Himmel sichtbar sind.[*] In Städten hat die Beleuchtung an Gebäuden und Wegen zur Folge, dass man weitaus weniger Sterne sieht als in einer dunklen Umgebung. Von diesem Effekt haben Sie vielleicht als »Lichtverschmutzung« gehört. Besonders, wenn Sie einen Urlaub in der Natur oder in dünnbesiedelten Gebieten planen, haben Sie also die Chance, den Sternenhimmel intensiv zu genießen. Als ersten Ort in Deutschland hat übrigens die gemeinnützige *Interna-*

---

[*] Eine umfangreiche Liste von Planetarien in Deutschland, Österreich und der Schweiz findet sich hier:
www.gdp-planetarium.org/planetarien/karte-der-planetarien.html

tional Dark Sky Association (IDA) im Jahr 2014 den Naturpark Westhavelland in Brandenburg als »Internationalen Nachthimmel-Schutzpark« ausgezeichnet. Seitdem kümmern sich der Verein »Sternenpark Westhavelland« und die örtliche Verwaltung um günstige Lichtverhältnisse und bieten Informationsmaterial zum Sternenhimmel. Ebenfalls von der IDA ausgezeichnet sind Parks in der Rhön und der Eifel, und es gibt weitere Regionen und Vereine, die sich um einen ungestörten Nachthimmel bemühen. Ich konnte an der liebevoll von Freiwilligen getragenen Sternwarte St. Andreasberg im Harz einen meiner allerschönsten Sternenhimmel bewundern.

Besonders gut zu erkennen, und besonders sehenswert, finde ich die Venus. Sie ist im Rhythmus von einigen Monaten in der Dämmerung als Morgenstern oder Abendstern in der Nähe der Sonne zu sehen und ist dann neben der Sonne selbst oft das hellste Objekt am ganzen Himmel. Sie ist auch immer wieder für einige Monate gar nicht zu sehen, weshalb ich mich immer besonders freue, sie zu entdecken. Außerdem der Mars, der seinen Spitznamen »Roter Planet« völlig zu Recht trägt: Bei genauem Hinsehen ist seine rötliche Farbe durchaus auch mit bloßem Auge zu erkennen. Und nicht zuletzt Jupiter, der zwar viel weiter weg ist als Venus und Mars, aber wegen seiner enormen Größe ebenfalls sehr deutlich zu sehen ist, genauso wie der etwas weniger helle Saturn.

Ich verrate gern meinen persönlichen Lieblingstrick, um Planeten am Himmel zu erkennen: Sirius ist der hellste Stern an unserem Nachthimmel und steht – sichtbar etwa von August bis Mai – ein Stück »unten links« vom markanten Sternbild Orion. Orion erkennen Sie als Rechteck, das hochkant steht und etwa das Format einer Postkarte hat, in der Mitte durchzogen von einem »Gürtel« aus drei Sternen. Wenn Sie daneben also Sirius finden und irgendetwas anderes steht still am Himmel und leuchtet *noch* heller, dann haben Sie ziemlich sicher Venus, Mars oder Jupiter entdeckt. Saturn ist nicht heller als Sirius, kann aber ähnlich stark scheinen. Noch ein weiterer Umstand kann Ihnen bei der Unterscheidung helfen: Für gewöhnlich funkeln Planeten nicht, die Sterne um sie herum aber schon. Dieser Effekt hängt damit zusammen, dass Planeten der Erde sehr viel näher sind als Sterne.

Weil sie so gut sichtbar sind, ist die Existenz der meisten unserer Nachbarplaneten auch schon bekannt, seit Menschen regelmäßig den Himmel beobachten und sich Gedanken darüber gemacht haben, was sie dort sehen. Das Wort Planet kommt vom altgriechischen Wort »planetes« für »Wanderer«, und zwar, weil die Planeten anders über den Himmel wandern als Sterne. Stellen Sie sich ein bekanntes Sternbild wie den Großen Wagen vor. Die Sterne, die ihn bilden, stehen aus unserer Perspektive immer im gleichen Abstand und in derselben Konstellation zueinander. Was aber, wenn ein vermeintlicher Stern über mehrere Tage oder Wochen frech durch die Sternbilder wandert und dabei etwa dem Schützen vor die Flinte läuft oder zwischen den Zwillingen hindurchflitzt? Dann ist dieser wandernde Stern wohl ein Planet!

Die Erkenntnis, dass sich Planeten anders am Himmel bewegen als Sterne, ist jahrtausendealt. Doch die Menschheit hat erst viel später verstanden, wie sehr die Erde den anderen Planeten ähnelt. Von den heute bekannten Planeten des Sonnensystems waren die inneren sechs schon seit der Antike bekannt: Merkur, Venus, natürlich die Erde, Mars, Jupiter und Saturn. Frühe Versuche, ihre Erscheinung am Himmel zu verstehen, gingen noch von der Erde als Zentrum des Weltalls aus. Diese Modelle waren aber enorm kompliziert und mussten abenteuerliche, spiralartige Bewegungen der Planeten durch den Weltraum annehmen, um ihren Weg über den Himmel zu erklären. Europäische Astronomen des 16. und 17. Jahrhunderts konnten schließlich ganz langsam eine Vorstellung durchsetzen, nach der die Erde nicht im Zentrum des Sonnensystems steht, sondern nur einer der Planeten ist, und dass sie alle auf ellipsenförmigen Bahnen um die Sonne kreisen. Diese neue Idee hatte alles, was eine gute wissenschaftliche Theorie braucht, um eine andere abzulösen: Sie machte einfachere Grundannahmen möglich, konnte praktisch alle Beobachtungen erklären und erlaubte sogar erfolgreiche Vorhersagen.

Die Entdeckung von Uranus und Neptun, den am weitesten von der Erde entfernten Planeten, war ein Höhepunkt dieser Entwicklung. Erst mit Hilfe von Teleskopen war es im 18. Jahrhundert möglich, Uranus zu entdecken, weil dieser wegen seiner großen Entfernung zur Erde nur sehr schwach leuchtet. Doch es gab ein Problem: Uranus' beobachtete Umlaufbahn entsprach nicht dem bekannten mathematischen Modell. Nach einigem Rätseln über diese Abweichung fanden Astronomen heraus, dass es einen weiteren großen Planeten in noch größerer Entfernung geben musste, der Uranus' Umlaufbahn beeinflusste. Die Position dieses noch unbekannten Planeten konnte schließlich sogar vorausberechnet werden – und an genau dieser vorausberechneten Stelle fanden Astronomen tatsächlich den Planeten Neptun. Nicht schlecht, oder?

An dieser Stelle müssen wir ein für manche Menschen heikles Thema ansprechen: Pluto, den ehemaligen neunten Planeten. Wenn Sie – wie ich – zwischen 1930 und 2000 geboren sind, dann haben auch Sie wahrscheinlich gelernt, dass es neun Planeten im Sonnensystem gibt und dass Pluto der neunte Planet ist. Vielleicht kennen Sie noch den alten Merksatz mit den Anfangsbuchstaben der Planetennamen in der Reihenfolge ihres Abstands von der Sonne: »Mein Vater Erklärt Mir Jeden Sonntag Unsere Neun Planeten« (M wie Merkur, V wie Venus, E wie Erde ... und schließlich P wie Pluto). Doch diese Eselsbrücke ist seit 2006 hinfällig: Pluto gilt offiziell nicht mehr als Planet, das Sonnensystem besteht wieder aus acht Planeten, so wie es vor Plutos Entdeckung im Jahr 1930 war. Was ist passiert?

Schauen wir uns zunächst die offizielle Entscheidung der Internationalen Astronomischen Union an und sprechen dann darüber, welche Gründe es dafür gab. Die IAU hat auf einer Tagung in Prag im Jahr 2006 erstmals verbindliche Kriterien für Körper im Sonnensystem festgelegt, die sich »Planet« nennen dürfen. Diese Regeln lauten sinngemäß:

1. Planeten kreisen regelmäßig um die Sonne,
2. sie sind groß genug, um durch ihre eigene Schwerkraft annähernd kugelrund geworden zu sein,
3. und es können zwar Monde um sie herumfliegen, aber sich keine ähnlich großen Nachbarn in der Umgebung ihrer eigenen Umlaufbahn aufhalten.

Pluto konnte die dritte Bedingung nicht erfüllen und schied deshalb aus. Zugegeben, das klingt ein bisschen gemein, ähnlich wie bei einer Messlatte vor einem Karussell, die nur Kinder ab einer bestimmten Größe zulässt. Aber es gibt einen historischen Hintergrund für diese Entscheidung, und vor diesem ist sie durchaus schlüssig.

Um Plutos Geschichte zu verstehen, müssen wir uns wieder zurück in die Zeit der Entdeckung von Uranus und Neptun versetzen. Anfang des 19. Jahrhunderts wurden neue Objekte in der Gegend zwischen Mars und Jupiter gefunden, die wir heute als Asteroidengürtel kennen. Sie wurden damals allerdings als Planeten gefeiert und Ceres, Pallas, Vesta und Juno genannt. Sie waren damit die Planeten Nummer acht, neun, zehn und elf. Rund ein halbes Jahrhundert später haben Forscher jedoch innerhalb kurzer Zeit immer mehr Objekte in ihrer Umgebung entdeckt, die natürlich ebenfalls zu Planeten erklärt werden mussten. Die Entdeckungen rissen nicht ab, und irgendwann, als im Sonnensystem über 20 Planeten gezählt wurden und kein Ende in Sicht war, gestand die Astronomie stillschweigend den Fehler ein und korrigierte das Bild des Sonnensystems: Es gab nun acht große Planeten und eine Menge sogenannter »Asteroiden«, zu denen auch Ceres, Pallas und Konsorten gezählt wurden. Ende gut, alles gut? Nicht ganz!

Erinnern wir uns kurz daran, wie Abweichungen in der Umlaufbahn des Uranus die Entdeckung Neptuns angekündigt hatten. Anfang des 20. Jahrhunderts schien es so auszusehen, als zeigte auch Neptuns Umlaufbahn ähnliche Störungen – und so begann die Suche nach einem neunten großen Planeten. Nach vielen Jahren der Suche wurde 1930 schließlich Pluto entdeckt und als ebendieser neunte große Planet gefeiert. Doch der vermeintliche Erfolg stellte sich bald als Irrtum heraus: Pluto war in Wirklichkeit sehr viel kleiner als ursprünglich angenommen, und einen weiteren großen Planeten hinter dem Neptun gab es offenbar doch nicht (aber später mehr zu einer aktuellen Theorie, die das anders sieht). Stattdessen wurden in den 1990er Jahren weitere Objekte in Plutos Umgebung gefunden. Als Mitte der 2000er Jahre schließlich gleich mehrere Objekte auftauchten, die sogar ähnlich groß waren wie Pluto, war der Schlamassel perfekt. Sollte sich nun die Geschichte des 19. Jahrhunderts wiederholen, als man Planet um Planet ausrief, bis es am Ende allen zu albern wurde?

Die IAU entschied sich im Namen der Astronomie gewissermaßen für einen erneuten Rückzieher und legte dabei erstmals die oben genannten Regeln als strikte Kriterien für Planeten fest. Nicht nur Experten waren enttäuscht, es gab Sympathiebekundungen von vielen Menschen, die Pluto gern als neunten Planeten behalten hätten. Die unerwartet breite Diskussion hat gezeigt, dass Astronomie uns alle bewegen kann. Ich finde, dass die Entscheidung richtig war und die passende Bühne für aktuelle, spannende Entdeckungen bereitet hat. Pluto ist nicht bloß bei den Planeten gefeuert worden, sondern hat gleich als prominentester Vertreter die neue Kategorie der »Zwergplaneten« begründet. Diese teilt sich Pluto mit einer bunten Truppe von alten Bekannten und aufstrebenden Neulingen auf der Bühne des Sonnensystems, deren Erforschung erst jetzt, Mitte der 2010er Jahre, richtig Fahrt aufnimmt.

Mit dem Vorbeiflug der Raumsonde *New Horizons* im Sommer 2015 erreichten die allerersten Bilder von der Oberfläche Plutos die Erde. Ganze 85 Jahre nach Plutos Entdeckung, und nach fast zehn Jahren im All, hat diese Sonde für uns so gute Bilder gemacht, dass wir einzelne Berge und Täler auf Pluto begutachten und ihnen Namen geben können. Vorher, bis zum Jahr 2014, hatte es von Pluto überhaupt keine scharfen Bilder gegeben. Um es sinngemäß mit den Worten der Astrophysikerin Katie Mack zu sagen: Pluto galt früher vielleicht als Planet, aber tatsächlich war er nur ein verschmierter Fleck im Teleskop. Inzwischen ist *New Horizons* an ihm vorbeigeflogen und hat Pluto zu einer faszinierenden Welt gemacht.[*] Oder nehmen wir zwei alte Bekannte im Asteroidengürtel, die Anfang des 19. Jahrhunderts ebenfalls als Planeten galten. Die Raumsonde *Dawn* umkreiste im Jahr 2011 zuerst Vesta und seit 2015 schließlich Ceres. Von diesen beiden alten Bekannten haben wir nun erstmals Fotos aus nächster Nähe. Deshalb bin ich mir sicher: Nach der Umsortierung, die auch Pluto erfasst hat, ist das Sonnensystem nicht ärmer, sondern reicher geworden. Und als Trost möchte ich Ihnen einen Vorschlag machen, wie der schöne Merksatz wieder hingebogen werden

---

[*] Vgl. Zitat: Katie Mack als @AstroKatie auf Twitter am 20.9.2015: https://twitter.com/AstroKatie/status/645579511388504064

kann, der mit Plutos Ausschluss futsch war. Der kann heute nämlich einfach lauten: »Mamas Vorträge Erklären Mir Jeden Sonntag Unseren Nachthimmel.«

Um uns in diesem Sonnensystem zurechtzufinden, schlage ich vor, dass wir uns die Entfernungen zwischen den Planeten vor Augen führen. Wie wäre es mit einem gewagten, aber maßstabsgetreuen Vergleich, bei dem wir den Ostermorgen nachspielen? Angenommen, die Planeten liegen als Süßigkeiten auf einer großen Wiese verteilt, wobei ihre Größen und Entfernungen im richtigen Maßstab von 1 zu 1700 Millionen zum tatsächlichen Sonnensystem stehen. Kommen Sie mit auf Planetensuche!

Wir beginnen bei der Sonne. Diese können wir uns als Skulptur in unserem Park vorstellen, eine große Kugel mit einem Durchmesser von fast zweieinhalb Metern. Die erste Planeten-Süßigkeit finden wir ungefähr einhundert Meter von der Sonne entfernt: Merkur ist eine Kaugummikugel, nur so groß wie eine kleine Murmel, und umkreist die Sonne. Man könnte auch sagen, Merkur eiert um die Sonne herum, denn seine Bahn beschreibt eine Ellipse um die Sonne. So ist Merkur an einigen Stellen knapp 120 Meter von der Sonne entfernt, aber auf der anderen Seite seiner Umlaufbahn weniger als 80 Meter. Fast noch einmal so weit weg von der Sonne liegt unsere zweite Entdeckung: Venus ist eine große Schokoladenkugel, etwa vom Durchmesser eines 2-Euro-Stücks. Sie umkreist die Sonne in einer Entfernung von etwa 180 Metern, diesmal tatsächlich auf einer annähernd kreisförmigen Bahn.

Noch einmal gehen wir ein Stückchen weiter von der Sonne weg und finden etwa 250 Meter von ihr entfernt eine weitere Schokokugel, die uns sehr bekannt vorkommt: unsere Erde! Sie ist ebenfalls so groß wie ein 2-Euro-Stück und wiegt ein paar Gramm, wie Venus auch. Nur einen kleinen Schritt weiter wird sie umkreist von einer winzigen Zuckerperle, kaum so groß wie eine Erbse: dem Mond. Diese 70 Zentimeter zwischen Erde und Mond sind die größte Entfernung, die Menschen bereits mit Raumschiffen zurückgelegt haben – und das mit einer Rakete, die so hoch war wie 80 Menschen, die einander auf den Schultern stehen, und so schwer wie alle Einwohner einer Kleinstadt zusammengenommen. Die gut 250 Meter, die wir hier bei der Schokokugel-Erde von der Sonne entfernt stehen, nennt man übrigens eine »Astronomische Einheit« – in der Realität entspricht sie etwa 150 Millionen Kilometern. Die Astronomische Einheit, abgekürzt AE (oder AU, vom Englischen »astronomical unit«), ist ein beliebtes Maß für Abstände zwischen Sternen und ihren Planeten, das wir später häufig heranziehen werden.

Nachdem wir uns auf dem Streifzug durch unser Sonnensystem von der Erde verabschiedet haben, müssen wir noch einhundert Meter weiter gehen, ehe wir bei der Umlaufbahn des Mars angekommen sind. Sie ist, ähnlich wie Merkurs, elliptisch und liegt zwischen 350 und 420 Meter von der Sonne entfernt. Mars ist deutlich kleiner und leichter als Erde und Venus, aber immer noch größer und schwerer als Merkur: in etwa eine kleine Marzipankartoffel. Und wie weit ist der Mars von der Erde entfernt? Das kommt ganz darauf an. Denn beide umkreisen die Sonne und brauchen dafür unterschiedlich lange. Wenn sie sich nahe sind, sind es von der Erde bis zum Mars etwa 100 Meter. Aber wenn Mars, von der Erde aus gesehen, hinter der Sonne steht, kann er stolze 700 Meter entfernt sein! Dann können wir ihn nicht einmal sehen, da die Sonne im Weg ist. Um Raumschiffe zum Mars zu schicken, muss deshalb ein guter Zeitpunkt, auch »Startfenster« genannt, erwischt werden, der sich etwa alle zwei Jahre bietet. Dann dauert ein Flug zum Mars rund neun Monate.

Wenn man »Venus«, »Mars« oder »Jupiter« hört, muss man keine Lateinlehrerin sein, um zu erkennen, dass unsere Namen für die Planeten von römischen Gottheiten kommen. Die ersten modernen europäischen Astronomen wie Nikolaus Kopernikus, Galileo Galilei und Johannes Kepler behielten diese damals schon über 1000 Jahre alte Tradition für die Benennung der Planeten bei, die sich heute weltweit durchgesetzt hat. Als um die Jahre 1780 und 1840 die beiden Planeten Uranus und Neptun entdeckt wurden, gab es Diskussionen um deren Namensgebung, vor allem zwischen Wissenschaftlern aus England und Frankreich. Die Benennung nach Göttern setzte sich glücklicherweise erneut durch – sonst würden diese beiden Planeten heute vielleicht den Namen ihrer Entdecker oder gar den des damaligen Königs von England tragen. Mit der Benennung der Planeten hängen übrigens auch die Namen der chemischen Elemente mit den Ordnungszahlen 92, 93 und 94 zusammen: Uran, Neptunium und Plutonium – wie Uranus, Neptun und Pluto. Uran ist hauptsächlich für seinen Einsatz in Kernkraftwerken bekannt, Neptunium kennt dagegen kaum jemand, und Plutonium entsteht in Kernkraftwerken und wird zu Atombomben verbaut. Schwer zu sagen, welcher Planet es am besten getroffen hat!

Weiter geht es auf unserer Planeten-Schnitzeljagd, durch eine kuriose Gegend des Sonnensystemparks. Die vier Planeten, die wir bisher gefunden haben, waren Merkur, Venus, Erde und Mars. Sie werden wegen ihrer Position im Sonnensystem auch die »inneren Planeten« und aufgrund ihrer Zusammensetzung die »Gesteinsplaneten« genannt. Von der Umlaufbahn des Mars bis zu der des nächsten Planeten, Jupiter, müssen wir über einen Kilometer weit gehen! Wir laufen dabei einige Hundert Meter weit durch einen Bereich, der »Asteroidengürtel« heißt. Alle ein bis zwei Meter liegt ein winziges Körnchen Puderzucker. Insgesamt besteht dieser Gürtel aus Millionen von Körnchen, aber kaum ein Dutzend davon ist überhaupt so groß wie ein übliches Kristallzuckerkorn, der Rest ist viel kleiner. An dieser Stelle ist unsere Analogie mit dem Park zugegebenermaßen etwas irreführend, denn natürlich würde kein Mensch auf einem echten Rasen ein Körnchen Puderzucker pro Quadratmeter bemerken. Aber im Weltall, das ansonsten ratzekahl leer ist, fällt so ein Asteroidengürtel durchaus auf, da wir es mit Asteroiden von einigen Metern bis Kilometern Größe zu tun haben. Zwischen ihnen liegen meist Entfernungen von einer Million Kilometern. Darstellungen des Asteroidengürtels in Science-Fiction-Filmen, in denen Raumschiffe mit geschickten Manövern zahllosen Asteroiden ausweichen müssen, sind also zumindest für unser eigenes Sonnensystem stark übertrieben.

Schließlich erreichen wir auf unserer kleinen Weltraumreise durch den Park die Umlaufbahn von Jupiter, etwa 1300 Meter von der Sonne entfernt. Anders als die ersten vier Gesteinsplaneten ist Jupiter der größte der sogenannten »Gasriesen«. Die beiden größten Gesteinsplaneten Venus und Erde waren Schokokügelchen, Jupiter präsentiert sich uns als eine Kugel aus Zuckerwatte, so groß wie ein Basketball. Außen ist sie fluffig, aber im Innern wirkt unter ihrem eigenen Gewicht so viel Druck und Hitze auf die Zuckerwatte, dass sie zu flüssigem Karamell gepresst wird und der Kugel zu einem stolzen Gewicht von vier Kilo verhilft. Eine ähnliche Zusammensetzung hat Saturn, den wir zweieinhalb Kilometer von unserer Sonne entfernt finden. Er ist aber nur so groß wie ein Volleyball und mit rund 1200 Gramm deutlich leichter als Jupiter. Schon beim ersten Anblick besticht Saturn durch seine majestätischen Ringe, die sich weit über seinem Äquator ins All hinaus erstrecken – wie ein Riesencrêpe mit einem halben Meter Durchmesser, aber so dünn wie eine Schicht aus gestreutem Zimtpulver.

Sehr weit draußen finden wir schließlich die letzten beiden Planeten unseres Sonnensystems: Uranus umkreist die Sonnen-Skulptur in unserem Park in einer Entfernung von fast fünf Kilometern, in der Realität sind das rund 2900 Millionen Kilometer. Glücklicherweise kennen wir nun die Astronomische Einheit und können einfach sagen: Uranus ist 19-mal so weit von der Sonne weg wie die Erde, also 19 AE. Noch weiter draußen liegt nur Neptun, 30 AE von der Sonne entfernt – das sind umgerechnet unglaubliche 4500 Millionen Kilometer. Beide sind etwa so groß wie ein Tennisball und wiegen gut 200 Gramm. Ihre Hülle aus Zuckerwatte verbirgt ein deutlich dichteres Inneres als bei Saturn und Jupiter – sie haben gewissermaßen eine Rumkugel als Kern. Als äußerster Planet liegt Neptun in unserem Modellpark siebeneinhalb Kilometer von der Sonne entfernt. Wenn Sie jetzt anmerken, dass es nur ausgesprochen wenige Parks dieser Größe gibt, muss ich zugeben: Das Sonnensystem hat hier mal wieder die Analogie gesprengt.

Aber was kann uns das Modell der Süßigkeiten im Park zeigen? Vor allem, dass unser Sonnensystem riesig und unsere Erde nur ein winziger Fleck darin ist. Selbst in der näheren Nachbarschaft der Gesteinsplaneten, die um dieselbe Sonne kreisen, ist sie nur eine Schokokugel auf einem Quadratkilometer Wiese. Obwohl andere Welten ähnlich groß sind wie unsere Erde, erscheinen sie nur als helle Flecken an unserem Himmel – und umgekehrt übrigens auch! Vor einigen Jahren haben Roboter von der Oberfläche des Mars aus Bilder davon gemacht, wie die Erde am Himmel steht. Alle unsere Ozeane, Kontinente und die gesamte Menschheit stellten sich nur als ein bläulicher Lichtpunkt dar.

Harte Gegend:
Die Gesteinsplaneten

Schauen wir uns doch auf den Gesteinsplaneten im inneren Sonnensystem einmal näher um. Wir landen als Erstes auf dem Merkur, der ziemlich nah an der Sonne liegt. Am sonnennächsten Punkt auf seiner Bahn ist er nur 0,3 Astronomische Einheiten von ihr entfernt, also nur etwa ein Drittel so weit wie die Erde. Wenn wir zu diesem Zeitpunkt an einem Ort landen, an dem gerade Merkur-Mittag ist, also die Sonne am höchsten Punkt am Himmel steht, dann merken wir sofort, wie nah wir ihr sind, denn am Himmel ist die Sonne zehnmal so groß wie bei uns auf der Erde!

Hier gibt es außerdem keine nennenswerte Atmosphäre. Alle Luft, die einmal da gewesen sein mag, ist durch die Nähe zur Sonne so aufgeheizt worden, dass ihre Atome Merkurs Schwerkraft entkommen konnten. Wir sehen die Sonne vom Merkur aus deshalb als klar umrissene Scheibe am pechschwarzen Himmel. Sie wirft ein scharfes Licht auf die harsche, von kleinen und großen Kratern übersäte Merkurlandschaft. Kein Roboter, und natürlich auch kein Mensch, ist bisher je hier gelandet. Da es sehr schwierig und aufwendig ist, Merkur von der Erde aus zu erreichen, sind überhaupt nur zwei Sonden jemals in seiner Nähe gewesen: die Raumsonden *Mariner 10* in den 1970er und *MESSENGER* in den 2010er Jahren. Wenn Sie dieses Buch in den 2020ern lesen, sind vielleicht noch zwei weitere Raumsonden der Mission *BepiColombo* am Merkur angekommen, doch im Vergleich zu Venus oder Mars bekommt Merkur wirklich ausgesprochen selten Besuch von der Erde.

Während wir auf der Merkuroberfläche auf den Sonnenuntergang warten, schauen wir auf unsere Armbanduhr. Dabei erleben wir eine faustdicke Überraschung: Es dauert sechs Wochen, ehe die Sonne untergegangen ist! Bis sie wieder aufgeht, werden etwa drei weitere Monate vergangen sein. Um uns in dieser einen langen Merkurnacht nicht zu langweilen, verfolgen wir am Himmel die vertrauten Sternbilder. Doch noch bevor die Sonne nach 88 Tagen wieder erscheint, sind dieselben Sternbilder einmal im Westen unter- und im Osten wieder aufgegangen. Das kann nur eines bedeuten: Wir haben die Sonne einmal komplett umrundet. Puh, also noch mal langsam zum Mitschreiben. Auf der Erde ist es ja normalerweise so: Eine Nacht geht von Sonnenuntergang bis Sonnenaufgang, und dauert (jedenfalls am Äquator) zwölf Stunden. Bis die Erde einmal die Sonne umkreist hat, was man zum Beispiel an der Position der Sternbilder erkennen kann, sind gut 365 Tage vergangen, also ein Jahr. Und wie ist das nun auf dem Merkur? Da ist der Planet in einer Nacht einmal komplett um die Sonne gewandert.

Ach herrje, wie soll man das denn überhaupt nennen? Ein Merkurtag dauert zwei Merkurjahre, oder auch: Ein Merkurjahr ist einen halben Merkurtag lang. Das trifft es, auch wenn es verrückt klingt. Merkur und die Sonne befinden sich in einer »gebundenen Rotation«, und das meint im Prinzip, dass Merkur und Sonne den Rhythmus ihrer Eigendrehung und Umkreisung aufeinander eingestellt haben. Das passiert, wenn Himmelskörper einander in großer Nähe umkreisen und dadurch starke Gezeitenkräfte zwischen ihnen wirken. Auch die Tatsache, dass immer die gleiche Seite des Mondes zur Erde zeigt, ist durch solche Gezeitenkräfte bedingt. Und der kleine Merkur, in nächster Nähe zur riesigen Sonne, hat erst recht keine Chance auf eine von ihr unabhängige Drehung. Die Sonne ist so viel schwerer, dass sie quasi das Sagen hat und sich Merkur nach ihr richten muss. Dabei hat sich dauerhaft dieses kuriose Verhältnis zwischen Merkurtag und Merkurjahr eingestellt.

Bevor nun auch noch unser Kopf anfängt, um die Sonne zu kreisen, wenden wir uns dem nächsten Planeten zu: der Venus. Wenn man sich ihr nähert, sieht man zunächst … nichts. Jedenfalls nicht die Oberfläche. Venus ist komplett von einer weiß-gelblichen, scheinbar glatten Wolkenhülle umgeben. Es sind keine Krater oder Berge zu erkennen, Venus hat keinen

Mond, und die Wolken zeigen uns keine Muster oder Lücken. Wie eine stille, friedliche Murmel hängt sie im All – doch der Schein könnte kaum stärker trügen. Die Atmosphäre der Venus wird unseren ganzen Aufenthalt dort bestimmen. Ich weiß ja nicht, wie häufig Sie sich für gewöhnlich über das Wetter beschweren, aber Venus dürfte eine echte Herausforderung sein. Wie wir gleich gemeinsam feststellen werden, können wir von einem Urlaub auf der Venus nur jedem abraten!

Von der Venusoberfläche aus gesehen zeigt der Himmel niemals etwas anderes als die Unterseite der Wolken. Die Atmosphäre ist so dicht, dass man weder Sterne noch die Sonne sieht. Doch trotz fehlenden Sonnenscheins ist es alles andere als kühl, sondern es herrscht eine Temperatur von ungefähr 450 Grad. Diese enorme Hitze kommt nicht nur daher, dass wir dort näher an der Sonne sind. Sie ist vor allem der Atmosphäre geschuldet, die mit ihren etwa 95 % Kohlendioxid als ein Musterbeispiel dafür gilt, wie der Treibhauseffekt die Bedingungen auf einem Planeten katastrophal aus den Angeln heben kann. Diese Atmosphäre ist zu allem Überfluss auch noch so dicht, dass sie an der Oberfläche mit einem Druck von über 90 bar wirkt. Das entspricht auf der Erde dem Druck, der fast einen Kilometer unter Wasser herrscht. Eine solche Tiefe haben Menschen auf der Erde überhaupt erst 1934 bereist, und zwar in speziellen druckfesten »Bathysphären«, die aussehen wie überdimensionierte

Bowlingkugeln mit einer Luke. In der oberen Venus-atmosphäre treibt das Sonnenlicht eine chemische Reaktion an, bei der sich Wolken aus Schwefelsäure bilden, die in Stürmen mit bis zu 350 Kilometern pro Stunde um den Planeten rasen. Aus diesen Wolken kann es tatsächlich Schwefelsäure regnen, die aber – Glück im Unglück! – wegen der hohen Temperaturen wieder verdampft, ehe sie auf die Oberfläche trifft. Wie könnte also eine Postkarte lauten, die jemand von dort schreibt?

»Hallo, Mama! Hier auf der Venus scheint leider keine Sonne. Einen Sonnenaufgang oder -untergang könnten wir in unserer Urlaubszeit ohnehin nicht sehen, denn ein Tag dauert hier so lange wie drei Monate auf der Erde (und so lange haben wir nicht frei). Die Luft taugt nicht zum Atmen und drückt unangenehm auf den Ohren (und auch sonst überall). Wenigstens bekommen wir dank der Hitze (heute 462 Grad!) nichts vom Schwefelsäureregen mit. Wir werden jedenfalls nie wieder über das Wetter in Norddeutschland meckern! Alles Liebe, Jan und Lena.«

Nicht, dass jetzt der Eindruck entsteht, Venus sei kein toller Planet. Sie ist von ihrer Größe und ihrer Masse her der Planet, welcher der Erde am nächsten kommt. Die hell reflektierenden Wolken lassen sie aus der Ferne wunderschön aussehen, und ihre extremen Bedingungen stellen eine unwiderstehliche Herausforderung für die Forschung dar. Die Voraussetzungen auf der Venus lassen den Versuch, einen funktionierenden Roboter auf ihrer Oberfläche abzusetzen, geradezu wahnwitzig erscheinen. Es ist, als wollten Sie ein Smartphone an eine Drohne kleben und damit Bilder aus dem Hochofen eines Stahlwerks übertragen. Und doch konnte, ungeachtet einer Reihe haarsträubender Fehlschläge, das sowjetische *Venera*-Programm in den 1960er und 70er Jahren auf der Venus landen und Messungen zur Erde übermitteln. Darunter waren auch die ersten Bilder aller Zeiten von der Oberfläche eines fremden Planeten.

Man kann die Temperatur und den Druck auf anderen Planeten zwar anhand von Messungen aus der Ferne schätzen, doch eine undurchsichtige Atmosphäre wie die der Venus erschwert beides erheblich, so dass der erste Landeroboter des Venera-Programms schließlich eine rund 100 Grad höhere Oberflächentemperatur gemessen hat, als noch zehn Jahre zuvor vermutet worden war. Seit 1990 haben wir dank einer NASA-Raumsonde namens *Magellan* trotz der dichten Wolkendecke und der wenigen Landungen sogar Karten der Oberfläche von Venus. Ähnlich wie Fledermäuse in der Dunkelheit navigieren, indem sie Schall ausstoßen und dessen Reflexion genau verfolgen, können wir mit Radarsendern elektromagnetische Signale durch die Venuswolken hindurchschicken. Antennen auf einer Raumsonde, die den Planeten umkreist, senden solche Signale aus, während gleichzeitig sehr genau gelauscht wird, wie sie von der Oberfläche zurückgeworfen werden. So können Berge und Täler unter den Wolken identifiziert und mit der Zeit zu einer Landkarte zusammengesetzt werden.

Auch die ESA-Raumsonde *Venus Express*, die von 2006 bis 2014 die Venus umkreist und erforscht hat, hatte ein solches Radarinstrument an Bord. Der Vergleich von Messungen der Raumsonden *Magellan* und *Venus Express* offenbarte im Jahr 2012, dass die Drehung der Venus um sich selbst noch bizarrer ist als zuvor bekannt. Venus dreht sich aus noch ungeklärter Ursache enorm langsam und zusätzlich auch noch in entgegengesetzter Richtung um sich selbst als alle anderen Planeten. Ihr rund 2800 Stunden langer Tag wird außerdem immer länger. Als *Venus Express* den Planeten sechzehn Jahre nach *Magellan* erneut besuchte, stellte sie fest, dass der Venustag in der Zwischenzeit etwa sechseinhalb Minuten länger geworden war. Warum das passiert, ist noch völlig offen. Denkbare Ursachen sind die Gezeitenwirkung der Sonne auf die Venus und ihre dichte Atmosphäre, aber auch eine Störung durch andere Himmelskörper oder ein noch unbekannter Einfluss.

So ungewöhnlich sie sich auch durchs All dreht und von Wolken verhüllt ist, spannende Landschaften finden wir auf der Venus allemal. Sie ist etwa so groß wie die Erde, hat aber keine Ozeane. Das bedeutet auch, dass es dort dreimal so viel Land gibt wie auf der Erde. Es ist von rätselhaften Vulkanen gekennzeichnet, die flache, ringförmige Plateaus und kilometerlange Lava-kanäle hinterlassen haben. Aber neben den recht groben Radaraufnahmen haben wir von diesem faszinierenden Planeten fast keine echten Fotografien. Nur an vier verschiedenen Orten auf der Oberfläche gelangen vor über 30 Jahren mal Schnappschüsse von ein paar Quadratmetern, als Landeroboter endlich für kurze Zeit ihre Kameras einsetzen konnten. Wenn das keine Herausforderung für die Zukunft ist!

Auf dem Weg zur nächsten Station unserer Tour durch das »Roboterland« des Sonnensystems, welches vor uns noch kein Mensch betreten hat, kommen wir an der Umlaufbahn der Erde vorbei, und hier lohnt sich zwischendurch ein Blick auf unseren eigenen Mond. Es ist der erste Mond, auf den wir treffen, seitdem wir uns von der Sonne wegbewegen. Denn Venus und Merkur haben keine derartigen Begleiter, die um sie herumkreisen. Obwohl die Mondflüge mit Astronauten verständlicherweise den ganzen Ruhm abgestaubt haben, hat es auch bemerkenswerte Missionen mit Robotern gegeben. Eine sowjetische Sonde lieferte schon 1959 die ersten Bilder von der Rückseite des Mondes. Einige Jahre später wurde mit der ersten sanften Landung eines Roboters ein Jahrzehnt eingeläutet, in dem es auf dem Mond hoch herging: Mehr als 50 Landungen gab es von 1966 bis 1976, sechs davon mit Menschen an Bord. Doch es wurde sehr still, nachdem das politische Interesse und die Investitionen in die Erforschung des

 URANUS

Mondes versiegt waren. Über 35 Jahre lang wurden zwar diverse Sonden in seine Richtung geschickt und umkreisten ihn auch, doch es fand keine einzige sanfte Landung mehr auf dem Mond statt.

Erst im Jahr 2013 beendete die erste chinesische Landemission *Chang'e-3*, die auch ein Roboterfahrzeug namens *Yutu* mitführte, diese jahrzehntelange Pause. Die Namen der beiden Roboter beziehen sich auf eine alte chinesische Legende von der Mondgöttin Chang'e (嫦娥) und ihrem Begleiter, dem Jadehasen Yutu (玉兔). Schon kurz vor der ersten Mondlandung hatte das Kontrollzentrum der NASA die Astronauten der Apollo-11-Mission mit einem Funkspruch im Scherz darauf hingewiesen, dass sie gemäß der chinesischen Legende nach »einem hübschen Mädchen mit einem großen Hasen« Ausschau halten sollten.[*] Neben dem chinesischen Weltraumprogramm war der Mond in jüngeren Jahrzehnten auch für die Unternehmungen anderer Länder ein wichtiges Etappenziel – etwa für die Europäische Raumfahrtagentur ESA, Japans JAXA (*Japan Aerospace Exploration Agency*) oder Indiens ISRO (*Indian Space Research Organization*).

---

[*] Zitat aus: »Apollo 11 Flight Journal – Day 5: Preparations for Landing«, korrigiertes und kommentiertes Transkript von W. David Woods, Kenneth D. MacTaggart und Frank O'Brien. Funkspruch von Ronald Evans zur Missionszeit von 95 Stunden, 17 Minuten, 28 Sekunden: http://history.nasa.gov/ap11fj/14day5-landing-prep.htm

Was wissen wir über den Mond? Obwohl er ein direkter Nachbar der Erde ist, sind die beiden Himmelskörper enorm verschieden. Der Mond ist ein kalter, lebloser Ort ohne Atmosphäre, geologische Aktivität oder ein nennenswertes Magnetfeld. Die Spuren, die unsere menschliche und robotische Erkundung hinterlassen hat, werden sich aller Voraussicht nach auch in etlichen Tausend Jahren nicht verändert haben. So erklärt sich auch sein zerklüftetes Erscheinungsbild: Hunderte Millionen Jahre lang prägten die Einschläge großer und kleiner Meteoriten die Landschaft, ohne dass Wetter oder andere Effekte sie im Nachhinein wesentlich verändern konnten. Das war allerdings nicht immer so. Vor einigen Milliarden Jahren, als das Sonnensystem noch vergleichsweise jung war, war der Mond wahrscheinlich sehr aktiv: Geologische Spuren zeugen heute noch von Vulkanausbrüchen, gewaltigen Lavaströmen und einem starken Magnetfeld, das von einem großen, rotierenden Kern verursacht worden sein könnte. Von dieser Zeit künden auch die dunklen Flächen, die wir von der Erde aus schon mit bloßem Auge auf der Oberfläche erkennen können und in denen viele Menschen – außer mir – offenbar ein Gesicht sehen.

Diese Flächen werden »Maria« genannt, vom lateinischen »mare« für das Meer, aber mit Wasser haben sie nichts zu tun. Stattdessen handelt es sich wahrscheinlich um Becken, die bei Kollisionen mit großen Meteoriten entstanden und von flüssiger Lava geflutet wurden. Interessanterweise finden sich kaum vergleichbare Maria auf der Rückseite des Mondes. Da uns der Mond beim Umkreisen der Erde immer die gleiche Seite zuwendet, konnte diese Rückseite niemals direkt von der Erde aus beobachtet werden. Den Spitznamen »dunkle Seite des Mondes« bekam sie also, weil sie uns verborgen ist. Hell erleuchtet ist sie dagegen oft genug: nämlich immer dann, wenn die Vorderseite bei Neumond im Schatten liegt und wir sie kaum sehen können. Der Schleier wurde im Jahr 1959 gelüftet, als die sowjetische Sonde *Luna 3* die ersten Bilder zur Erde funkte. Die Technik war abenteuerlich: Es wurde ein Fotofilm belichtet, an Bord automatisch entwickelt, mit einem elektronisch ausgelesenen hellen Lichtpunkt wieder eingescannt und dann durch Radiosignale zur Erde übertragen. Es war praktisch ein Fax vom Mond!

Dass die Mondrückseite keine Maria aufweist, fügt sich gut in das Bild ein, das wir heute vom Entstehen des Mondes haben. In der Frühzeit des Sonnensystems, vor mehr als vier Milliarden Jahren, soll es einen Gesteinsplaneten mit dem Spitznamen »Theia« gegeben haben, der etwa die Größe des Mars hatte. Mit diesem soll die Erde kollidiert sein, woraufhin sich aus fortgeschleuderten Bruchstücken der Mond bildete, während sich der Rest von Theia mit der Erde vereinigte. Als sich die beiden heißen Himmelskörper kurz danach eng umkreisten, hat die Erde den Mond durch ihre

Wärmestrahlung wie ein Heizpilz zusätzlich erwärmt. Das führte dazu, dass auf der erdzugewandten Seite des Mondes beim Abkühlen eine dünnere Gesteinskruste entstand als auf der Rückseite. Diese konnte später leichter durch Meteoriteneinschläge aufgerissen werden, so dass Lava in die Krater fließen und schließlich die dunklen Maria bilden konnte. An diese gewaltigen Geschehnisse erinnern heute nur noch geologische Spuren. Doch dass Erde und Mond eine gemeinsame Vergangenheit haben, wird auch durch Spuren von Wasser auf dem Mond gestützt. Poröses Gestein, besonders in Kratern, die an den Polen des Mondes in ständiger Dunkelheit liegen, enthält Spuren von eingeschlossenem Wasser. Dieses Wasser wurde sowohl in dem Mondgestein gefunden, das die Apollo-Flüge zur Erde gebracht haben, als auch von Raumsonden aus dem All über dem Mond nachgewiesen.

Unser nächster Stopp, nachdem wir die Umlaufbahn unserer guten alten Erde verlassen haben, ist der Planet Mars. Er ist noch nicht von Menschen besucht worden, aber während wir uns dort umschauen, kommt uns dieser Planet weit weniger fremd vor als die bisherigen Stationen unserer Reise. Auch deshalb gilt er als einer der besten Kandidaten für einen fremden Ort im Sonnensystem, an dem Menschen mit einem gewissen Aufwand überleben könnten. Im Gegensatz zum verrückten Tages- und Jahresverlauf auf Merkur können wir uns hier beinahe zu Hause fühlen: Der Marstag ist mit rund 24 Stunden und 40 Minuten ähnlich lang wie unserer. Ein Jahr dauert mit knapp 670 dieser Tage etwa doppelt so lange wie auf der Erde, und es gibt sogar vergleichbare Jahreszeiten. Die Temperaturen sind uns dagegen nur bedingt vertraut: Wer in Norddeutschland lebt, kann sich mit sommerlichen Mittagstemperaturen von rund 20 °C wohl noch ganz gut abfinden, aber die durchschnittlichen −55 °C und bis zu −80 °C in der Nacht fände wohl selbst der härteste Friese eher ungemütlich.

Der Mars hat auch zwei winzige, unförmige Monde namens Phobos und Deimos, die nur rund 25 bzw. 12 Kilometer groß sind. Schon 150 Jahre vor ihrer Entdeckung hatte der irische Schriftsteller Jonathan Swift in seinem Roman »Gullivers Reisen« ihre Anzahl und Eigenschaften überraschend zutreffend vorhergesagt. Gefunden wurden Phobos und Deimos schließlich gleichzeitig nach einer intensiven Suche des amerikanischen Astronomen Asaph Hall im Jahr 1877. Der größte Krater auf Phobos trägt den Mädchennamen seiner Frau, Stickney, und die einzigen beiden benannten Krater auf Deimos heißen nach den Autoren Swift und Voltaire, die im 18. Jahrhundert über Marsmonde spekulierten. Beide Monde umkreisen Mars auf vergleichsweise engen Umlaufbahnen – im Falle von Phobos sogar so eng, dass er Mars schneller umläuft, als dieser sich dreht. Für uns als Beobachter von der Marsoberfläche aus ergibt das ein sonderbares Bild:

Phobos geht im Westen auf, flitzt in wenigen Stunden über den Himmel und geht im Osten wieder unter. Zwischen zwei solcher Phobosaufgänge liegen nur elf Stunden! Deimos umkreist Mars dagegen fast innerhalb eines Marstags. Er ist deshalb zwischen seinem Auf- und Untergang über zweieinhalb Tage lang ständig am Himmel zu sehen. Verwechslungsgefahr mit unserem Mond besteht dagegen kaum, denn Phobos erscheint sechsmal kleiner am Himmel, und Deimos ist kaum mehr als ein heller Fleck.

Wo die beiden Minimonde herkommen, ist ein Rätsel. Ihr Erscheinungsbild legt nahe, dass sie eingefangene Asteroiden sind. Sie könnten also früher einmal Teil des Asteroidengürtels gewesen, aber dann durch Jupiter abgelenkt worden und in den Einflussbereich von Mars' Schwerkraft gelangt sein. Allerdings deuten Messungen von Phobos' Schwerkraft darauf hin, dass er porös und deutlich leichter ist als zuvor vermutet, und das kennt man von anderen Körpern im Asteroidengürtel so nicht. Aufschluss könnte ein robotischer Besuch auf Phobos oder Deimos geben – doch alle drei bisherigen Versuche fielen dem »Mars-Fluch« zum Opfer, mit dem eine Reihe unglücklicher Fehlschläge beschrieben wird, die scheinbar besonders Marsmissionen plagten. 1988 versagten zwei sowjetische Raumsonden, bevor sie Phobos überhaupt untersuchen konnten, und 2011 kam eine russisch-chinesische Sonde mit dem gleichen Ziel nicht über den Erdorbit hinaus.

Wann der nächste Versuch unternommen wird, auf einem dieser kuriosen kleinen Monde zu landen, ist noch nicht bekannt, aber es befinden sich ein paar neue Missionen in der Entwicklung, die in den 2020er oder 30er Jahren starten könnten. Phobos wäre ein idealer Ort, um einen Spaziergang auf einem kleinen Himmelskörper zu wagen. Dank seiner geringen Schwerkraft könnten wir dort vermutlich über ganze Gebäude hüpfen, und ein kräftig geworfener Ball könnte den Mond sogar für immer verlassen. Doch das Faszinierendste ist für mich, auf einem Himmelskörper unterwegs zu sein, den man mit Leichtigkeit komplett überblicken kann. Denn Phobos' Oberfläche ist gerade einmal doppelt so groß wie Hamburg. In den Talkessel des großen Stickney-Kraters, der ein Ende des kartoffelförmigen Phobos ausmacht, würde mit Ach und Krach der Hamburger Flughafen hineinpassen. Mars steht riesengroß am Himmel über Phobos und bewegt sich dabei kaum. Hier würde ich sofort Ferien machen!

Doch dass Phobos seinen Planeten so eng umkreist, wird nicht gut für ihn enden. Zum Vergleich: Auf unseren Planeten umgerechnet wäre Phobos nur halb so weit über dem Erdboden wie unsere Fernsehsatelliten. Messungen zeigen eindeutig, dass Phobos' Umlaufbahn sogar mit der Zeit immer enger wird, und zwar durch Gezeitenkräfte – ein Effekt der Schwerkraft, den wir später noch eingehend kennenlernen werden. Innerhalb der nächsten 100 Millionen Jahre wird Phobos vermutlich zerbrechen und schließlich in Bruchstücken auf dem Mars einschlagen. Das klingt nach einer langen Zeit, aber für Planeten ist es das keinesfalls: Wenn das heutige Alter des Sonnensystems der Länge eines Spielfilms entsprechen würde, würden wir den Einschlag von Phobos auf dem Mars in den nächsten drei Minuten erwarten. Das heißt auch, dass er für uns eine glückliche Bekanntschaft ist: Wäre die Menschheit nur etwas später auf der Erde erschienen, hätten wir Phobos nie kennengelernt, denn dann wäre er schon auf dem Mars eingeschlagen, und wir würden nur einen Marsmond kennen.

Trotz vieler Ähnlichkeiten mit unserer Heimat fehlt dem Planeten Mars das gewisse Etwas, das ihn als kleine Erde auszeichnen würde, nämlich größere Mengen ständig flüssigen Wassers an der Oberfläche. Verschiedene Faktoren verschwören sich gegen die Existenz von Mars-Ozeanen. Ein entscheidender Punkt ist, dass der Planet so klein ist. Anders als die fast zehnmal schwerere Erde hat der Mars keine ausreichend starke Schwerkraft, um eine größere Menge Luft festzuhalten – stattdessen konnten die Moleküle der Atmosphäre einfach über Millionen von Jahren ins All entweichen. Der Druck auf der Marsoberfläche beträgt deshalb weniger als ein Prozent des Luftdrucks auf der Erde, und das bedeutet das Aus für den Traum von Badevergnügen auf dem Mars. Unter so geringem Druck gefriert Wasser nämlich bei Temperaturen von unter

0 °C zu Eis, aber verdampft schon bei +5 bis 10 °C. Flüssiges Wasser wird auf dem Mars deshalb nur in tiefen Tälern, wo der Luftdruck höher ist, tagsüber und bei sommerlichen Temperaturen vermutet. Ein paar Tropfen und Rinnsale dickflüssigen Salzwassers konnten in den vergangenen zehn Jahren tatsächlich unter solchen Bedingungen dort aufgespürt werden, doch ansonsten findet man praktisch nur Eis oder Wasserdampf. Es gibt zwar starke Anzeichen dafür, dass es auf dem Mars vor langer Zeit Flüsse und sogar Meere gab, doch selbst wenn unser Roter Planet einmal eine dichtere, wasserfreundlichere Atmosphäre gehabt haben mag: Sie ist ihm über die Jahrmilliarden aufgrund seiner geringen Schwerkraft flöten gegangen. Übrig geblieben ist nur seine sehr dünne Lufthülle, die überwiegend aus Kohlendioxid besteht.

Im Gegensatz zur Venus bringt uns die Atmosphäre auf dem Mars also nicht durch riesigen Druck um, aber sie erlaubt uns mit ihrem winzigen bisschen Kohlendioxid auch nicht das Atmen. Zudem ist sie kaum in der Lage, die Temperaturen zwischen Tag und Nacht einigermaßen stabil zu halten, wie wir es von der Erde kennen. Nach Sonnenuntergang kann es auf dem Mars schon mal um 90 °C kälter werden, weil es kaum Luft gibt, welche die Wärme des Tages speichern könnte. Uns Kurzurlauber nervt vor allem, dass die Winde dort für intensive Sandstürme sorgen. Forscher, die Raumfahrtprogramme zum Aufenthalt von Astronauten auf dem Mars planen, raufen sich jetzt schon die Haare angesichts der Aussicht auf den außerordentlich feinen Marssand, der sich voraussichtlich in jeder Falte, jedem Scharnier und jedem Gewinde der Ausrüstung festsetzen wird. In dem 2015 erschienenen Hollywood-Film »Der Marsianer« ist es ein starker Sandsturm, der einer menschlichen Marsmission zum Verhängnis wird. Der dargestellte Sturm ist zwar viel zu stark für die tatsächlichen Verhältnisse auf dem Roten Planeten, aber darüber hinaus wurde der Film dafür gelobt, für Hollywood-Verhältnisse relativ nah an der wissenschaftlichen Wahrheit zu bleiben.

In der Realität waren für manche der zahlreichen Roboter, die wir schon zum Mars geschickt haben, die Winde sogar ein Segen. Eine der phantastischsten Erfolgsgeschichten der robotischen Erforschung des Sonnensystems sind die beiden identischen Marsfahrzeuge *Spirit* und *Opportunity*, die im Jahr 2004 auf dem Mars gelandet sind. Mit ihren sechs Rädern, großen Solarkollektoren und ausgereiften Kameras waren sie darauf ausgelegt, drei Monate lang über den Mars zu fahren, die Umgebung zu erkunden und wissenschaftliche Daten über dessen Oberfläche und Atmosphäre zu sammeln. Sie haben ihre Mission allerdings mehr als erfüllt: Raten Sie mal, wie lange die beiden statt der geplanten drei Monate tatsächlich über den Mars gerollt sind. Sechs Monate? Ein ganzes Jahr? Oder sogar mehrere Jahre? Nun: *Spirit* war bis 2010 in Betrieb –

und *Opportunity* ist selbst 2016 noch fröhlich unterwegs, nachdem er eine zurückgelegte Marathondistanz von über 42 Kilometern feiern konnte. Es ist natürlich eine Meisterleistung der Ingenieurskunst, wenn eine auf drei Monate ausgelegte Maschine zehn Jahre lang hält, aber es war auch Glück im Spiel. Mehrmals haben Stürme den Marsstaub von den Solarkollektoren gepustet, der langsam, aber sicher die Stromversorgung der Roboter beeinträchtigte. Was für ein Abenteuer!

Der Mars ist seit Anbeginn der Erforschung des Sonnensystems mit Raumsonden eines der beliebtesten Ziele gewesen. Etwa alle zwei Jahre – genauer gesagt alle 26 Monate – kommen sich Erde und Mars auf ihrem Weg um die Sonne relativ nahe, nämlich bis auf etwa 55 Millionen Kilometer (oder auch 0,36 AE). Somit besteht regelmäßig die Gelegenheit, eine Sonde auf den Weg zu schicken, die dann ungefähr neun Monate unterwegs ist. Zwar ist ein Flug zur Venus ähnlich aufwendig, aber der Mars ist insgesamt ein weniger anstrengendes Reiseziel, denn seine Oberfläche lässt sich aus dem All fotografieren, was die Planung einer Landung sehr erleichtert. Es herrschen kein extrem hoher Druck und wesentlich moderatere Temperaturen, so dass Roboter nach einer Landung nicht bloß wenige Stunden funktionieren können. Und nicht zuletzt liegt er weiter außen im Sonnensystem als die Erde, so dass Funkverbindungen deutlich weniger durch die Sonne gestört werden.

Apropos Funkverbindungen zwischen den Planeten: Hier funkt die Spezielle Relativitätstheorie dazwischen, die von Albert Einstein im Jahr 1905 aufgestellt wurde. Sie besagt nämlich, dass das Licht – und damit auch alle Funksignale – sich mit einer festen Geschwindigkeit ausbreitet und dass es unmöglich ist, Informationen mit einer größeren als dieser Geschwindigkeit zu übertragen. In unserem Alltag ist das egal, aber für so ziemlich alle Entfernungen im All müssen wir diese Beschränkung einkalkulieren. Beispielsweise braucht das Licht von der Erde bis zum Mond rund eine Sekunde. Für die Funkverbindung zwischen den Astronauten der Mondlandungen und der Erde bedeutete das etwa zwei Sekunden Verzögerung zwischen Frage und Antwort – nicht viel schlimmer als in einem wackeligen Videotelefonat heutzutage. Doch für robotische Sonden, die andere Planeten erreichen sollen, ist es ein echtes Problem: Im ungünstigsten Fall braucht ein Funksignal zwischen Mars und Erde etwa 20 Minuten, um überhaupt am anderen Ende empfangen zu werden. Stellen Sie sich vor, Sie wären als Raumfahrer in der Nähe des Mars unterwegs, und der Computer wirft eine Ihnen unbekannte Warnung aus! Was nun? Sie können per Funk um Hilfe bitten, aber im schlimmsten Fall warten Sie fast eine Dreiviertelstunde auf eine Antwort.

Robotische Sonden können deshalb in brenzligen Situationen, wie etwa bei Landungen oder Navigationsmanövern über die üblichen Entfernungen im Sonnensystem, kaum ferngesteuert werden. Sie müssen alle wichtigen Abläufe im Voraus einprogrammiert bekommen. Oder die Roboter müssen, wenn sie ruhig stehen oder liegen, die Dinge so langsam machen, dass zwischen zwei Arbeitsschritten genug Zeit ist, um auf ein Signal von der Erde zu warten. Das ist aber furchtbar langsam – man stelle sich vor, ein Roboter auf vier Beinen müsste vor und nach jedem Schritt eine Dreiviertelstunde warten! Deshalb können manche Marssonden heutzutage auch mehr oder weniger selbständig durchs Gelände fahren und etwa kleinen Steinen ausweichen. Erst bei größeren Hindernissen oder Problemen sind sie programmiert, abzuwarten und nachzufragen.

Nicht nur deshalb gibt es unter Weltraumingenieuren den Ausspruch »Mars is hard«: »Mars [zu erreichen] ist schwierig«.[*] Gelegentlich ist sogar scherzhaft von einem Fluch die Rede, dem Marsmissionen zum Opfer fallen. Dafür kann aber der Mars nichts. Es ist einfach unheimlich kompliziert, ein ferngesteuertes Gerät zu irgendeinem anderen Planeten zu bringen. Viele Fehler, die Marsmissionen zum Verhängnis wurden, haben auch die Erkundung der Venus erschwert. Bis zum Jahr 2000 waren knapp über 30 Unternehmungen zum Mars gestartet worden, doch nicht mehr als zehn davon

---

[*] Vgl.: Scott Hubbard: »Exploring Mars«, University of Arizona Press, ISBN 0-8165-2896-9, 2011, S. 5

waren erfolgreich. Die Gründe für die Fehlschläge sind so vielfältig wie die Schwierigkeiten der Raumfahrt: Mal versagten die Raketen, mal fiel die Funkverbindung aus. Manche Sonden waren falsch programmiert, andere waren nicht richtig zusammengeschraubt – und dennoch kann man es den Technikern und Ingenieuren in den meisten Fällen kaum übelnehmen, so enorm kompliziert wie die Maschinen und ihre Missionen im All nun einmal sind.

Besonders ärgerlich sind Probleme wie verklemmte Abdeckungen oder Scharniere, die sich nicht bewegen wollen – sie könnten mit einem Handgriff behoben werden, befände sich die Sonde nicht etliche Millionen Kilometer entfernt in einer für uns Menschen tödlichen Umgebung. Einer der aufsehenerregendsten Fehler der robotischen Raumfahrt war sicherlich der Verlust des *Mars Climate Orbiter* im Jahr 1999. Ein Teil der auf der Erde eingesetzten Steuersoftware war von der Firma Lockheed Martin programmiert worden, ein anderer von der NASA. Während die NASA vom metrischen Einheitensystem ausging, in dem Längen in Metern und Massen in Kilogramm angegeben werden, benutzte Lockheed Martin die im US-Alltag und der Luftfahrt üblichen Einheiten Fuß bzw. Pfund. So wurde schließlich die Leistung der Triebwerke uneinheitlich berechnet, und die Raumsonde tauchte bei ihrer Ankunft zu tief in die Atmosphäre des Mars ein, wo sie zerbrach. Glücklicherweise hat sich die Erfolgsquote in jüngerer Zeit deutlich gebessert: Von den ersten zehn Unternehmungen seit dem Jahr 2000 sind acht geglückt. Mit der *Mars Orbiter Mission* konnte die indische ISRO im Jahr 2013 sogar als erstes Weltraumprogramm in der Geschichte gleich im allerersten Anlauf den Erfolg einer Marsmission feiern.

An dieser Stelle lohnt es sich zu betonen, dass praktisch jede Unternehmung dieser Art auch einen wissenschaftlichen Nutzen hat, egal wie sie ausgeht. Natürlich planen Menschen Raumfahrtprogramme zu fremden Himmelskörpern, um zu demonstrieren, dass sie es können – aber wie schon bei den Mondlandungen wird bei der Ankunft nicht bloß eine Flagge aufgestellt. Stattdessen werden möglichst viele Messungen gemacht und Daten gesammelt. Die spektakulären Flüge des sowjetischen Programms zur Venus und der amerikanischen Missionen zum Mars in den 1970er Jahren lieferten die ersten Daten, die je auf den Oberflächen dieser erdfernen Welten gesammelt wurden. Seit den 1990er Jahren konnten sich auch die europäische ESA und die japanische JAXA mit bahnbrechenden Missionen (von denen wir manche noch kennenlernen werden) bei der Erforschung des Sonnensystems etablieren. In den vergangenen zehn Jahren waren die ersten Schritte der chinesischen CNSA und der indischen ISRO zum Mond und zum Mars zu beobachten. All die Messungen dieser Missionen helfen, unser Bild vom Sonnensystem zu vervollständigen.

Dazu soll auch die europäisch-russische Mission *ExoMars* beitragen. Sie ist speziell darauf ausgelegt, Spuren von Leben auf dem Mars zu finden. Im März 2016 ist dafür eine Raumsonde gestartet, die Vorkommen von Methan in der Marsatmosphäre vermessen soll. Woher das Methan kommt, ist bislang ungeklärt: Es könnte von winzigen Lebewesen produziert werden, aber auch in geologischen Prozessen entstehen. Die Raumsonde hat außerdem einen Landeroboter dabei, der zu Testzwecken eine weiche Landung hinlegen soll. Hier lohnt sich das Daumendrücken für die Ankunft der Sonde im Oktober 2016 besonders, denn es könnte die erste erfolgreiche Landung auf dem Mars für das russische wie auch das europäische Weltraumprogramm werden. Nach diesem Test soll schließlich im Jahr 2020 ein weiterer Landeroboter starten, diesmal auf Rädern und mit einem Bohrer. In der niemals zuvor untersuchten Region zwischen einem und zwei Metern unter der Marsoberfläche, die vor kosmischer Strahlung geschützt ist, soll er nach Spuren von aktuellem oder vergangenem Leben suchen.

Verlassen wir nun das innere Sonnensystem und unseren vielbereisten Nachbarplaneten Mars, um uns durch den Asteroidengürtel zu begeben und die Gasplaneten kennenzulernen. Wie wir schon in unserem Park mit den Süßigkeiten-Planeten festgestellt haben, ist der Asteroidengürtel alles andere als eine gefährliche Region, in der es von riesigen Gesteinsbrocken wimmelt. Stattdessen ist dieser Bereich des Sonnensystems so groß, dass er trotz der etlichen Millionen Objekte, die darin herumfliegen, auf den ersten Blick praktisch leer aussieht. Selbst wenn wir mit unserer Raumkapsel völlig ohne zu zielen mitten durch den Asteroidengürtel fliegen würden, wäre die Wahrscheinlichkeit, irgendetwas zu treffen, verschwindend gering. Tatsächlich sind schon rund ein Dutzend Raumsonden von der Erde unfallfrei durch den Asteroidengürtel geflogen.

Und wie sehen diese Asteroiden aus? Nun, zahlreiche davon haben die Form von kilometergroßen Kartoffeln. Wie viele dieser mehr oder weniger unförmigen Gesteinsbrocken es gibt, ist schwer zu sagen, denn je kleiner sie sind, desto schwieriger können wir sie mit Teleskopen entdecken. Das liegt auch daran, dass ihre kleine Oberfläche nur wenig Sonnenlicht reflektiert und sie deshalb nur sehr schwach zu leuchten scheinen. Die Anzahl dieser Brocken lässt sich immer noch nicht glaubhaft bestimmen, sondern nur schätzen. Von Asteroiden, die mehr als einen Kilometer groß sind, gibt es etwa eine Million, aber vielleicht auch ein paar hunderttausend mehr oder weniger. Immerhin sind die ganz großen Brocken einfacher zu entdecken und zu zählen: Nur einige Hundert von ihnen messen 200 Kilometer oder mehr.

Erst in jüngeren Jahrzehnten wurden Objekte im Asteroidengürtel gezielt angeflogen. Die japanische

Sonde *Hayabusa* hatte zum Beispiel den Auftrag, auf der Oberfläche eines Asteroiden kurz aufzusetzen, um eingesammelte Staubteilchen mit zur Erde zu bringen. Die Mission war von etlichen Fehlfunktionen geplagt: Mehrere Steuerinstrumente versagten während des Flugs und erschwerten die Navigation, ein kleiner Landeroboter wurde zum falschen Zeitpunkt losgelassen und erreichte nie die Oberfläche des Asteroiden, und das gezielte Einsammeln von Bodenproben durch die Raumsonde selbst wurde wegen falsch übertragener Kommandos zu einem unkontrollierten Aufsetzen. Obwohl mehrere Teile des Antriebs und der Steuerung nicht funktionierten, gelang der Rückflug zur Erde durch improvisierte Manöver. Eine Kapsel, die in der Nähe des Asteroiden geöffnet und später wieder verschlossen worden war, wurde wenige Stunden vor dem Auftreffen auf der Erdatmosphäre abgesetzt, nach der Landung an Fallschirmen in der australischen Wüste eingesammelt und ins Labor gebracht. Obwohl das Einsammeln der Proben nicht wie geplant funktioniert hatte, wurden in der Kapsel Staubteilchen des Asteroiden gefunden, mit denen erfolgreich die Zusammensetzung des fernen Himmelskörpers untersucht werden konnte. Die japanische Raumfahrtagentur kam durch *Hayabusa* zu dem Ruf, selbst unter schwierigsten Bedingungen eine Mission noch zum Erfolg führen zu können.

Die Raumsonde *Dawn* hat in den 2010er Jahren

gleich zwei Schwergewichte im Asteroidengürtel nacheinander umkreist, die wir schon kennen: Vesta und Ceres, die im 19. Jahrhundert vorübergehend als Planeten gehandelt wurden. Die Oberfläche von Vesta, dem zweitgrößten Objekt im Asteroidengürtel, zeigt atemberaubend tiefe Furchen, die wahrscheinlich von einem gewaltigen Zusammenstoß vor sehr langer Zeit herrühren. Ceres ist als sonnennächster Zwergplanet der mit Abstand größte Körper des Asteroidengürtels. Er hat einen Durchmesser von etwa 950 Kilometern und ist damit fast doppelt so groß wie Vesta. Ceres ist auch als einziger Asteroid nahezu rund, denn er war schwer genug, um sein Gestein durch die eigene Schwerkraft zu verformen und so eine annähernde Kugelform anzunehmen.

Ceres hat eine Handvoll auffälliger, sehr heller Flecken auf der Oberfläche. Deren deutliches Leuchten war schon auf Bildern aufgefallen, die vor über zehn Jahren vom Hubble-Weltraumteleskop aufgenommen wurden. Während des jahrelangen Anflugs der *Dawn*-Sonde konnte sie immer schärfere Bilder anfertigen, und die hellen Flecken stellten sich als sehr kleine, stark reflektierende Gebiete an Ceres' Oberfläche heraus. Sie sorgten eine ganze Weile für Kopfzerbrechen unter Astronomen und Planetenforschern. Die NASA stellte sogar eine Umfrage ins Internet, bei der einige der möglichen Erklärungen zur Abstimmung standen. Im Dezember 2015 veröffentlichten Wissenschaftler schließlich erste Forschungsergebnisse, in denen sie diese hellen Flecken als Salze identifizierten. Ihre Theorie besagt, dass Ceres gelegentlich von Asteroiden getroffen werde, die groß genug seien, seine steinige und staubige Oberfläche aufzubrechen. Darunter werde salzhaltiges Wassereis freigelegt, dessen Wasseranteil sich aber nach einer Weile ins All verflüchtige. Übrig blieben Salzablagerungen, die deutlich heller seien als ihre Umgebung.

Der Asteroidengürtel ist zweifellos eine paradoxe Erscheinung, voll mit Millionen von Objekten, von denen wir nur eine lächerliche Handvoll jemals aus der Nähe gesehen haben. Trotzdem ist er beinahe leer, wie auch seine Gesamtmasse offenbart: Die drei größten Objekte Ceres, Vesta und Pallas sind zusammen etwa genauso schwer wie all die etlichen Millionen kleiner Asteroiden zusammengenommen. Und doch wiegt der gesamte Asteroidengürtel – so unglaublich es klingt! – viel weniger als unser eigener Mond.

Doch nun weiter auf unserer Reise. Ein Stück außerhalb des Asteroidengürtels, rund fünf AE von der Sonne entfernt, treffen wir auf den Planeten Jupiter. Er ist im Vergleich zu allen anderen Planeten groß – und zwar richtig, richtig groß. Er wiegt ganz allein zweieinhalbmal so viel wie alle anderen Planeten zusammen. Mit dieser Masse tanzt in seiner Umgebung alles nach Jupiters Pfeife. Asteroiden, die ihm zu nahe kommen, werden stark abgelenkt und auf neue, wilde Umlaufbahnen geworfen oder einfach eingefangen. Von den fast 70 Monden, die Jupiter umkreisen, dürften die allermeisten auf diesem Weg bei ihm gelandet sein.

Zwei noch viel größere Gruppen von Asteroiden kreisen auf Jupiters Umlaufbahn vor ihm und hinter ihm um die Sonne: die sogenannten Trojaner, benannt nach der Legende vom Angriff der Griechen auf die Stadt Troja. Alle Asteroiden, die Jupiter auf seiner Bahn vorauseilen, sind nach griechischen Charakteren aus der Legende benannt, die ihm nachfolgenden Asteroiden nach Figuren aus Troja. Beide Gruppen befinden sich in einem stabilen Gleichgewicht zwischen der Schwerkraft von Jupiter und der Sonne in sogenannten »Lagrangepunkten«, die nach dem italienischen Mathematiker Joseph-Louis Lagrange benannt sind. Wenn ein Körper von einem anderen umkreist wird, etwa die Sonne von einem Planeten, dann gibt es zwischen den beiden fünf bestimmte Punkte, an denen ihre Schwerkraft gleich stark ist und sich sozusagen aufhebt. Kleine Körper, wie Asteroiden oder Satelliten, können in diesen Punkten gewissermaßen stillstehen, und die Abstände zwischen den drei Himmelskörpern – also Sonne, Planet und Asteroid – ändern sich praktisch nicht. Auf diese Weise hängen die Trojaner also mehr oder weniger im immer gleichen Abstand von Jupiter auf dessen Umlaufbahn fest.

Doch auch über seine Umlaufbahn hinaus beeinflusst Jupiter das Sonnensystem durch einen Effekt, der

»orbitale Resonanz« genannt wird. Eine orbitale Resonanz können wir uns anhand eines Spaziergangs um den Block vorstellen. Angenommen, wir können ihn in 20 Minuten einmal umrunden. Es fährt aber auch ein Bus um den Block, der nur 5 Minuten braucht. Solange der Bus und wir immer genau die gleiche Zeit für eine Runde brauchen, erleben wir regelmäßige Begegnungen: Der Bus überholt uns auf jeder unserer Runden genau viermal, immer an den gleichen Stellen. Der Busfahrer sieht uns bei allen vier Umrundungen am gleichen Ort entlang seiner Strecke neben dem Bus herlaufen. Eine Astronomin, die das Ganze von ihrer Parkbank aus beobachtet, könnte das so beschreiben: Bus und Spaziergänger haben auf dem Weg um den Block eine orbitale Resonanz von vier zu eins.

In der Realität des Sonnensystems entspricht der Häuserblock der Sonne, der Bus dem Jupiter und wir selbst als Fußgänger einem Asteroiden. Für solch einen Asteroiden kann es sehr ungemütlich sein, wenn seine Umlaufbahn in einer orbitalen Resonanz mit Jupiter steht. Dann wird er nämlich regelmäßig immer an der gleichen Stelle seiner Umlaufbahn von Jupiters Schwerkraft ein kleines bisschen abgelenkt. Diese Ablenkungen summieren sich, so dass die Umlaufbahn schon nach kurzer Zeit völlig anders aussieht. Angenommen, auf unserer Runde um den Block gibt es eine Stelle, wo uns der Bus immer genau an einer Bushaltestelle überholt. Irgendwann kann der Busfahrer es vielleicht nicht mehr mit ansehen und lädt uns an dieser Haltestelle aus Mitleid auf eine Freifahrt ein. So hat sich unser Orbit um den Block aufgrund der ständigen Begegnungen mit dem Bus nachhaltig geändert!

So hat Jupiter wahrscheinlich dafür gesorgt, dass sich kein fünfter Gesteinsplanet zwischen ihm und Mars bilden konnte. Einen wichtigen Hinweis darauf liefern die sogenannten Kirkwood-Lücken: Genau in den Sonnenabständen, in denen ein Asteroid in einer Orbitalresonanz mit Jupiter stünde, befinden sich praktisch gar keine Asteroiden. Jupiter hat mit seiner großen Schwerkraftwirkung quasi aus der Ferne große Schneisen in den Asteroidengürtel geschlagen. Unter diesen Umständen kann sich kein Planet bilden, denn dafür müssen der gängigen Theorie zufolge Staubteilchen und Gesteinsbrocken über Hunderte Millionen Jahre ungestört durch ihre Schwerkraft zusammenfallen und langsam immer mehr Material ansammeln können. Im Asteroidengürtel gibt es aber viele Gebiete, in denen solche Gesteinsbrocken in einer Orbitalresonanz mit Jupiter stehen und dadurch regelrecht durch den Raum geworfen werden. Unter solchen Umständen kann sich kein Planet bilden – das ist ein bisschen so, als wollte man ein Blumenbeet auf einer Wiese anlegen, auf der regelmäßig Fußball gespielt wird: Es gibt zu viele Störungen und zu wenig Zeit, als dass etwas wachsen könnte.

Stadtauswärts:
Bei den Gasriesen

Ein echter Teufelskerl, dieser Jupiter! Der Gigant ist nun also der erste der »Gasplaneten«, den wir kennenlernen. Diese Bezeichnung klingt zunächst komisch. Ist Gas nicht eher etwas Leichtes und Dünnes, steht also im Gegensatz zu festen Körpern? Jupiters Geheimnis ist, dass er aus riesigen Mengen von Stoffen besteht, die wir aus dem Alltag als Gase kennen. Wasserstoff macht knapp drei Viertel und Helium knapp ein Viertel seiner Masse aus. Andere Substanzen wie Ammoniak, Methan oder Wasser bilden zusammen nur weniger als ein Prozent seiner Masse. Viele von diesen Stoffen kommen aber, wie wir sehen werden, im Jupiter gar nicht gasförmig, sondern in fester oder flüssiger Form vor. Über die genaue Zusammensetzung von Jupiters Innerem ist allerdings ausgesprochen wenig bekannt. Das liegt unter anderem daran, dass Jupiter noch nicht aus der Nähe untersucht werden konnte, da es unmöglich ist, auf ihm zu landen! Deshalb nähern wir uns auf unserer Reise vorsichtig und begutachten dabei, was es mit diesem Gasplaneten auf sich hat.

Jupiter hat eine obere Atmosphäre, in der prächtige, farbenfrohe Wolken aus Ammoniak in riesigen, von

Wirbeln gesäumten Bändern um den ganzen Planeten herumlaufen. Hier toben gigantische Wirbelstürme; der auffälligste von ihnen ist der treffend benannte »Große Rote Fleck«. Obwohl er riesig ist und schon beim Blick durch ein Teleskop von der Erde aus ins Auge fallen kann, weiß man fast nichts über ihn. Er wurde vor über 350 Jahren das erste Mal beobachtet und wissenschaftlich beschrieben, und er hat sich seitdem kaum verändert. Seit einigen Jahrzehnten scheint er merklich zu schrumpfen, doch wie der Große Rote Fleck überhaupt so lange stabil sein konnte, was ihm seine Farbe verleiht und wie tief er in die Atmosphäre oder sogar in den Planeten Jupiter hineinreicht, ist nach wie vor ein Rätsel. Seine Größe ist atemberaubend: Er misst etwas mehr als der Durchmesser der Erde. Das kann man ruhig noch mal betonen: Ein rätselhafter Wirbelsturm in der Atmosphäre des Jupiters ist so groß wie die gesamte Erde. Allein zwischen diesen majestätischen, farbenfrohen Wolken der oberen Atmosphäre könnten wir endlos hin und her flitzen und würden uns niemals sattsehen an der scheinbar unendlichen, wabernden Landschaft.

Unterhalb dieser bewegten oberen Atmosphäre tummeln sich weitere Schichten hoch aufgetürmter Wolken aus Ammoniakverbindungen und Wasser. Und darunter ... tja: Wenn Jupiter ein Planet wie unsere steinigen Nachbarn wäre, dann läge unterhalb der Atmosphäre dessen feste Oberfläche. Immerhin hat auch

 NEPTUN

Venus eine spektakuläre Atmosphäre aus dichten Wolken, aber darunter landet man schließlich auf festem Boden. Doch wir treffen beim Hinabsinken, während unsere Kapsel unter zunehmendem Druck ächzt, einfach nicht auf eine Oberfläche.

Auch beim Jupiter spricht man von einem unteren Ende der Atmosphäre: nämlich dort, wo ihr Druck zwischen ein- und zehnmal so groß ist wie der Luftdruck auf der Erde. Doch dort findet sich eben kein fester Boden, sondern nur immer dichter werdendes Wasserstoffgas. Bei diesem hohen Druck herrschen Temperaturen von über 100 °C. Etwa bis hierher ging die weiteste Expedition, die je ein Roboter zum Jupiter unternommen hat. Die Raumsonde *Galileo* war 1989 zusammmen mit einer eigenen kleinen Raketenstufe von einem Spaceshuttle über der Erde ausgesetzt und dann auf den Weg zum Jupiter gebracht worden. Bei ihrer Ankunft im Jahr 1995 warf sie eine kleine Kapsel an einem Fallschirm ab, die mit ungeheuerlicher Wucht von der Atmosphäre gebremst wurde und zwischen Jupiters Wolken eintauchte. Sie hörte nach einer knappen Stunde auf zu funktionieren, als sie ungefähr 180 Kilometer unter den Wolken ankam, in einer Umgebung mit etwa dem 20fachen des Erdluftdrucks und einer Temperatur von rund 140 °C.

Auf unserer Tauchfahrt noch tiefer in den Planeten Jupiter hinein umgeben uns immer dichteres Wasserstoffgas und ein stetig steigender Druck. Wir durchqueren ein Gebiet, in dem der Druck so groß ist wie auf der Oberfläche der Venus: das Hundertfache unseres gewohnten Luftdrucks auf der Erde. Gelegentlich fallen Tropfen von Helium und Neon wie Regen durch den Wasserstoff um uns herum. Vorbei am tausend- und millionenfachen Druck der Erdatmosphäre geht es immer tiefer in den Planeten, bis wir schließlich feststellen, dass der Wasserstoff metallisch wird.

Es lohnt sich, wenn wir uns das einmal auf der Zunge zergehen lassen. Unter dem Gewicht des Planeten – also gewissermaßen ihrem eigenen Gewicht – werden die Gase im Innern von Jupiter so stark zusammenge- drückt, dass sie sich verhalten wie ein flüssiges Metall. Der Kontrast ist enorm, denn wir kennen Wasserstoff als das leichteste aller Gase. Es ist so flüchtig, dass so- gar spezielle Tanks entwickelt wurden, durch deren Wände es nicht entweichen kann. Aber im Innern von Jupiter ist der Wasserstoff einem so enormen Druck ausgesetzt, dass er zu flüssigem Metall wird. Dennoch kann man sich diesen Übergang zu flüssigem metalli- schem Wasserstoff nicht wie eine Meeresoberfläche vorstellen. Stattdessen wird unsere Umgebung einfach langsam und stetig immer dichter und immer heißer.

Dabei sind wir auf unserem Weg durch Jupiter noch nicht einmal auf der Hälfte der Strecke in dessen Inne- res! Wie weit nach unten sich die Region des metal- lischen Wasserstoffs tatsächlich erstreckt, ist nicht mit Sicherheit bestimmt, aber wahrscheinlich umfasst sie mindestens den halben Durchmesser des Planeten. Unter ihr, ganz im Zentrum des Planeten, könnte sich ein tatsächlich fester Kern aus Gestein, schweren Metallen oder anderen Stoffen verbergen – aber auch hier gibt es viel Raum für Spekulationen und wenig sichere Erkenntnisse. So mutmaßte der Science-Fiction-Autor Arthur C. Clarke in seinem Roman »2061 – Odyssee III«, dass der Kern des Jupiters ein gigantischer Diamant sein könnte. Zwar wären die Druckverhältnisse dafür geeignet, aber dass Jupiter tatsächlich so viel Kohlenstoff enthält, ist zweifelhaft. Die gute Nachricht ist, dass das Rätsel schon weiter gelüftet worden sein könnte, wenn Sie dieses Buch in der Hand halten: Die Raumsonde *Juno* soll im Juli 2016 nach fünf Jahren Flugzeit am Jupiter ankommen und nach *Galileo* als zweiter Roboter überhaupt den Jupiter umkreisen. Unter anderem soll dabei seine Schwerkraft genau vermessen werden, was auch Rückschlüsse auf seinen inneren Aufbau erlauben könnte.

Bevor wir uns von Jupiter verabschieden, werfen wir einen Blick auf seine direkte Umgebung. Neben einem System von dünnen Ringen, die sich wahrscheinlich aus Staub von vier kleinen Monden speisen, wird Jupiter in großem Abstand von einem irrsinnigen Gewusel von ungefähr 60 kleinen und winzigen Monden kreuz und quer umkreist. Sie sind bis auf wenige Ausnahmen erst nach dem Jahr 2000 entdeckt worden, als so fortschrittliche Teleskope zur Verfügung standen, dass sie trotz ihrer geringen Größe von oft nur wenigen Kilometern aufgespürt werden konnten.

Doch die eigentlichen Stars in Jupiters Umgebung liegen zwischen den inneren Ringen und diesen kleinen äußeren Monden: Es sind die vier größten, nach Galileo Galilei als einem ihrer ersten Entdecker auch »Galileische Monde« genannt. Gemeinsam wiegen sie mehr als tausendmal so viel wie all die anderen winzigen Monde und Ringe Jupiters zusammengenommen. Sie heißen Kallisto, Europa, Ganymed und Io und müssen sich nicht vor einem Vergleich mit den Gesteinsplaneten im inneren Sonnensystem verstecken: Ganymed und Kallisto spielen von der Größe her in einer Liga mit dem Planeten Merkur, auch wenn beide deutlich leichter sind. Io und Europa sind mit unserem Erdmond vergleichbar. Alle vier sind als eigene Welten ähnlich faszinierend wie Merkur, Venus oder Mars, wurden aber von Forschungssonden bisher leider nur bei einigen Vorbeiflügen untersucht. Das ist ein guter Grund für uns, sie selbst unter die Lupe zu nehmen.

Io, der Jupiter am nächsten ist, hat eine knallgelbe Farbe mit bizarren dunkelgrünen, zum Teil rot umrandeten Flecken und mäandernden weißen und braunen Flächen. Er sieht so merkwürdig aus, dass ich bei seinem Anblick immer denke, es müsse etwas mit der Aufnahme nicht stimmen. Obwohl seine gesamte Oberfläche nur etwa so groß ist wie unser asiatischer Kontinent, ist er von Hunderten aktiven Vulkanen

übersät, die ständig bunte Silizium- und Schwefelver-
bindungen in Lavaflüssen und gewaltigen Ausbrüchen
verteilen. Wenn wir hier herumlaufen wollen, müssen
wir sehr vorsichtig sein: Auf Io wurden schon Vulkan-
ausbrüche mit bis zu 400 Kilometer hohen Fontänen
beobachtet – so weit oben fliegt die Internationale
Raumstation um die Erde! Relativ zum viel kleineren
Io wirken diese Ausbrüche in absurdem Maße riesig.
Wenn wir Io umkreisen und sich ein solcher Vulkan im
Sonnenlicht deutlich abhebt, so könnte man denken,
jemand hätte dem armen Mond einen überdimensio-
nierten Schokobrunnen aufgesetzt. Ein kurzes Video
einer solchen Szene hat die Raumsonde *New Horizons*
aufgenommen, als sie auf dem Weg zum Pluto am
Jupiter vorbeiflog.[*] Nicht umsonst gilt Io folglich als
der vulkanisch aktivste Körper im Sonnensystem. Der
Grund für diese Aktivität ist ein Effekt, der »Gezeitenreibung« genannt wird.

Auf der Erde kennen wir die Gezeiten als Verursacher
von Ebbe und Flut. Doch Gezeitenkräfte zwischen
Himmelskörpern können weitaus drastischere Auswirkungen haben. Dass ausgerechnet auf Io dieser Effekt
so dramatisch ist, liegt an einer Reihe spezieller Umstände. Grundsätzlich entstehen Gezeitenkräfte, weil

---

[*] Zu sehen in: »Scientists to Io: Your Volcanoes Are in the Wrong
Place«, Artikel auf der AA-Webseite vom 4.4.2013: www.nasa.
gov/topics/solarsystem/features/io-volcanoes-displaced.html

die Schwerkraft eines Himmelskörpers auf einen anderen an der ihm zugewandten Seite stärker zieht als an dessen Rückseite. Er wird dabei, übertrieben gesagt, verformt wie zu einem Ei, dessen Spitze zum anderen Himmelskörper zeigt. Io erlebt diesen Effekt besonders stark, weil er Jupiter in einem Abstand von gut 420 000 Kilometern sehr eng umkreist. Das ist zwar ungefähr die gleiche Entfernung wie zwischen der Erde und unserem Mond, aber Jupiters Schwerkraft ist viel stärker als die der Erde. So braucht Io für einen Umlauf nur knapp 43 Stunden, unser Mond hingegen gut 27 Tage. Auf seiner ähnlich großen Umlaufbahn ist Io demnach mit einer 17fach höheren Geschwindigkeit um Jupiter unterwegs als unser Mond um die Erde.

Das allein genügt aber nicht für eine dauerhafte, starke Aufheizung. Wären Jupiter und Io ganz allein, könnte sich nämlich mit der Zeit ein stabiler Zustand ausbilden, bei dem Io immer mit der gleichen Seite zum Jupiter zeigen und auf einer kreisförmigen Bahn um ihn herumlaufen würde. Io wäre dann zwar leicht verformt, aber auch nicht ständig solch großen Kräften ausgesetzt. Dass er permanent von Jupiter aufgeheizt wird, liegt an seiner Umlaufbahn, die nicht kreisrund, sondern ellipsenförmig ist. So ändert sich alle paar Stunden das Ausmaß, mit dem Jupiter an Io zieht – nämlich mal stärker und mal schwächer. Dieses rasante Durchkneten erzeugt durch Reibung Wärme in seinem Innern – so ähnlich wie bei einem Teelöffel, den Sie ordentlich aufwärmen können, wenn Sie ihn mehrmals schnell und kräftig verbiegen (und dabei wahrscheinlich kaputtmachen). Dafür, dass Ios Umlaufbahn nicht kreisförmig wird, sondern stets eiert, sorgt eine 2:1-Resonanz zwischen ihm und seinem Nachbarmond Europa. Wir haben schon Orbitalresonanzen kennengelernt, mit denen Jupiter kleinere Körper aus dem Asteroidengürtel werfen kann. Zwischen den benachbarten Monden Jupiters bewirken solche Resonanzen hingegen, dass ihre Umlaufbahnen über lange Zeit unverändert bleiben.

Und so sind die Gezeiten im Innern von Io dafür verantwortlich, dass Gestein und Metall vor Hitze schmelzen. Die Wärme breitet sich dann in Richtung Oberfläche aus, wo sie die Vulkane antreibt. Klingt kompliziert, und ist es auch. Aber die letztendliche Wirkung der Gezeitenkräfte auf Io können wir uns vielleicht so ähnlich wie einen Besuch im Supermarkt vorstellen: Angenommen, Sie haben zwei Kinder dabei, eines an der linken (Kim) und eines an der rechten Hand (Tim). Wenn Sie so durch den Supermarkt laufen und das Regal mit der Schokolade links an Ihnen vorbeizieht, ist Kim ganz nah dran und zieht stärker an Ihnen als Tim. Kommen allerdings rechts die Spielzeuge, zieht Tim wahrscheinlich viel stärker als Kim. Wenn Sie nun mit hoher Geschwindigkeit immer dieselbe Runde durch den Supermarkt laufen, werden die beiden Kinder Sie mächtig durchrütteln (und warm wird Ihnen dabei bestimmt auch). Der Jupitermond Io kann dabei – anders als Sie – nicht einmal darauf setzen, dass der Supermarkt irgendwann schließt. Stattdessen erlebt er aufgrund der Gezeitenreibung über Millionen von Jahren starke vulkanische Aktivität.

Bewegen wir uns nun zu Ios Nachbarmond Europa, auf dem es vollkommen anders aussieht. Seine Oberfläche hat eine weiß-gelbliche Farbe, ist sehr hell und glatt und kreuz und quer von langen, geraden und teils rötlich schimmernden Rissen übersät. Europa erinnert mich immer an eine von Schlittschuhen zerkratzte Eisfläche – und das ist näher an der Wahrheit, als es zunächst klingt, denn seine Oberfläche besteht tatsächlich aus Wassereis. Der eigentliche Knüller verbirgt sich aber noch weiter darunter: Die Entwicklung der Risse, die gewissermaßen in die Oberfläche geschrieben ist, deutet auf einen viele Kilometer tiefen Ozean aus flüssigem Wasser irgendwo unter der Eiskruste hin. Dieser Ozean wird wahrscheinlich dadurch aufgeheizt, dass Europa, ähnlich wie der Nachbarmond Io, von Jupiters Schwerkraft durchgeknetet wird. Sollte es an der Grenze zwischen Europas steinigem Kern und dem flüssigen Wasser vulkanische Schlote und eine gewisse chemische Vielfalt geben, dann herrschen dort tief unter dem Eis vermutlich sehr ähnliche Bedingungen wie in der Tiefsee der Erde, wo Leben prächtig gedeihen kann.

Ich weiß ja nicht, wie es Ihnen damit geht, aber jedes Mal, wenn ich darüber nachdenke, könnte ich im Dreieck springen und rufen: »Das ist ja irre! Ausgerechnet unter der Eisdecke eines Mondes unseres größten Gasplaneten herrschen die vielleicht besten Bedingungen für Leben außerhalb der Erde! Wir müssen da hin! Warum schrauben wir nicht jede Woche eine Raumsonde zusammen, um Europa zu erforschen?!« Nun, die Antwort ist, wie so oft, dass dies ein enorm kompliziertes und teures Unterfangen wäre. Wie könnte man die Eisdecke durchdringen? Wie stellt man sicher, mit einem Roboter von der Erde nicht auch Keime einzuschleppen und die Umgebung mit Leben von der Erde zu verseuchen? Es gibt viele Ideen zur Erforschung Europas, doch keine ist bislang zu einer realen Mission geworden. Doch wenn alles gut läuft und Sie dieses Buch womöglich gerade in den 2020er Jahren lesen, sind vielleicht schon eine geplante Europa-Mission der NASA oder die *JUICE*-Raumsonde der ESA als Vorhut für spätere Landemissionen unterwegs.

Ganymed, der größte Mond von Jupiter und sogar im ganzen Sonnensystem, ist so etwas wie der gesetztere große Bruder von Europa. Neben Wassereis besteht seine Oberfläche auch aus Gestein und hat sich schon sehr viel länger als die Europas nicht mehr verändert. Das erkennt man vor allem an den vielen Einschlagkratern. Denn je länger eine Oberfläche sich nicht verändert hat, desto mehr Spuren konnten Meteoriteneinschläge im Laufe der Zeit hinterlassen. Weit unter Ganymeds Oberfläche gibt es aber vermutlich auch einen Salzwasser-Ozean. Das haben Beobachtungen von Polarlichtern des Mondes ergeben: Die Art, wie sie sich unter dem Einfluss von Jupiters Magnetfeld bewegen, deutet auf eine große Menge flüssigen Salzwassers weit unter der Oberfläche hin. Allerdings ist nicht bekannt, ob ein solcher Ozean auch an warmes Gestein grenzen oder nur zwischen verschiedenen Eisschichten liegen würde. Wenn die Mission zustande kommt, soll Ganymed zusammen mit Europa und Kallisto in den 2030er Jahren von der *JUICE*-Sonde untersucht werden.

Zuletzt werfen wir einen Blick auf den Jupitermond Kallisto. In gewisser Weise stellt er das Gegenteil von Io dar: Der Mond ist äußerlich völlig inaktiv und hat möglicherweise seit Jahrmilliarden keinen Vulkanismus erlebt. Die Oberfläche ist so stark von Kratern übersät, wie es sonst auf kaum einem Körper im Sonnensystem zu sehen ist. Ein Grund dafür ist, dass Kallisto nicht in der Orbitalresonanz gebunden ist, die bei den anderen drei Galileischen Monden eine ständige Gezeitenreibung bewirkt: Nach jedem zweiten Umlauf von Io ist Europa genau einmal um Jupiter gewandert, und in zwei Umläufen Europas umkreist Ganymed Jupiter genau einmal. In dieser 1:2:4-Resonanz halten Io, Europa und Ganymed ihre Umlaufbahnen gegenseitig durch die Wirkung ihrer Schwerkraft elliptisch, was ihre innere Gezeitenreibung aufrechterhält. Kallistos Kern hat dagegen weit weniger Energie durch solche orbitalen Effekte abbekommen, so dass dieser wahrscheinlich noch aus einem unregelmäßigen Gemisch von Eis und Gestein besteht. Das macht Kallisto zum größten der Körper des Sonnensystems, von denen vermutet wird, dass sie »nicht ganz durch« sind: Sein Inneres hat sich nicht in Schichten abgesetzt, nachdem er aus einem Gemisch von Gestein und Eis entstanden war.

Begeben wir uns nun – schweren Herzens, so spannend, wie es beim Jupiter zugeht! – noch weiter von der Sonne weg. Bei einer Entfernung zwischen neun und zehn Astronomischen Einheiten (rund 1500 Millionen Kilometern) treffen wir schließlich auf den Saturn, der die Sonne einmal in 29,5 Jahren umkreist. Auf den ersten, den zweiten und sogar noch auf den dritten Blick können wir nur auf sein majestätisches Ringsystem schauen, das aussieht wie ein extravaganter dünner Umhang, der um den Planeten geworfen wurde. Die Ringe bestehen fast vollständig aus reinem Wassereis in Form von unzähligen Körnchen, Klumpen und Brocken mit Größen von unter einem Millimeter bis hin zu etlichen Metern. Es lohnt sich, diese Vorstellung in Ruhe zu genießen: Zu über 99,9 % bestehen die prächtigen Ringe unseres zweitgrößten Planeten aus ordinärem Wassereis, das wir auf der Erde von Eiswürfeln kennen. Der am deutlichsten sichtbare Teil der Ringe erstreckt sich über eine Breite von etwa 70 000 Kilometern, ist aber höchstens einen Kilometer dick. Wenn wir diesen Teil des Ringsystems maßstabsgetreu aus Papier nachbauen wollten, brauchten wir ein sieben Meter breites Blatt – so dünn wie normales Druckerpapier.

Saturns Ringe fallen sogar dann direkt ins Auge, wenn wir den Planeten durch ein Teleskop von der Erde aus anschauen. Je nachdem, wie Saturn und Erde gerade zueinander stehen, kann man manchmal sogar erkennen, wie der Planet selbst einen Schatten auf die sonnenabgewandte Seite seiner Ringe wirft. Diese Ringe sind so dünn, dass sie von der Erde aus gesehen sogar kurzzeitig zu verschwinden scheinen, nämlich wenn wir zweimal pro Saturnjahr – etwa alle 15 Erdjahre – direkt seitlich auf ihre Kante schauen.

Aus der Nähe können wir erkennen, dass Saturns Ringsystem unzählige breite und schmale Lücken aufweist. Die auffälligste davon wird, nach ihrem Entdecker aus dem 17. Jahrhundert, die Cassini-Lücke genannt. Insgesamt sind über ein Dutzend Ringe bekannt, von denen einige wiederum in etliche Sektionen aufgeteilt sind. Nicht von allen Lücken ist klar, wodurch sie hervorgerufen werden. Zwei Ursachen wurden aber zweifelsfrei identifiziert: Eine davon sind Orbitalresonanzen, wie wir sie schon von Jupiter und den Asteroiden im Asteroidengürtel zwischen Mars und Jupiter kennen. Aus der Entfernung schubsen Saturns zahlreiche größere Monde die Eisbrocken aus bestimmten Regionen der Ringe hinaus und erzeugen so die Lücken. Die zweite Ursache klingt total putzig und ist es auch: Es sind einige Kilometer große Eisbrocken, die »Schäfermonde« genannt werden. Sie umkreisen Saturn innerhalb der Lücken im Ringsystem und sorgen durch die Wirkung ihrer Schwerkraft dafür, dass diese Lücken eine scharfe Grenze behalten, so wie ein Schäfer seine Herde auf einer Weide zusammenhält. Wie viele Monde tatsächlich auf diese Weise wirken, wird aktuell diskutiert. Einer von ihnen ist jedenfalls ein rund 130 Kilometer großer, länglicher Brocken namens Prometheus.

Aber vergessen wir vor lauter Aufregung über Saturns Ringe nicht den Planeten selbst. Die Zusammensetzung der Atmosphäre und der Wolkenschichten ist der von Jupiter im Allgemeinen recht ähnlich. Doch im Gegensatz zu den wilden Stürmen und kräftigen Bändern in Jupiters Atmosphäre wirkt Saturn geradezu beschaulich, mit einer weichen Wolkendecke aus eher sanften Bändern. Sie wird nur selten von Stürmen aufgewirbelt. Ein Grund dafür ist, dass Saturn insgesamt kälter ist. Eine Ausnahme bildet eine riesengroße sechseckige Wolkenformation an Saturns Nordpol, die seit Anfang der 1980er Jahre bekannt ist. Dieser kurios geformte Sturm ist deutlich größer als die Erde und wird vermutlich dadurch ausgelöst, dass die Umlaufgeschwindigkeiten angrenzender Wolkenschichten zufällig genau zusammenpassen und diesen Effekt bewirken.

In Saturns Innerem sieht es ebenfalls ähnlich aus wie im Jupiter, doch der Bereich, in dem Wasserstoff zu flüssigem Metall zusammengepresst wird, ist deutlich kleiner. Obwohl Saturn fast so groß ist wie Jupiter, wiegt er nur rund ein Drittel so viel, was bedeutet, dass er eine geringere Dichte hat. Selbst wenn wir Saturn spaßeshalber so lange mit Wasserstoff und Helium bewerfen würden, bis er so schwer wäre wie Jupiter, würde er dabei kaum wachsen: Denn das zusätzliche Material würde zusammen mit dem vorhandenen unter seiner eigenen Schwerkraft einfach stärker zusammengedrückt werden, so dass mehr davon ins gleiche Volumen passen würde. Das ist ein bisschen wie bei der Papiertonne: Selbst wenn sie voll aussieht, muss man nur ordentlich auf der Pappe herumhüpfen, und es geht immer noch was rein.

Auch Saturn hat ein paar bemerkenswerte Monde zu bieten. Ähnlich wie beim Jupiter sind es etwa 60, von denen die meisten erst nach dem Jahr 2000 entdeckt wurden. Auch von ihnen sind viele nur wenige Kilometer groß und flitzen in großem Abstand kreuz und quer um Saturn herum. Zu ihnen zählen auch einige ähnlich kleine, eisige Monde, die sich im Ringsystem verstecken. Noch kleinere Eisbrocken in dieser Gegend, die nur einige Hundert Meter oder weniger messen, werden dagegen als »Moonlets« (Englisch für

»Möndchen«) bezeichnet und nicht dazugezählt. Zwischen diesen beiden Gruppen der eisigen Mondringe im Inneren und der eingefangenen Asteroiden ganz außen im Saturn-System tummelt sich die Mondprominenz.

Die beiden kleinsten und am weitesten innen gelegenen Monde heißen Mimas und Enceladus und haben einen Durchmesser von etwa 400 bzw. 500 Kilometern. Eine Orbitalresonanz des kleineren Mimas erzeugt die große Cassini-Lücke zwischen Saturns Ringen. Mimas hat einen für seine Größe gewaltigen Einschlagkrater von 130 Kilometern Durchmesser. Damit sieht er der großen Raumstation namens »Todesstern« aus den *Star-Wars*-Filmen zum Verwechseln ähnlich. Lustig ist, dass der Protagonist Luke Skywalker in einer berühmten Filmszene den Todesstern mit einem »kleinen Mond« verwechselt – und das alles, obwohl es bei Erscheinen des Films noch gar keine Nahaufnahmen von Mimas gab! Wenn uns also auf der Reise durch das Saturn-System die Angst ergreift, dass das Imperium zurückschlägt, keine Panik! Wahrscheinlich ist es tatsächlich nur ein Mond. Während Mimas ausgesprochen cool aussieht, ist er geologisch völlig inaktiv.

Ganz im Gegensatz dazu sprudelt der nächstgrößere Mond Enceladus nur so vor Eis. Das hat die *Cassini*-Raumsonde herausgefunden, die sich seit 2004 als erster Dauergast im Saturn-System herumtreibt. Durch Eisvulkane, auch Kryovulkane genannt, schießt gefrorenes Material etliche Kilometer hinaus ins All und verteilt sich entweder im umgebenden Weltraum oder fällt wie Schnee zurück auf die Oberfläche von Enceladus. Der Antrieb für diese Vulkane ist wahrscheinlich die Gezeitenreibung, die wir schon von Jupiters großen Monden kennen. Anders als etwa auf Io setzt sie aber nicht genug Energie frei, um geschmolzenes Gestein an die Oberfläche zu drücken. Stattdessen wird vermutlich gefrorenes Material unter Enceladus' Oberfläche so weit aufgeheizt, dass es sich ausdehnt und ausbricht. Das ausströmende Eis bildet den sogenannten »E-Ring« um Saturn, einen der äußersten Teile des Ringsystems und im Vergleich zu den inneren Ringen sehr dünn und verwischt. Auf manchen Fotos erinnert Enceladus an einen winzigen Brillanten auf einem Schmuckstück, da er geradezu strahlend mitten in dem diffus leuchtenden Ring aus seinem eigenen Material sitzt.

An dieser Stelle können wir uns auch fragen: Haben wir diese Geschichte nicht schon bei Jupiters Mond Europa gehört – Gezeitenreibung, Wassereis, ein Ozean unter der Oberfläche? Ja, das haben wir! Nach über zehn Jahren präziser Vermessungen durch *Cassini* vermeldete die NASA im September 2015, dass Enceladus' Wackeln (auch »Libration« genannt) beim Umkreisen von Jupiter nur damit zu erklären sei, dass ein globaler Ozean flüssigen Wassers unter der Oberfläche existiere.

Ob die nötige Heizleistung, um das viele Wasser flüssig zu halten, allerdings wirklich allein aus der Gezeitenreibung kommen kann, ist weiterhin ein Rätsel.

Die vier nächstgrößeren Monde Saturns heißen Tethys und Dione sowie Rhea und Iapetus, jeweils mit knapp einem Drittel bzw. der Hälfte des Durchmessers unseres Erdmondes. Auch sie bestehen zum größten Teil aus Wassereis und haben dramatisch gezeichnete Oberflächen: Neben großen Einschlagkratern gibt es enorm lange Gräben und Bergketten, die zum Teil die ganze Hälfte eines Mondes umspannen. Eine Auffälligkeit, die sie alle teilen, ist, dass eine Seite anders aussieht als die andere. (Schlaumeier können dazu auch »hemisphärische Dichotomie« sagen.) All diese Monde zeigen immer mit der gleichen Seite in Richtung Saturn, so wie unser Mond Richtung Erde. Somit zeigt eine Seite der Saturnmonde bei ihrem Umlauf um Saturn immer nach vorn, während die andere nach hinten zeigt – wären sie also wie Schiffe unterwegs, hinge die Bugseite stets im Fahrtwind und die Heckseite bekäme nichts davon ab.[*] Natürlich haben wir es nicht mit Schiffen und Fahrtwind zu tun, aber in der Nähe von Saturn ist tatsächlich einiges an Staub und kleinen Teilchen unterwegs. Das führt dazu, dass

---

[*] Vgl.: »Die Raumsonde Cassini-Huygens erkundet den Saturn«, Artikel beim Deutschen Zentrum für Luft- und Raumfahrt vom 15.10.2007: www.dlr.de/cassini-huygens/DesktopDefault.aspx/tabid-307/467_read-10629/gallery-1/gallery_read-Image.1.4078/

diese beiden Seiten der eisigen Monde unterschiedlich gefärbt werden.

Für Tethys, Dione und Rhea sieht das Ergebnis sehr ähnlich aus: Die Bugseite ist heller, da sie Eisteilchen aus einem äußeren Ring Saturns aufsammelt, während die Heckseite in einer komplizierten Wechselwirkung mit Saturns Magnetfeld von geladenen Teilchen getroffen wird, die sie rötlich färben. Bei Iapetus, der deutlich weiter außen seine Bahnen zieht, sieht das allerdings ganz anders aus: Während die Heckseite weiß von Eis ist, ist die Bugseite fast pechschwarz. Der Unterschied ist so bestechend, dass Iapetus auch der Yin-und-Yang-Mond genannt wird. Vermutlich ist dunkler Staub des weiter außen gelegenen kleinen Mondes Phoebe verantwortlich, der hier Iapetus gewissermaßen die Windschutzscheibe vollmatscht und die Bugseite dunkel färbt. Dadurch kann sie sich in der Sonne stärker aufwärmen, woraufhin wiederum immer mehr Eis von dort verdampft und sich stattdessen auf der Heckseite und an den Polen niederschlägt.

Als letzte Station beim Saturn kommen wir zu einem der zweifellos faszinierendsten Orte im Sonnensystem, dem bizarr erdähnlichen Riesen unter den eisigen Monden: Titan. So geheimnisvoll wie Venus, so überraschend wie Europa, fast doppelt so schwer wie unser Mond und größer als der Planet Merkur – und erst Mitte der 2000er Jahre ist es uns überhaupt gelungen, seine spektakuläre Oberfläche zu sehen. Schon auf den ersten Blick von außen überrascht seine fast perfekt glatte, knallig-orange Farbe. Sie zeugt von etwas, das wir seit Venus bei keinem festen Körper im Sonnensystem gesehen haben: nämlich von einer dichten, undurchsichtigen Atmosphäre, die ihn komplett umhüllt. Die Raumsonden *Pioneer 11* sowie *Voyager 1* und *Voyager 2* konnten auf ihren Vorbeiflügen am Saturn um das Jahr 1980 herum die Wolkendecke mit ihren Kameras nicht durchdringen, und auch das leistungsstarke *Hubble*-Weltraumteleskop vermochte in den folgenden Jahrzehnten von der Erde aus mit speziellen Filtern nur grobe Strukturen auf Titan auszumachen.

Erst mit der *Cassini-Huygens*-Mission gelang es Wissenschaftlern, den Schleier um Titan zu lüften. Mit Infrarotkameras und Radarinstrumenten konnte *Cassini* die Wolken durchdringen und Titans Oberfläche vermessen, ähnlich wie die *Magellan*-Mission bei der Venus. Doch nicht nur das: Der *Huygens*-Landeroboter konnte sogar erfolgreich auf Titans Oberfläche abgesetzt werden. Überhaupt ist *Cassini-Huygens* ein Paradebeispiel für eine erfolgreiche Forschungsmission im äußeren Sonnensystem. In einer internationalen Zusammenarbeit haben die NASA und die italienische Raumfahrtagentur *Agenzia Speziale Italiana* (ASI) die *Cassini*-Sonde sowie die ESA den *Huygens*-Lander konstruiert und gemeinsam mit einer amerikanischen Rakete auf den sieben Jahre langen Weg zum Saturn gebracht. Seit ihrer Ankunft im Jahr 2004 sammelt die

Sonde unablässig Daten über Saturn und seine Monde. Der spektakuläre Abschluss der Mission ist ab Dezember 2016 geplant: *Cassini* soll knapp außerhalb der Ringe vorbeifliegen und ab April 2017 sogar noch näher heranfliegen und zwischen Saturn und den Ringen hindurchflitzen. Diese Manöver werden es erlauben, die Ringe aus nächster Nähe zu untersuchen und sogar ihre Masse zu bestimmen. Im September 2017 soll *Cassini* schließlich in die Atmosphäre des Saturn eintreten, womit die 20-jährige Erfolgsgeschichte der Mission enden wird.

Doch zurück zu Saturns faszinierendem Mond Titan und dazu, was *Huygens* über ihn herausfinden konnte. Dieser Roboter, etwa so groß wie das Zelt für eine kleine Familie, ist nach dem Astronomen benannt, der Titan 1655 entdeckt hatte. Ganze 350 Jahre nach dieser Entdeckung wurde *Huygens* durch Titans Atmosphäre geworfen und schwebte an einem Fallschirm zur Oberfläche, während er Fotos und verschiedene Messungen machte. *Huygens*' Landeplatz auf Titan, über eine Milliarde Kilometer weit weg, markiert wahrscheinlich noch jahrzehntelang den am weitesten von der Erde entfernten Ort, an dem je ein menschengemachtes Objekt gelandet ist. Übrigens: Raten Sie mal, was *Huygens* für ein Messgerät dabeihatte. Kameras natürlich, Wind- und Strahlungsmesser, ein Gerät zur chemischen Analyse der Atmosphäre – und ein Mikrofon! Das ist ein ausgesprochen selten eingesetztes

Instrument bei der Erforschung des Sonnensystems, weil es nur in Atmosphären funktioniert. Während des Abstiegs auf Titan hat *Huygens* so das Rauschen des Winds aufgenommen, das zu *Cassini* und schließlich zur Erde übertragen wurde. Die Datei von der Webseite der ESA aus dem Januar 2005 habe ich immer noch auf meinem Rechner, und ich kann mich noch gut daran erinnern, wie ich sie mit offenem Mund zum ersten Mal angehört habe. Um ehrlich zu sein, war das Geräusch kaum vom Rauschen eines Radios oder einer Autobahn in der Ferne zu unterscheiden, aber es waren nun mal die ersten Geräusche, die jemals auf einem anderen Himmelskörper aufgenommen wurden. Ist das nicht phantastisch?

Auch die gewonnenen Erkenntnisse über Titan sind bemerkenswert. Dessen dichte Atmosphäre sorgt an seiner Oberfläche für einen Luftdruck, der etwa eineinhalbmal so hoch ist wie der Erdluftdruck. Hauptbestandteil der Atmosphäre ist – wie auch auf der Erde – Stickstoff. Die zweithäufigste Substanz ist allerdings Methan, mit einem Anteil von etwa 1,5 %, und nicht Sauerstoff wie auf der Erde. Kleine Anteile von Ethan, Propan und anderen Kohlenwasserstoffen gehören auch zu Titans Atmosphäre. Bei Titans Oberflächentemperatur von bitterkalten −180 °C hat es besonders das Methan in sich: Es bildet nicht nur die Wolken und einen ständigen Nebel an der Oberfläche, sondern fällt auch als Regen auf die Landschaft nieder und durchzieht sie mit Flussläufen, Inseln und Deltas. Radarbilder von Titans Oberfläche erinnern unweigerlich an vertraute Landschaften wie Fjorde oder Seenplatten. Winde in der stickstoffreichen Atmosphäre verstärken diesen Eindruck und bilden regelrechte Dünen in der Landschaft, die Wüsten auf der Erde ähneln. Doch bei aller Vertrautheit ist es umso bizarrer, woraus diese Landschaft besteht: Die Flussbetten und Küsten, aber auch die Berge und der Sand sind aus Eis. Wassereis! Angesichts der Zusammensetzung von Titans Nachbarmonden und der Oberflächentemperatur von eisigen −180 ℃ ist das kein Wunder. Aber die Vorstellung, dass flüssiges Methan auf Felsen aus Wassereis fällt und darin Flüsse und Seen bildet …! Abgefahren, oder?

Die vielen organischen Moleküle auf Titan, so vermuten Forscher, könnten mit großer Wahrscheinlichkeit als Grundbausteine für Leben dienen. Die extreme Kälte und die für uns außergewöhnlichen Bedingungen erlauben es nicht, die Landschaften oder Gewässer auf Titan direkt mit irgendeinem Lebensraum auf der Erde zu vergleichen. Aber es gibt auch Hinweise auf flüssige Ozeane unter der Oberfläche: etwa, dass sich Landschaften auf der Oberfläche zwischen verschiedenen Messungen im Abstand weniger Jahre um mehrere Kilometer verschoben zu haben scheinen. Berechnungen zeigen, dass Wasser, gemischt mit gewissen organischen Stoffen als Frostschutzmittel, durchaus in flüssiger Form im Inneren Titans vorkommen könnte. Eine zusätzliche Energiezufuhr durch große Einschläge anderer Himmelskörper könnte zudem eine Durchmischung und Aufheizung der Materialien verursacht haben, die für die Bildung von Leben günstig sein könnte. All das sind für den Moment nur Vermutungen, und die nächste Mission zum Titan findet wahrscheinlich erst in etlichen Jahren statt. Es bleibt also spannend!

Noch ein Eis:
Das äußere Sonnensystem

Wenn wir uns nun aus dem Saturn-System verabschieden, verlassen wir auch den Teil des Sonnensystems, den wir schon eingehend mit Robotern untersuchen konnten. Die äußeren Planeten Uranus und Neptun sowie der Zwergplanet Pluto wurden bisher nur im Vorbeiflug besucht. Die Sonde *Voyager 2* passierte Uranus und Neptun in den 1980er Jahren (rund zehn Jahre nach ihrem Start), und *New Horizons* flog 2015 am Pluto vorbei. Unser Blick auf Uranus und Neptun läutet damit auch langsam unseren Abschied vom Sonnensystem ein. Hier draußen kommt uns die Sonne nur noch furchtbar klein vor, und angesichts der großen Entfernungen zu all den Nachbarplaneten kann es sich hier schon einsam anfühlen. Während wir unser Raumschiff bisher durch Solarzellen antreiben konnten, müssen wir nun wegen der schwachen Sonnenstrahlung eine andere Technik nutzen. Die wenigen Forschungssonden, die es in den vergangenen Jahrzehnten so weit geschafft haben, waren zu diesem Zweck mit sogenannten »Radionuklidbatterien« ausgestattet. In diesen Geräten wird die Wärme eines stark radioaktiven Stücks Plutonium mit Hilfe des physikalischen Effekts der Thermoelektrizität in Strom umgewandelt. Der große Vorteil dieser »Batterien« ist, dass sie problemlos für Jahrzehnte halten. Große Nachteile sind allerdings das Risiko des Fehlstarts einer Rakete, wodurch radioaktives Material unkontrolliert in die Umwelt gelangen könnte, sowie die enorm teure und aufwendige Gewinnung des Plutoniums. Zum Glück läuft unsere eigene Raumkapsel mit Tee und Keksen, oder was man sonst gern als Treibstoff beim Lesen nutzt.

Uranus und Neptun, diese beiden abgelegenen Welten, ähneln auf den ersten Blick den Gasriesen Jupiter und Saturn. Auch sie sind um einiges größer und schwerer als die Gesteinsplaneten, haben keine feste Oberfläche und eine Atmosphäre, die zum allergrößten Teil aus Wasserstoff und Helium besteht. Ein wichtiger Unterschied zu Jupiter und Saturn zeigt sich in ihrer Farbe: Uranus kommt in einem hellen und blassen, Neptun in einem tiefen, kräftigen Blau daher. Diese Färbung wird durch Methan verursacht, aus dem die Atmosphären zu je etwa zwei Prozent bestehen. Doch vor allem die Zusammensetzung unterhalb der Atmosphäre unterscheidet beide deutlich von den bisher besuchten Planeten. Für metallischen Wasserstoff, wie wir ihn im Inneren von Jupiter und Saturn gesehen haben, sind Temperatur und Druck im Inneren von Uranus und Neptun nicht hoch genug. Stattdessen haben sie einen kleinen felsigen Kern, der von einer dichten, mehrere Tausend Grad heißen Mischung aus Wasser, Methan und Ammoniak umgeben ist, die einen Tausende Kilometer dicken Mantel bildet. Trotz ihres heißen Inneren werden Uranus und Neptun auch die »Eisriesen« genannt. Damit ist gemeint, dass sie aus den gleichen Stoffen bestehen, die in Form von festem Eis viele kalte Körper im äußeren Sonnensystem bilden, darunter ihre eigenen Monde und Zwergplaneten wie Pluto.

Versuche, mit denen die Bedingungen in ihrem Inneren nachgestellt wurden, haben gezeigt, dass die Bedingungen möglicherweise immer noch extrem genug für einen spektakulären Effekt sind: Bei ausreichend hohem Druck könnten sich Methanmoleküle auflösen und der frei werdende Kohlenstoff zu Diamanten gepresst werden. Winzige Flöckchen oder auch richtige Brocken könnten tief im Innern der Planeten in einer Art Diamantenhagel durch ihre Umgebung in Richtung des Planetenkerns fallen. Aber ob das wirklich so ist, lässt sich bislang nur spekulativ anhand von Experimenten im Labor nachvollziehen. Einen tatsächlichen Blick ins Innere eines Gasplaneten zu werfen ist für uns bislang eine technische Unmöglichkeit.

Sowohl Uranus als auch Neptun haben dünne, dunkle Ringsysteme und einige eisige Monde, angeordnet nach einem bekannten Schema: kleine Monde zwischen den Ringen, große Brocken weiter außen und unregelmäßige eingefangene Monde in größerer Entfernung. Allerdings gibt es auch wichtige Unterschiede zwischen den eisigen Zwillingen. Um sie auseinanderzuhalten, denke ich übrigens gern an den Namensgeber Neptuns, den römischen Gott des Meeres (bei den Griechen heißt er »Poseidon«). Neptun ist dunkelblau und schwimmt sozusagen weiter draußen als Uranus. Dagegen erinnert Uranus' hellblaue Farbe eher an das Wasser in der Nähe eines Strands. So ist Uranus auch tatsächlich weniger aufgewühlt, denn seine Atmosphäre zeigt kaum Wolkenstrukturen oder Stürme, und selbst die Windgeschwindigkeiten sind geringer. Eine Ausnahme, die diese Regel bestätigte, waren helle Stürme und Wolkenbänder, die in den Jahren nach 2004 durch Teleskope von der Erde aus auf Uranus beobachtet wurden. Ob das eine normale Erscheinung aufgrund der Jahreszeiten des Uranus ist, wissen wir allerdings nicht – denn hochaufgelöste Bilder und genaue Aufzeichnungen gibt es noch nicht so lange, wie Uranus für eine Umrundung der Sonne braucht – nämlich 84 Jahre. Um Beobachtungen mit modernen Weltraumteleskopen über zwei komplette Uranusjahre zu vergleichen, müssten wir ihn erst mal bis ungefähr ins Jahr 2160 beobachten.

Messungen haben außerdem gezeigt, dass Uranus der kältere der beiden ist, in der Atmosphäre wie vermutlich auch im Inneren – und das, obwohl Uranus der Sonne wesentlich näher ist als Neptun. Diese Eigenheit hängt wahrscheinlich damit zusammen, dass Uranus »umgekippt« ist und sich in eine ganz andere Richtung um sich selbst dreht als die übrigen Planeten. Wie können wir uns das vorstellen? Nun, die Planeten ziehen ihre Bahnen um die Sonne fast genau auf einer Ebene, der sogenannten »Ekliptik«. Die Ekliptik ist wie ein großer Teller, in dessen Zentrum die Sonne liegt und auf dessen Fläche die Planeten um die Sonne kreisen. Stellen wir uns vor, dass alle Planeten einen Zahnstocher durch ihren Nord- und Südpol gesteckt bekommen, der die Drehachse markiert, um die sich die Planeten um sich selbst drehen. Der Teller des Sonnensystems sieht dann aus wie eine Platte mit Partyspießen: Die Zahnstocher stehen fast senkrecht auf dem Teller, wie auch die Drehachsen der Planeten fast senkrecht zur Ekliptik stehen. Manche sind auch ein bisschen schräg und verursachen dadurch Jahreszeiten auf den betreffenden Planeten, wie etwa bei Erde und Mars.

Und dann ist da noch Uranus, der umgekippte Partyspieß: Sein Zahnstocher liegt flach auf dem Teller. Der Planet Uranus dreht sich im Vergleich zum restlichen Sonnensystem praktisch auf der Seite liegend. Kurioserweise folgen auch seine Ringe und Monde der Ausrichtung der gekippten Achse und umkreisen ihn nicht in der Ekliptik, sondern stechen quasi aus ihr heraus. Auslöser für diese ungewöhnliche Lage muss ein gewaltiges Ereignis gewesen sein – etwa der Einschlag eines sehr großen Körpers, der irgendwie auch dazu geführt haben könnte, dass Uranus' Kern Wärme verloren hat. Wäre Uranus kein Gasplanet, hätte er von solch einem Ereignis womöglich einen stattlichen Krater zurückbehalten, doch stattdessen präsentiert er uns nur die blanke Wolkendecke.

Uranus' Monde sind nach Figuren aus Bühnenstücken von William Shakespeare und Alexander Pope benannt. Die größeren Vertreter heißen Miranda, Ariel, Umbriel, Titania und Oberon. Sie sind in Größe und Zusammensetzung den mittelgroßen Monden Saturns wie Enceladus oder Rhea recht ähnlich. Äußerlich zeigen sie vergleichbar dramatische Risse und Einschlagkrater, doch der Mond Miranda wirkt so extrem zerfurcht wie kaum ein anderer Körper des Sonnensystems. Man könnte fast meinen, er wäre mehrfach zerrissen und neu zusammengesetzt worden. Wie sein zerklüftetes, vernarbtes Erscheinungsbild tatsächlich zustande kam, ist nicht klar. Auf jeden Fall beschert es Miranda die höchste bekannte Klippe des Sonnensystems: Von ihrer Spitze aus geht es womöglich – wir haben nur mäßig aussagekräftige Fotos – fünf Kilometer geradewegs in die Tiefe. Würden wir uns entscheiden, hinunterzuhüpfen, so würde es dank der geringen Schwerkraft fast sechs Minuten dauern, ehe wir unten ankämen. Allerdings müssten wir uns etwas für die Landung mit 100 km/h einfallen lassen – und einen Fallschirm mitzunehmen würde nicht helfen, da Miranda keine

Atmosphäre hat. Vielleicht wäre dieser Mond ja stattdessen der ideale Einsatzort für das längste Bungee-
Seil des Sonnensystems?

Der schwedische Künstler Erik Wernquist hat übrigens diese und andere Ideen für Abenteuersportarten
im Sonnensystem in einem vierminütigen Kurzfilm
namens »Wanderers« in computergenerierte Bilder
umgesetzt. Viele Szenen des Films sind inspiriert von
dem Roman »2312«, in dem der Autor Kim Stanley
Robinson die Vision von einem besiedelten Sonnensystem fortsetzt, die mit seiner phantastischen Mars-
Trilogie begann. Die Idee, von Mirandas Klippe zu
springen, wurde ebenso aus dem Roman in den Film
übernommen wie das Surfen durch Saturns Ringe. Begleitet von bewegenden Worten des legendären Astronomen Carl Sagan, verkörpert der Film für mich wie
kaum etwas anderes die Faszination der menschlichen
Erforschung des Sonnensystems.[*]

Kommen wir schließlich zu Neptun, dem wesentlich
weiter von der Sonne entfernten und doch lebhafteren der
beiden Eisriesen-Geschwister. In seiner Atmosphäre
kommen Windgeschwindigkeiten von rund 2000 Kilometern pro Stunde vor. Ähnlich wie in der Atmosphäre
des Jupiters gibt es auch hier große Stürme, die sich

---

[*] Erik Wernquist: »Wanderers«, 2014: https://vimeo.com/
108650530; Kim Stanley Robinson: »Roter Mars«, »Grüner Mars«,
»Blauer Mars«, »2312«, Heyne, 2013-2016

sehr lange halten. Auch die Erforschung von Neptun ist vor allem dadurch erschwert, dass der allererste Vorbeiflug durch die *Voyager 2*-Sonde im Jahr 1989 bisher der einzige war. Doch immerhin lässt sich Neptun auch von der Erde aus mit ausreichend starken Teleskopen, wie wir sie seit wenigen Jahrzehnten zur Verfügung haben, beobachten. Jüngere Aufnahmen mit dem Hubble-Weltraumteleskop zeigen vor allem helle Wolken aus Methaneis, die den Planeten mit seiner Eigendrehung in nur 16 Stunden umrunden. Im Jahr 2011 wurde eine Serie von »Geburtstagsfotos« angefertigt, denn da hatte Neptun nach seiner Entdeckung im Jahr 1846 einmal komplett die Sonne umrundet, wofür er nämlich etwa 165 Jahre braucht.

Neptuns einziger großer Mond, Triton, gibt uns schon einen Vorgeschmack auf den Hinterhof des Sonnensystems: den von eisigen Körpern bevölkerten Kuipergürtel. Es wird angenommen, dass Triton aus dieser weit abgelegenen Gegend von Neptun eingefangen wurde, also lange nach seiner Entstehung durch Neptuns Schwerkraft in eine Umlaufbahn gelenkt. Das glauben Forscher, weil seine Bahn stark gegen den Äquator von Neptun geneigt ist und entgegengesetzt zu dessen Umdrehungsrichtung verläuft (das nennt man »retrograd«) – beides kommt bei Monden, die sich zusammen mit einem Planeten am selben Ort gebildet haben, praktisch nicht vor. Wenn Triton tatsächlich von Neptun aus dem Kuipergürtel eingefangen wurde, so musste er für seine Rolle als dessen wichtigster Mond womöglich eine Karriere als größtes Objekt im Kuipergürtel aufgeben, denn er ist größer als Pluto und Eris. Mit diesen beiden großen Körpern des Kuipergürtels teilt er wahrscheinlich auch eine sehr ähnliche Zusammensetzung als Gesteinsbrocken mit einer dicken Hülle aus »Eis«, womit erneut eine Mischung aus gefrorenen Stoffen wie Stickstoff, Methan und Wassereis gemeint ist. Triton hat außerdem eine extrem dünne Atmosphäre, die hauptsächlich aus Stickstoff besteht, wie sie inzwischen auch bei Pluto gefunden wurde.

Die Herkunft Tritons ist also mutmaßlich der Kuipergürtel. Dieser liegt hinter der Umlaufbahn von Neptun und ist Teil einer sehr großen Region, deren zahlreiche zumeist kleine, eisige Bewohner kollektiv als »transneptunische Objekte« (»Objekte hinter dem Neptun«, kurz TNOs) bezeichnet werden. Der Kuipergürtel ist noch viel weitläufiger als der Asteroidengürtel zwischen Mars und Jupiter. Er beginnt etwa bei der Umlaufbahn des Neptun, in einer Entfernung von 30 AE von der Sonne. Seine diversen Unterteilungen und Ausläufer erstrecken sich bis in Sonnenentfernungen von mehr als 50 AE. Wenn wir von Neptun aus starten und in der Ekliptik geradewegs von der Sonne weg in den Kuipergürtel fliegen, können wir erst nach drei Milliarden Kilometern davon sprechen, dass wir ihn durchquert haben! Der gleiche Flug durch den

Asteroidengürtel wäre schon nach knapp 200 Millionen Kilometern vorbei gewesen. Trotz der gemeinsamen Bezeichnung »Gürtel« unterscheiden sich die beiden Regionen also deutlich in ihren Ausmaßen, und im noch dünner besiedelten Kuipergürtel müssen wir uns umso weniger Sorgen um eine Kollision machen.

Unser Wissen über den Kuipergürtel und die Region der transneptunischen Objekte ist zwar zum Teil schon recht detailliert, aber im Vergleich zum Asteroidengürtel doch ziemlich lückenhaft. Das ist kein Wunder, wenn man bedenkt, wie Astronomen das Sonnensystem unter die Lupe nehmen: Als Bewohner der Erde sind wir in erster Linie darauf angewiesen, durch Teleskope zu schauen und zu erkennen, wenn ein Objekt das Sonnenlicht reflektiert. Haben wir so eine Reflexion gefunden, können wir ihren Weg über den Himmel verfolgen und − nach einer Weile der Beobachtung − ausrechnen, in welcher Entfernung und auf was für einer Bahn unsere Entdeckung unterwegs ist. Doch je weiter ein Körper von der Sonne entfernt ist, desto weniger Sonnenlicht trifft ihn, und je weiter die Erde von diesem weg ist, desto weniger von seinem zurückgeworfenen Sonnenlicht erreicht uns. Zusätzlich muss dieses bisschen Licht auch noch in unser Teleskop fallen, das eine maximale Öffnung von einigen Metern hat. So ist es kaum verwunderlich, dass wir Hunderttausende Asteroiden im Asteroidengürtel zwischen Mars und Jupiter kennen, aber bisher nur weniger als zweitausend transneptunische Objekte: Ihre Reflexion ist so schwach, dass bisher nur große moderne Teleskope sie einfangen konnten. Während also die größeren Körper des Asteroidengürtels schon im 19. Jahrhundert gefunden wurden, war die Begegnung mit Pluto im Jahr 1930 die erste mit einem Objekt hinter dem Neptun, und es sollte lange die einzige bleiben.

Erst mit der Entdeckung eines zweiten TNO namens 1992 QB1 im Jahr 1992 wurde das Kapitel der Erkundung des Kuipergürtels aufgeschlagen. Angesichts dieses Namens können wir uns fragen: Warum haben eigentlich manche Himmelskörper so poetische Namen, während andere nur kryptische Bezeichnungen tragen? Wie bei eigentlich allen Namenskonventionen in der Astronomie gibt es historisch gewachsene, furchtbar komplizierte Regeln mit kuriosen Ausnahmen und den Altlasten vergangener Jahrhunderte. Seit über 100 Jahren bekommen alle neu gefundenen Körper des Sonnensystems zunächst eine vorläufige Bezeichnung, die sich aus der Jahreszahl der Entdeckung und einer kompliziert festgelegten Kombination von Buchstaben und Zahlen zusammensetzt. Später kann unter Umständen ein anderer Name bestimmt werden, etwa wenn die Entdecker den Wunsch äußern oder öffentliches Interesse daran besteht. Über die Benennungen und ihre Regeln wacht das *Minor Planet Center* unter der Schirmherrschaft der *International Astronomical Union*. Letztlich ist es auch Glückssache, welche der unzähligen ständig neu entdeckten Körper einen hübschen Namen bekommen und welche für immer eine Kombination aus Buchstaben und Zahlen bleiben.

Aber Namen sind Schall und Rauch: 1992 QB1 ist trotz seiner sperrigen Bezeichnung eine Berühmtheit in der Astronomie, genau wie seine Entdecker. David Jewitt und seine damals 29-jährige Kollegin Jane Luu läuteten mit seiner Entdeckung eine neue Ära in der Erforschung des Sonnensystems hinter Neptun ein. Mit der Entdeckung von 1992 QB1 begann sich auch die Erkenntnis zu erhärten, dass Pluto alles andere als einzigartig ist. Das endete bekanntlich damit, dass er heute nicht mehr zu den Planeten gezählt wird. Macht aber nichts, denn als TNO und Zwergplanet ist Pluto in phantastischer Gesellschaft von Objekten wie Eris und Sedna. Diese bunte Truppe werden wir gleich näher kennenlernen.

Obwohl viele Fragen zum äußeren Sonnensystem noch offen sind, ist eines sicher: Was im Kuipergürtel und seinen angrenzenden Regionen vor sich geht, wird wesentlich von Neptuns Schwerkraft bestimmt, so ähnlich wie auch im inneren Sonnensystem Orbitalresonanzen mit Jupiter das Geschehen im Asteroidengürtel dominieren. Manche TNOs sind auf stabilen Umlaufbahnen um die Sonne unterwegs, die von Neptun nicht gestört werden, darunter auch Pluto. Andere bewegen sich dagegen auf geradezu wilden, stark geneigten und ellipsenförmigen Umlaufbahnen. Sie wurden vermutlich von Neptun »gestreut«, also durch dessen Schwerkraft aus ihrer ursprünglichen Bahn in ihre kuriose Lage katapultiert. Dabei können sie durchaus nicht nur nach außen, also weiter von der Sonne weg, sondern auch nach innen ins Sonnensystem gelangt sein. Wenn der Kuipergürtel der Hinterhof des Sonnensystems ist, können wir uns die Wirkung von Neptuns Schwerkraft vorstellen wie spielende Kinder in einem echten Hinterhof: Sie verteilen Materie überall in der Umgebung. So wie Bälle vom Hinterhof auf das Garagendach, auf Balkone, raus auf die Straße oder durch ein Fenster verteilt werden, hat Neptun seine eisigen kleinen Nachbarn spontan und wie zufällig durch das ganze Sonnensystem geschickt.

Ein Resultat dieser Verteilung sind die sogenannten »kurzperiodischen Kometen«, die gelegentlich bei uns im Inneren des Sonnensystems unterwegs sind. Der manchmal äußerst prachtvolle Schweif, den Kometen in der Nähe der Sonne entwickeln, kommt unter anderem dadurch zustande, dass Wasser und andere gefrorene Stoffe verdampfen. Ein paarmal sind Kometen auf ihrem Weg um die Sonne von Raumsonden besucht worden, und im Jahr 2014 ist dem *Philae*-Lander der ESA-Mission *Rosetta* sogar die Landung auf einem Kometen gelungen. Nach der Untersuchung durch diese Raumsonden besteht kein Zweifel mehr daran, dass einige eisige Bewohner des Kuipergürtels von Neptun oder sogar von Uranus angestoßen und von Saturn oder Jupiter regelrecht »durch das Sonnensystem weitergereicht« werden.[*] Wenn sie uns dann mit einer Flugbahn, die sie in die Nähe der Sonne bringt, im inneren Sonnensystem beglücken, nennen wir sie auch »Kometen«.

Wie sich aber der Kuipergürtel genau gebildet hat und wie seine heutige Gestalt zustande kommt, ist alles andere als geklärt. Einige Forscher vermuten, dass die starke Schwerkraft der Gasriesen der Grund sein könnte, dass sich aus dem vorhandenen Staub, Gestein und Eis gar nicht erst ein größerer Planet gebildet hat – auch das erinnert an die Wechselwirkung von Jupiter und dem Asteroidengürtel. Die Erforschung der frühen Entwicklung des Sonnensystems hat tatsächlich einige geradezu abenteuerliche, wilde Szenarien hervorgebracht: So könnten etwa die großen Planeten nach ihrer Entstehung von der Sonne nach außen gewandert sein und dabei in starken Orbitalresonanzen unzählige kleinere Objekte kreuz und quer durch das Sonnensystem geschleudert haben. Kometen mit Umlaufzeiten von Tausenden Jahren könnten so auf ihre extrem weitläufigen und ellipsenförmigen Bahnen gelangt sein.

So ein gewaltiger Rauswurf aus dem inneren Son-

---

[*] Vgl.: »Der Kuipergürtel«, Artikel bei »Welt der Physik« vom 17.12.2015: www.weltderphysik.de/gebiet/planeten/von-meteoriten-bis-kleinplaneten/kuiperguertel/

nensystem könnte auch die Herkunft der sogenannten »langperiodischen Kometen« erklären. Diese seltenen Besucher umkreisen die Sonne in etlichen Tausend, teilweise sogar Millionen Jahren. Der Komet Hale-Bopp, der im Frühjahr 1997 den Himmel erleuchtete, war so ein Kandidat. Bei seinem vorangegangenen Besuch im inneren Sonnensystem war gerade der Parthenon-Tempel auf der Akropolis in Athen im Bau gewesen. Man vermutet, dass diese langperiodischen Kometen eine kugelschalenförmige Region namens »Oortsche Wolke« bilden (die genau wie der Kuipergürtel nach einem niederländischen Astronomen benannt ist). Diese gigantische »Wolke« umschließt vermutlich das Sonnensystem und erstreckt sich Zehntausende AE weit hinaus – so weit, dass sie bis zu einem Viertel des Wegs zum nächsten Stern reichen könnte. Leider ist noch kein einziges Objekt in einer solchen Entfernung beobachtet worden, weshalb die Oortsche Wolke bisher nur eine Theorie ist, gestützt auf Beobachtungen von Kometen beim Vorbeiflug durch das innere Sonnensystem.

Das am weitesten entfernte TNO, das wir im Sonnensystem entdeckt haben, war lange der Zwergplanet Eris, der im Jahr 2003 rund 96 AE weit draußen gefunden wurde – stolze 14 Milliarden Kilometer von der Sonne entfernt. Sein Licht ist wegen dieser enormen Entfernung bis zu hundertmal schwächer als das von Pluto, obwohl die beiden Körper etwa die gleiche

Größe haben. Im November 2015 wurde Eris allerdings von »V774104« abgelöst, einem etwa 103 AE von der Sonne entfernten Körper, über den außer seiner großen Distanz noch praktisch nichts bekannt ist. Und dann kennen wir noch Sedna, ein Objekt, das etwa so groß wie die mittleren Saturnmonde ist. Derzeit ist Sedna rund 86 AE von der Sonne entfernt, aber ihre Umlaufbahn ist stark elliptisch. Dadurch wird sie voraussichtlich erst in knapp 6000 Jahren erneut ihre größte Sonnenentfernung von über 900 AE erreichen. Das ist so irrsinnig weit weg, dass die Sonne an Sednas Himmel weniger hell wäre als bei uns auf der Erde der Vollmond.

Das ist für mich eine der atemberaubendsten Vorstellungen vom Sonnensystem überhaupt: in solch einer Entfernung auf der Oberfläche von Sedna zu stehen. Sedna könnte eine annähernd kugelrunde Welt mit einem Durchmesser von 1000 Kilometern sein, auf der wir dank der Schwerkraft einen festen Stand hätten. Wir würden am Himmel die vertrauten Sternbilder sehen, obwohl auf Sedna helllichter Tag wäre. Die Sonne, die für unsere Erfahrung viel zu klein am Himmel stünde, wäre hier nur so hell wie unser Vollmond zu Hause. Was für eine Vorstellung!

Sednas Umlaufbahn mit ihrem großen Abstand von der Sonne ist übrigens so speziell, dass sie inzwischen eine eigene TNO-Kategorie namens »Sednoid« bekommen hat. Nach ihrer Entdeckung im Jahr 2003

1992 QB₁

war Sedna fast zehn Jahre lang die einzige bekannte Vertreterin dieser Art, doch inzwischen hat sie Gesellschaft von 2012 VP113 bekommen. Astronomen sind sich sicher, dass es noch weitere Körper mit solch bemerkenswerten Umlaufbahnen gibt, und auch der neu entdeckte V774104 könnte sich als Vertreter dieser Art herausstellen. Wie die beiden – und ihre mutmaßlich etlichen noch unentdeckten Artgenossen – zu ihren außergewöhnlichen Umlaufbahnen gekommen sind, haben verschiedene Astronomen seit den frühen 2000er Jahren gelegentlich mit vorsichtigen Vermutungen zu erklären versucht.

Viel Beachtung fand es, als Mike Brown und Konstantin Batygin im Januar 2016 alle Zurückhaltung ablegten und verkündeten, der Grund sei ein noch unentdeckter neunter Planet, dem sie den Spitznamen »Planet Nine« gaben. Die beiden hatten die bestechend ähnlichen Umlaufbahnen von sechs Objekten im äußeren Sonnensystem untersucht und kamen anhand von Modellrechnungen zu diesem Schluss. Der neunte Planet soll etwa zwei Drittel der Masse von Uranus (oder auch die zehnfache Masse der Erde) haben und einige Tausend Jahre für einen Umlauf um die Sonne brauchen.

Allerdings ist Planet Nine noch nie beobachtet worden, und bis das gelingt, wird seine Existenz nur eine Vermutung bleiben. Während die astronomische Fachwelt interessiert, aber eher verhalten auf die neue Theorie reagierte, war die breite Öffentlichkeit ganz aus dem Häuschen – sicher nicht zuletzt, weil die Aufregung um Pluto auch nach zehn Jahren noch nicht überwunden ist. Die Geschichte um den neunten Planeten wird vollends zum Drama, wenn man sich genauer anschaut, von wem der Vorschlag nun kommt: Mike Brown war es, dessen Entdeckungen zahlreicher TNOs maßgeblich dazu beitrugen, dass Pluto nicht mehr als der neunte Planet des Sonnensystems gezählt wird. Er kokettiert auch gern damit, etwa durch seinen Internet-Spitznamen »plutokiller«. Und nun ist genau er es, der Planet Nine ins Gespräch bringt. Es ist die reinste Sonnensystem-Seifenoper!

Auf einen Hausbesuch werden all diese einsamen Grenzgänger des Sonnensystems jedenfalls noch lange warten müssen. Die *New Horizons*-Mission, die zehn Jahre lang zum Pluto unterwegs war und aktuell etwa 33 AE von der Sonne entfernt ist, war die erste Stippvisite der Menschheit zum Kuipergürtel. Nach dem Vorbeiflug am Pluto soll *New Horizons* noch das Objekt 2014 MU69 untersuchen, das die Sonde im Januar 2019 passieren soll. Zusammen mit *Voyager 1* und *Voyager 2* sowie *Pioneer 10* und *Pioneer 11*, die in den 1970er Jahren gestartet waren, gehört *New Horizons* derzeit zu den fünf einzigen Raumsonden, die dem Sonnensystem entkommen werden. Damit ist gemeint, dass sie eine so hohe Geschwindigkeit erreicht haben, dass sie nicht mehr umkehren und zurück zur Sonne fallen werden. Stattdessen werden sie sich voraussichtlich für immer – oder jedenfalls für etliche Millionen Jahre – zunehmend von der Sonne entfernen.

Pioneer 11 und *Pioneer 10* konnten 1995 bzw. 2002 zuletzt angefunkt werden. Wir können ihre heutigen Positionen nur noch berechnen und vermuten, weil sie viel zu klein sind, um mit Teleskopen beobachtet zu werden. *Voyager 2* und *Voyager 1* sind dagegen weiterhin aktiv und können nach wie vor Signale zur Erde schicken. Beide untersuchten die Jupiter- und Saturnsysteme, und *Voyager 2* war die erste und bis heute einzige Sonde, die Uranus und Neptun erreichte. *Voyager 1* fertigte 1990 eine fast vollständige Aufnahme des Sonnensystems an, die den Spitznamen »Familienporträt« bekam: ein Mosaik aus 60 Einzelaufnahmen, auf dem Venus, die Erde, Jupiter, Saturn, Uranus und Neptun zu sehen sind.

Heute, nach über 35 Jahren im All, senden diese beiden tapferen Sonden weiter Daten aus einer Entfernung von etwa 110 bis 130 AE, in der Nähe der sogenannten »Heliopause«. Mangels gut sichtbarer Ortsausgangsschilder am Rande des Sonnensystems wird diese Region als eine Grenze gehandelt: Ab hier sind geladene Teilchen von der Sonne in ihrer Flugrichtung und Energie nicht mehr von geladenen Teilchen anderer Sterne zu unterscheiden, sondern gehen in den Raum zwischen den Sternen (auch »interstellarer Raum« genannt) über. Trotzdem gibt es jenseits dieser Heliopause noch Objekte, welche die Sonne umkreisen – wie zum Beispiel Sedna oder die langperiodischen Kometen. Die Entfernung zwischen der Erde und den *Voyager*-Sonden ist so groß, dass die begrenzte Lichtgeschwindigkeit stark zu Buche schlägt: Um auf ein Kommando, das wir zu den Sonden funken, eine Antwort zu erhalten, müssen wir ungefähr eineinhalb Tage lang warten.

Wenn alles gutgeht, werden die beiden *Voyager*-Sonden im Jahre 2017 ihr 40-jähriges Dienstjubiläum feiern und noch bis in die 2020er Jahre funktionieren. In jedem Fall werden sie auf absehbare Zeit – wenn nicht sogar für immer – die am weitesten von der Erde entfernten Artefakte der Menschheit bleiben. Für den Fall, dass jemand, der kein Mensch ist, sie irgendwann einmal finden sollte, tragen die vier *Pioneer*- und *Voyager*-Sonden übrigens eingravierte Nachrichten mit sich. Was sie zeigen und wie die Chancen dafür stehen, dass sie tatsächlich gefunden werden, wird das Thema unseres letzten Kapitels sein.

Und damit wollen auch wir uns aus dem Sonnensystem verabschieden. Verschnaufen wir kurz, aber vergessen wir nicht: Unsere Reise ins Universum hat gerade erst begonnen.

Die Sterne

Helle Schale:
Sternen auf der Spur

Bis hierher hat sich alles – wortwörtlich – um die Sonne gedreht. Aber wenn wir an den Sternenhimmel zurückdenken, dann ist dieser ja vor allem von vielen anderen Sternen geprägt. Diese Sterne sind der Sonne sehr ähnlich, oder umgekehrt: Die Sonne ist ein ausgesprochen durchschnittlicher Stern in unserer kosmischen Nachbarschaft. Lassen Sie uns nach der Erkundung unserer Nachbarplaneten nun die Vielfalt der Sterne erforschen!

Obwohl wir uns auf unserer eigenen imaginären Reise blitzschnell zu allen erdenklichen Sternen bewegen können, lohnt sich vorerst ein Blick auf die Geschichte ihrer Erforschung von der Erde aus. Schließlich ist es in Wirklichkeit eben nicht möglich, fremde Sterne zu besuchen, und so musste die Astronomie seit jeher ihre große Stärke ausspielen: Dinge durch reines Beobachten zu untersuchen. Parken wir also das Raumschiff für einen Augenblick und machen einen Abstecher zu den Sternwarten und Observatorien auf der Erde und tauchen in die Geschichte der Astronomie ein, um Beobachtungstechniken und Messmethoden kennenzulernen.

PLUTO

Am Anfang war das Auge. Gerüchtehalber sollen die alten Griechen die für sie sichtbaren Sterne am Himmel gezählt haben und dabei auf etwa 6000 Stück gekommen sein. Die markantesten Sterne am Himmel über der Nordhalbkugel haben schon in der Antike Namen bekommen, die heute zumeist aus dem Arabischen überliefert sind – zum Beispiel Aldebaran, Beteigeuze oder Wega. Aber abgesehen von ihrer Helligkeit geben die Sterne allein mit den Augen betrachtet kaum nützliche Informationen preis.

Anfang des 17. Jahrhunderts bekamen die Augen schließlich Verstärkung durch Teleskope. Mit ihnen konnten die Planeten unseres Sonnensystems eingehend untersucht und erstmals auch Monde anderer Planeten entdeckt werden. Teleskope zeigten auch, dass es eine Vielzahl von »Nebeln« gibt, doch deren wahre Natur als ferne Galaxien wurde erst viel später erkannt, wie wir in einem der folgenden Kapitel sehen werden. Was die Sterne selbst angeht, waren Teleskope sehr nützlich, aber noch kein Durchbruch. Mit ihnen konnten sehr viel mehr Sterne beobachtet werden als mit bloßem Auge, aber sie blieben doch nur kleine Punkte am Himmel.

Im 19. Jahrhundert kam eine entscheidende Technik hinzu, mit der endlich das Fenster zur Vielfalt der Sterne aufgestoßen wurde: die Spektroskopie. Diese Technik bricht und »zerlegt« das Licht beispielsweise mit Hilfe von Linsen. So kann man dessen verschiedene Bestandteile, oder genauer gesagt Wellenlängen, einzeln untersuchen. Der Effekt ist uns aus dem Alltag durchaus vertraut: Wenn Tageslicht durch einen Kristall fällt oder von Regentropfen gebrochen wird, entsteht aus weißem Licht ein ganzer Regenbogen. Das Spektrum, das dann zu sehen ist, reicht von Violett (kleine Wellenlänge) über Blau, Grün und Gelb bis hin zu Rot (große Wellenlänge). Wenn man einen solchen Kristall stattdessen in den Schein einer Kerze hält, wird man feststellen, dass der Anteil an blauem Licht deutlich schwächer ist als bei der Sonne. Bildschirme, LED-Leuchten oder farbige Lampen zeigen wiederum ein deutlich anderes Lichtspektrum als das Tageslicht oder glühende Materialien. Für jede Lichtquelle ist das Spektrum folglich so etwas wie ein Fingerabdruck.

Haben Sterne demnach auch verschiedene Fingerabdrücke, und verrät ihr Lichtspektrum etwas über ihre Eigenschaften? Absolut! Mit einem ausreichend genauen Spektroskop – ein Prisma-Kristall oder die Wassertropfen eines Regenschauers genügen hierbei leider nicht – lässt sich feststellen, dass es im Licht der Sonne bestimmte »Lücken« gibt, also dunkle Streifen im Spektrum. Diese sogenannten »Spektrallinien« kommen von Atomen in der Sonne, die das Licht ganz bestimmter Wellenlängen verschlucken. So verrät das Spektrum der Sonne aus der Ferne etwas über ihre Zusammensetzung – und das Beste ist, dass dies bei anderen Sternen genauso funktioniert. Wie wir sehen werden, geht die Einteilung verschiedener Arten von Sternen noch heute auf die Frühzeit der astronomischen Spektroskopie vor rund 150 Jahren zurück.

Der nächste Meilenstein in der Astronomie war nur wenige Jahrzehnte später die Fotografie. Endlich konnten astronomische Beobachtungen festgehalten und beliebig vervielfältigt werden, und Astronomen waren nicht mehr allein von Zeichnungen und Beschreibungen abhängig. Und während ein Mensch nur das abzeichnet, was ihm auffällt oder interessant vorkommt, sind Fotografien frei von solchen subjektiven Bewertungen – mitunter können sogar neue Entdeckungen auf alten Fotos gemacht werden, weshalb astronomische Aufnahmen sorgfältig archiviert werden. So lagern beispielsweise in der wunderschönen, denkmalgeschützten Sternwarte der Universität Hamburg fast 9000 Fotoplatten, von denen einige inzwischen über einhundert Jahre alt sind.

Seit dem 20. Jahrhundert sind wir in der Lage, nicht nur das sichtbare Licht, sondern auch andere Arten von Strahlung aus dem Universum zu untersuchen. Wie wir eben bei der Spektroskopie gesehen haben, zeichnen sich verschiedene Farben des Lichts durch verschiedene Wellenlängen aus. Dies sind genauer gesagt die Wellenlängen der elektromagnetischen Strahlung, denn unser gutes altes sichtbares Licht ist nichts anderes als elektromagnetische Strahlung. Mit den richtigen Wellenlängen können wir die Strahlung sehen und nennen sie »Licht«. Die Wellenlängen des sichtbaren Lichts von Violett bis Rot liegen dabei grob zwischen 4 und 8 Zehntausendsteln eines Millimeters. Aber elektromagnetische Strahlung kann auch Wellenlängen haben, die wir nicht sehen. Wenn die Wellenlänge größer ist als die von rotem Licht, ist von Infrarotstrahlung die Rede. Ist sie hingegen kleiner als bei violettem Licht, so spricht man von Ultraviolettstrahlung.

Hier kommt nun noch die Erkenntnis Albert Einsteins ins Spiel, dass sich Licht zugleich wie eine Welle und wie einzelne Energiepakete, oder auch Teilchen, verhält. Diese Teilchen des Lichts nennt man auch »Photonen«. Den Photonen wird eine Energie zugeordnet, die mit der Wellenlänge der elektromagnetischen Strahlung zusammenhängt: je kleiner die Wellenlänge, desto größer die Energie der Photonen. Demnach kann man tatsächlich sagen, dass die Teilchen, aus denen grünes Licht besteht, mehr Energie haben als die Teilchen des roten Lichts. Wenn das verwirrend klingt, seien Sie unbesorgt. Das ist es auch für Physiker oft genug. Das Universum nimmt eben keine Rücksicht darauf, wie gut wir uns die Gesetze der Physik vorstellen können! Wir müssen uns nur eins merken: Es gibt jede Menge Arten von elektromagnetischer Strahlung, darunter auch unser sichtbares Licht. Sie unterscheiden sich durch ihre Wellenlängen und gleichzeitig auch durch die Energie ihrer Photonen.

Und was ist mit all den Wellenlängen, die wir nicht sehen können? Auch die macht sich die Astronomie seit langem zunutze. Das Spektrum reicht von sehr großen bis hin zu winzigen Wellenlängen und damit auch von sehr schwacher bis zu enorm hoher Energie der Lichtteilchen. Wenn wir die Skala von der niedrigen Energie her aufrollen, kommen wir an vielen bekannten Phänomenen vorbei: Radiowellen haben Wellenlängen von einigen Kilometern bis hin zu wenigen Metern. Es mag paradox klingen, dass große Wellenlängen dabei einer kleinen Energie entsprechen. Man kann es sich etwa so vorstellen, dass eine große Wellenlänge für eine ausladende, behäbige Welle steht, während kurze Wellenlängen kleine, quirlige Wellen charakterisieren. Bei Wellenlängen von einigen Zentimetern sprechen wir von Mikrowellenstrahlung, und auch elektronische Funktechnik wie WLAN oder Bluetooth nutzen diese Strahlung. Bei noch etwas höheren Energien und Wellenlängen im Millimeterbereich arbeiten etwa Nacktscanner, wie sie inzwischen auch an Flughäfen in Deutschland zum Einsatz kommen. Daran schließt sich dann der Bereich der Infrarotstrahlung an, gefolgt vom sichtbaren Licht und der ultravioletten Strahlung. Bei noch höheren Energien ist von Röntgenstrahlung die Rede, und bei den allerhöchsten schließlich von Gammastrahlung, wie sie auch im Zusammenhang mit Radioaktivität auftritt.

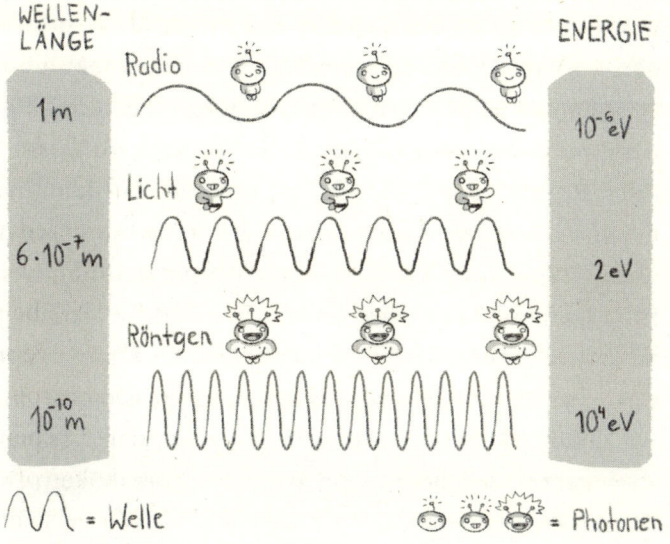

WELLEN-LÄNGE   ENERGIE

Radio   1 m 10^{-6} eV

Licht $6 \cdot 10^{-7}$ m   2 eV

Röntgen 10^{-10} m 10^{4} eV

$\bigwedge$ = Welle   = Photonen

Abbildung 1: Das elektromagnetische Spektrum umfasst viele Arten von Strahlung, die sich stets wie Welle und Teilchen zugleich verhalten. Je kleiner die Wellenlänge, desto größer ist die Energie der Teilchen namens Photonen. Die Zahlen geben abgekürzt an, wie viele Stellen sie vor oder hinter dem Komma haben: 10^{-6} steht für 0,000001 und 10^6 für 10000.

Und wie sieht das Ganze nun in der Astronomie aus? Zum Beispiel sammeln riesige Metallschüsseln auf der Erde Radiowellen aus dem All ein, die unter anderem geeignet sind, Wasserstoff nachzuweisen – immerhin das häufigste Element des Universums. Es gibt seit 2011 sogar ein russisches Radioteleskop namens *RadioAstron* im Weltall, das seine gigantische Schüssel von zehn Metern Durchmesser im All ausgeklappt hat, um Radiowellen möglichst ohne Störungen von der Erde zu empfangen. Infrarotteleskope können uns die Wärmestrahlung von Himmelskörpern oder Gaswolken zeigen, die zu kalt, zu dunkel oder zu weit weg sind, um mit sichtbarem Licht entdeckt zu werden. Ultraviolette, Röntgen- und sogar Gammastrahlung kann dagegen Vorgänge im Universum verraten, bei denen elektrisch geladene Teilchen auf extrem starke Magnetfelder reagieren. Das passiert etwa in der Umgebung der extremsten Objekte im All, nämlich bei »Neutronensternen« oder riesigen »Schwarzen Löchern«, die wir später noch kennenlernen werden.

Allerdings schluckt die Erdatmosphäre einen großen Teil dieser verschiedenen Arten von Strahlung, so dass sie uns am Erdboden gar nicht erreicht. Das ist auch gut für uns, denn neben einem Sonnenbrand von zu viel UV-Strahlung könnte Röntgen- oder Gammastrahlung aus dem All unserem Körper weitaus größeren Schaden zufügen. Aus diesem Grund müssen Astronauten außerhalb der Erdatmosphäre und des Erdmagnetfelds besonders darauf achten, wie viel und welcher Strahlung sie ausgesetzt sind. Um trotz der Erdatmosphäre die verschiedenen Arten von Strahlung aus dem All messen zu können, platzieren wir zum Beispiel Teleskope möglichst weit oben, etwa auf Hochebenen in Südamerika. Außerdem gibt es spezielle Forschungsflugzeuge mit Teleskopen, wie das deutsch-amerikanische *SOFIA*, und natürlich Satelliten in der Erdumlaufbahn.

Schließlich existieren neben der elektromagnetischen Strahlung auch noch geladene Teilchen, die im All, ähnlich wie die Gammastrahlung, in Reaktionen von Atomkernen oder im Zusammenhang mit großen Magnetfeldern entstehen. Die Untersuchung dieser Teilchen wird meist mit der Beobachtung von Gammastrahlung zur »Astroteilchenphysik« zusammengefasst, weil sehr ähnliche Methoden und Instrumente zum Einsatz kommen. Solche Instrumente lassen sich allerdings kaum noch als »Kameras« oder »Teleskope« bezeichnen. Es sind ausgefeilte Messgeräte, wie sie in ähnlichen Aufbauten – wenn auch meist viel größer – ebenfalls an Teilchenbeschleunigern genutzt werden. An einigen dieser Experimente ist auch das Forschungszentrum DESY in Hamburg beteiligt, an dem ich einige Jahre verbracht habe. In meisterhaft verkleinerter Form gibt es derartige Messgeräte sogar im All: Der Teilchendetektor »AMS-02« ist seit 2011 an der Internationalen Raumstation ISS installiert und liefert wertvolle Daten über Strahlung und Teilchen aus fernen Regionen.

Angesichts all dieser verschiedenen Techniken hat es die Astronomie schon häufig erlebt, dass neue Erfindungen älteres Wissen schonungslos über den Haufen geworfen haben. Nach der Entwicklung der ersten Teleskope im 17. Jahrhundert konnte sich so etwa die

Erkenntnis, dass die Erde nicht den Mittelpunkt des Weltalls bildet, endgültig gegen große Widerstände durchsetzen. Die ersten Nahaufnahmen vom Mars, die im Jahr 1965 von der Sonde *Mariner 4* geliefert wurden, beendeten auf einen Schlag jahrzehntealte Phantasien von einer Zivilisation auf unserem Nachbarplaneten. Wenige Jahre später entdeckten die *Vela*-Satelliten des US-Militärs, die Atombombenexplosionen auf der Erde aus dem All aufspürten, dass Gammastrahlen auch aus den Weiten des Universums kamen.

Während dieser bewegten Geschichte haben sich etliche Kategorisierungen und Benennungen eingebürgert, die angesichts unseres heutigen Wissens unlogisch oder irreführend erscheinen. Die Astronomie ist aber beileibe keine Wissenschaft, die bereitwillig mit Traditionen bricht! Die Macht der Gewohnheit ist gewaltig, und so wird an alten Begriffen festgehalten und geschraubt, bis selbst Wissenschaftler sie nur noch in Verbindung mit einer Geschichtsstunde nachvollziehen können. Es ist ein bisschen so, als hätte ein Architekturhistoriker jahrzehntelang alte Kirchen erforscht – und würde dann genötigt, mit seinen gewohnten Begriffen auch Krankenhäuser und Autobahnbrücken zu beschreiben. Ein Leser seiner Ausarbeitungen würde wohl zu Recht bemängeln, dass Begriffe wie »Glockenturm«, »Altar« oder »Kanzel« weder für Autobahnbrücken noch für Krankenhäuser geeignet sind.

An allen Ecken und Enden der Astronomie und Astrophysik stößt man auf solche Situationen – und stets ist die Antwort auf die Frage nach dem Sinn: »Zugegeben, das klingt heute ein bisschen komisch, aber die Bezeichnungen sind historisch so gewachsen, und wir sind dabei geblieben.« Beispiel gefällig? Der große Astronom Edwin Hubble, nach dem das berühmte Hubble-Weltraumteleskop benannt ist, hat in den 1930er Jahren verschiedene Formen von Galaxien in seine »Hubble-Sequenz« eingeordnet und schuf die Unterteilung in »späte« und »frühe Galaxien«. Sein Vorschlag war, dass Galaxien sich wie von dieser Sequenz angedeutet entwickeln, was sich allerdings viel später als falsch herausstellte. Sein Katalog der möglichen Formen von Galaxien wird auch heute noch genutzt, zum Teil mit seinen inzwischen irreführenden Bezeichnungen »früher« und »später Galaxien«. Wie wir sehen werden, deuten neue Erkenntnisse über die Entwicklung von Galaxien sogar an, dass »frühe Galaxien« sich eigentlich entwickeln, indem »späte Galaxien« zusammenstoßen – was für ein Durcheinander.

Sterne werden hingegen in sogenannte »Spektralklassen« eingeteilt. Die Astronominnen Williamina Fleming und Annie Jump Cannon entwickelten in den 1880er Jahren gemeinsam ein Schema, das die Sterne in Klassen einteilte, je nachdem wie stark die Spektrallinien von Wasserstoff in ihrem Lichtspektrum zu sehen waren. Später stellte sich heraus, dass die Einteilung gleichzeitig die Oberflächentemperatur der Sterne beschrieb. Eine ursprünglich alphabetische Einteilung wurde mehrmals umsortiert und gekürzt und ergab schließlich die bis heute gebräuchliche Einteilung: O, B, A, F, G, K und M. Ein historischer Merksatz für diese Reihe lautet: »Oh, Be A Fine Girl, Kiss Me« (»Ach, sei ein gutes Mädchen, küss mich«). Ich persönlich bevorzuge die Variante aus dem Astronomie-Lehrbuch meines Studiums: »Offenbar Benutzen Astronomen Furchtbar Gern Komische Merksätze«.[*] Für Sterne gibt es, genau wie für Galaxien, eine irreführende Einteilung in »frühe«, »mittlere« und »späte« Klassen, die heute noch gebräuchlich ist, aber mit der zeitlichen Entwicklung von Sternen in keinem Zusammenhang steht.

Das alles soll keinesfalls gemein klingen. Die historisch gewachsenen Bezeichnungen, die manchmal altertümlichen Einheiten, viele schwerverständliche Diagramme und andere Eigenheiten der Astronomie muss man einfach lieben (wenn man nicht daran verzweifeln will). Die gigantischen Größenordnungen führen auch dazu, dass der Astronomie gern eine urkomische Ungenauigkeit nachgesagt wird: Wo sonst könnte man sich in der Wissenschaft um eine Million Kilometer

* Zitat aus: Alfred Weigert, Heinrich Wendker, Lutz Wisotzki: »Astronomie und Astrophysik«, VCH Verlag, ISBN 3-527-40358-2, 4. Auflage, 2005, S. 112

verschätzen, ohne ausgelacht zu werden? Die Belohnung dafür, sich mit all diesen Schrullen zu arrangieren, ist riesig: Man kann in der Astronomie lässig und wie in einer Geheimsprache über so phantastische Dinge wie ferne Planeten, Sterne und Galaxien sprechen und ihre Erforschung verfolgen. Ich kann davon jedenfalls nicht genug bekommen! In diesem Buch bleiben wir natürlich dabei, diese Geheimsprache möglichst zu entschlüsseln.

Kommen wir zurück zur Erforschung der Sterne: Wie viel können wir eigentlich über andere Sterne lernen, wenn wir unsere eigene Sonne untersuchen? Immerhin ist auch sie ein waschechter Stern, direkt vor unserer Haustür. Allerdings existiert die Sonne so enorm lange, dass selbst die gesamte bisherige Geschichte der Menschheit dagegen unglaublich kurz wirkt. Angenommen, die Zeit vom Entstehen bis zum Vergehen der Sonne wäre die gesamte Laufzeit der berühmten »Herr der Ringe«-Filmtrilogie. Dann entspräche die Zeit vom ersten Homo sapiens bis heute nur etwa einer Sekunde. Ich denke, wir sind uns einig: Wenn man nur eine Sekunde davon gesehen hat, hat man nicht den blassesten Schimmer, worum es bei »Herr der Ringe« geht!

Aber ganz so aussichtslos ist es für die Astrophysik dann doch nicht. Da die Sonne auf eine ganz ähnliche Weise funktioniert wie die meisten anderen Sterne, ist es durchaus sehr lohnenswert, sie genauer zu untersuchen, auch wenn wir sie nicht beim Entstehen oder Vergehen beobachten können. Neben der Beobachtung von der Erde aus haben wir sogar schon Raumsonden in die Nähe der Sonne gebracht. Die beiden deutsch-amerikanischen *Helios*-Raumsonden kamen Mitte der 1970er Jahre der Sonne so nah wie keine andere zuvor: Auf nur rund 45 Millionen Kilometer, also etwa so nah wie der Planet Merkur am sonnennächsten Punkt seiner Umlaufbahn, näherten sie sich unserem Stern und sammelten Daten über geladene Teilchen und Magnetfelder in der Nähe der Sonne. Für das Jahr 2018 sind jeweils eine NASA- und eine ESA-Mission namens *Solar Orbiter* und *Solar Probe Plus* geplant, die der Sonne erstmals noch näher kommen sollen als *Helios*.

Aber die mit Abstand bekannteste und erfolgreichste Mission zur Erforschung der Sonne ist das *Solar and Heliospheric Observatory*, kurz SOHO. Seit 1996 sitzt diese Sonde am sogenannten »Lagrange-Punkt« zwischen Erde und Sonne, etwa eineinhalb Millionen Kilometer von der Erde entfernt. An diesem Punkt gleichen sich die Schwerkraft von Erde und Sonne gerade so aus, dass man mit geringem Aufwand eine Position zwischen den beiden halten kann. SOHO mag damit im Vergleich zu den *Helios*-Sonden kaum vom Fleck gekommen sein, doch sie ist immer noch aktiv, und 20 Jahre durchgängiger Beobachtungen mit denselben Messgeräten und Kameras sind für die Forschung von unschätzbarem Wert.

Mit *SOHO* gelang es, die Entwicklung von »Sonnenflecken« zu verfolgen. Sonnenflecken sind kältere und damit dunklere Flecken an der Sonnenoberfläche, die etwa alle elf Jahre die Sonne zum Teil bedecken und in ihrer Anzahl variieren. Sie sind ein Resultat komplexer Entwicklungen im Magnetfeld der Sonne, die bislang nicht komplett verstanden worden sind. Im Zusammenhang mit Sonnenflecken stehen auch Sonnenstürme. Diese Ereignisse, die vornehm auch »koronale Massenauswürfe« genannt werden, können einen starken Strom geladener Teilchen in Richtung der Erde schicken. Im harmlosen Fall sorgt das einige Wochen später bei uns für hübsche Nordlichter, doch es sind auch Sonnenstürme möglich, die binnen weniger Tage Satelliten außer Gefecht setzen können. Das passiert dann, wenn besonders viele geladene Teilchen von der Sonne auf die Elektronik von Satelliten treffen und sie stören. Zudem können sie sogar Stromnetze zum Zusammenbruch bringen, wenn das Magnetfeld der Erde durch einen Sonnensturm beeinflusst wird und in langen Leitungen einen Stromfluss verursacht, für den das System nicht ausgelegt ist.

Ein besonders schwerer Sonnensturm im Jahr 1859, das sogenannte »Carrington-Ereignis«, sorgte für großflächige Ausfälle des Telegraphennetzes, Stromschläge und Feuer sowie für Nordlichter bis in die Karibik. Ein ähnlich starkes Ereignis hat die Erde seitdem nicht erlebt, wobei die Schäden heutzutage wesentlich weitreichender sein könnten. Eine Kostprobe davon erlebten rund sechs Millionen Menschen im kanadischen Québec im März 1989, als das Stromnetz infolge eines Sonnensturms stundenlang zusammengebrochen war. Bei gewissenhafter Beobachtung der Sonne ist es möglich, einen Sonnensturm mehrere Tage im Voraus zu erkennen. Eine solche Vorwarnzeit ist unschätzbar wertvoll, um die Auswirkungen so gering wie möglich zu halten.

Mich hat es vor diesem Hintergrund immer beruhigt zu wissen, dass SOHO schon seit meiner Grundschulzeit das Verhalten der Sonne und ihrer Teilchenströme, auch kurz das »Weltraumwetter« genannt, im Blick hat. Und dabei hat die Sonde sogar noch zahlreiche Entdeckungen gemacht, die nicht geplant waren: In den stets aktuellen und öffentlich zugänglichen Bildern wurden, zum Teil auch von Amateuren, mehr als 3000 Kometen auf ihrem Weg um die Sonne entdeckt. Große Aufmerksamkeit bekamen im November 2013 etwa die SOHO-Bilder des Kometen C/2012 S1 mit dem Spitznamen »Ison«, als einige Tage lang viele Menschen überall auf der Welt mitfieberten, ob der überraschend große Komet seinen nahen Vorbeiflug an der Sonne überstehen würde – was er allerdings nicht tat. Leider wird auch die Mission von SOHO voraussichtlich Ende des Jahres 2016 abgeschlossen werden, nach immerhin zwanzig Jahren – und das, obwohl ursprünglich nur zwei Jahre geplant gewesen waren.

Als inoffizielle Nachfolger werden die Missionen *Solar Dynamics Observatory* und *STEREO* gehandelt, aber ich kann es nicht leugnen: Für mich wird noch lange *SOHO* der Inbegriff der Sonnenbeobachtung aus dem All sein.

Doch wie wir schon gesehen haben, kann uns auch die gründlichste Sonnenbeobachtung nur einen Bruchteil dessen offenlegen, was es über Sterne an sich zu erfahren gibt. Glücklicherweise sehen wir neben der Sonne noch sehr viele andere Sterne, und zwar gleichzeitig in verschiedenen Entwicklungsstadien. Stellen Sie sich vor, Sie werden von einem Kind gefragt, wie Menschen sich verändern, wenn sie alt werden. Sie können erst einmal eine grobe Antwort geben: Man fängt klein an und wird dann irgendwann erwachsen. Wenn Sie beispielsweise draußen sind, etwa in einem Park, können Sie genauer beobachten und zusätzlich andere Leute zur Anschauung heranziehen: Kleinkinder mit ihren Vätern, ein paar Jugendliche beim Sport, ältere Leute auf einem Spaziergang. Wenn Sie sogar an einem sehr belebten Ort sind, etwa einem Hauptbahnhof, dann können Sie mit Glück in kurzer Zeit die verschiedensten Menschen beobachten. So verhält es sich auch mit den Sternen. Wenn wir uns nur gründlich genug umsehen, können wir eine große Vielfalt beobachten und viel über die Entwicklung von Sternen erfahren.

Heißer Kern:
Was Sterne antreibt

Langsam können wir unser eigenes Raumfahrzeug warm laufen lassen, denn bald geht es wieder auf Reisen, und zwar viel weiter hinaus als bisher. Zur Einstimmung möchte ich Ihnen vorab etwas über unsere Reiseziele erzählen und einige Fragen klären. Warum leuchten Sterne überhaupt, auf welches Wetter sollte ich mich einstellen, welche Spezialitäten bietet die lokale Küche? Beginnen wir mit dem, was auf unserer Reise genauso sein wird wie zu Hause: den Gemeinsamkeiten zwischen unserer Sonne und den anderen Sternen.

Sterne sind sehr große Kugeln aus Gas. Sie bestehen überwiegend aus sehr leichten Elementen, nämlich zu knapp drei Vierteln aus Wasserstoff und einem Viertel aus Helium. Nur zu einem geringen Anteil enthalten sie im astronomischen Sinne »Metalle«, also schwerere Elemente. Die Erkenntnis, dass Sterne diese Zusammensetzung haben, wurde übrigens von der brillanten Astronomin Cecilia Payne-Gaposchkin im Jahr 1925 gewonnen. Ihre genauen spektroskopischen Untersuchungen konnten beweisen, dass die damals vorherrschende Meinung über die Zusammensetzung von Sternen falsch war. Zuvor hatten Astronomen angenommen, dass die Sonne und andere Sterne eine ähnliche Zusammensetzung wie die Erde hätten, also aus wesentlich mehr schweren Elementen bestünden, als sie es tatsächlich tun. Cecilia Payne-Gaposchkin war auch maßgeblich an der Entwicklung der heute noch üblichen Einteilung von Sternen beteiligt und gilt als eine der ersten Frauen, die sich – gegen große Widerstände – in der damaligen Männerdomäne der Astronomie und Astrophysik durchsetzen konnten.

Unsere Sonne ist im Vergleich ein eher kleiner Stern, und doch ist sie enorm viel größer als die Himmelskörper, die wir bisher besucht haben. Erinnern wir uns an die vier Kilo schwere, basketballgroße Jupiter-Kugel aus Zuckerwatte und flüssigem Karamell, die wir bei unserem Parkspaziergang kennengelernt haben. Die Sonne hat einen zehnmal größeren Durchmesser und damit ein tausendmal größeres Volumen. Sie ist viel schwerer als Jupiter, im Park bestünde sie also aus vier Tonnen Zuckerwatte und Karamell, mit dem Volumen von drei Telefonzellen. Aufgrund der gigantischen Masse von Sternen und ihrer enormen Schwerkraft herrschen in ihrem Inneren noch viel extremere Bedingungen als bei den Gasriesen des Sonnensystems.

Im Innern von Sternen läuft eine sogenannte Fusionsreaktion ab. Sie ist das Geheimnis hinter dem Leuchten der Sonne, sorgt also dafür, dass sie Energie abgibt, und das nicht zu knapp: Obwohl die Erde aus Sicht der Sonne als kleiner Punkt in 150 Millionen Kilometern

Entfernung nur einen winzigen Bruchteil der Strahlung der Sonne einfangen kann, heizt sie unseren Planeten so stark auf, dass das meiste Wasser flüssig ist und die Atmosphäre eine für uns gemütliche Temperatur hat. Was hat es mit dieser Fusionsreaktion in der Sonne auf sich, der wir hier auf der Erde praktisch alles zu verdanken haben?

In einer Kernfusion vereinigen sich Atomkerne zu einem größeren Atomkern, etwa so, als würden wir beim Brötchenbacken zwei Teigklumpen zu einem größeren vermengen. Ginge es in unserer Küche zu wie bei der Kernfusion, würde der neue Teigklumpen allerdings weniger wiegen als die beiden Ausgangsstücke zusammen – und es würde uns reichlich warm werden. Würden wir auf diese Weise immer weiter Brötchen herstellen, hätten wir im Laufe der Zeit immer weniger Teig, aber mehr Hitze produziert. Klingt sonderbar, doch so ähnlich spielt es sich in der Sonne ab. In komplizierten Prozessen vereinigen sich in ihrem Inneren vier kleine zu einem etwas größeren Atomkern. Dieser neue Kern hat aber eine geringere Masse als die vier Ausgangskerne zusammen, und es wird eine Menge Energie frei.

Die tatsächlichen Ausgangsprodukte sind die Atomkerne des Wasserstoffs – sehr praktisch, denn die Sonne besteht ja zu fast drei Vierteln aus Wasserstoff. Ein solcher Wasserstoff-Atomkern besteht nur aus einem einzigen Teilchen, das auch Proton genannt wird. Die tatsächlichen Reaktionen laufen in mehreren komplizierteren Schritten ab, das Ergebnis können wir so zusammenfassen: Treffen sich vier Protonen im Innern der Sonne bei ordentlich hoher Temperatur und hohem Druck, dann vereinigen sie sich zu einem Heliumkern und ein paar leichten Teilchen namens »Positronen« und »Neutrinos«. Der Heliumkern und die Teilchen wiegen aber zusammen etwa 0,7 % weniger als die vier Protonen zusammen. Wo ist die fehlende Masse hin? Die Antwort: Sie ist zu Energie geworden.

Materie – also richtiges, echtes Zeug zum Anfassen, mit einem Gewicht und allem – kann sich gewissermaßen in Energie auflösen. Sie wird damit zu so etwas Flatterhaftem wie »Wärme«, die nicht richtig zu greifen ist und auch kein Gewicht hat. Klingt verrückt, aber genau das wird unter anderem von der bekannten Formel $E=m \cdot c^2$ beschrieben, die durch Albert Einstein weltberühmt wurde. Diese besagt: Energie (E) ist im Prinzip das Gleiche wie Masse (m), und die quadrierte Lichtgeschwindigkeit (c^2) ist der Umrechnungsfaktor. Unsere Sonne ist, wenn man so will, ein riesiger Apparat, um genau das zu tun: Masse (aus Wasserstoff) umzuwandeln in Energie (als Wärme und Strahlung). Davon profitieren wir ganz gewaltig, denn von im All herumschwirrenden Wasserstoffatomen könnten wir nicht leben. Die Strahlung, die daraus in der Sonne entsteht, hat uns dagegen einen gemütlichen, lebenswerten Planeten beschert.

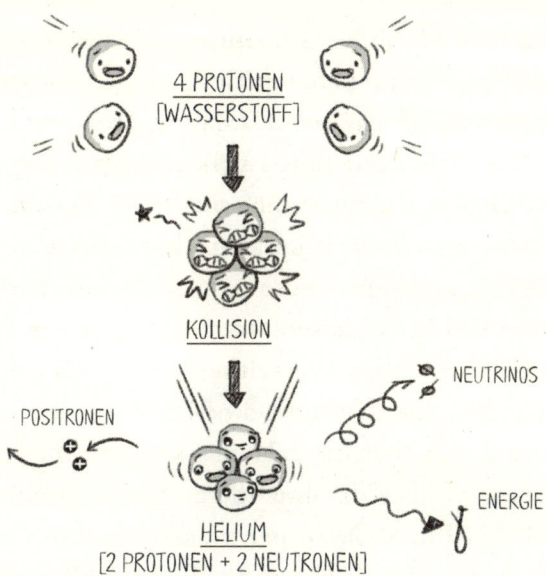

4 PROTONEN
[WASSERSTOFF]

KOLLISION

POSITRONEN

NEUTRINOS

ENERGIE

HELIUM
[2 PROTONEN + 2 NEUTRONEN]

Abbildung 2: Vereinfachtes Bild der Fusion von Wasserstoff zu Helium. Wasserstoffkerne, also Protonen, treffen mit hoher Energie aufeinander und verwandeln sich in einen Heliumkern, der aus zwei Protonen und zwei Neutronen besteht.

Dass es Kernfusion ist, welche die Energie im Inneren der Sonne freisetzt, wissen wir übrigens erst seit überraschend kurzer Zeit. Die Pioniere der Astronomie und Astrophysik Galileo Galilei und Isaac Newton hatten vor ein paar Jahrhunderten noch keinen blassen Schimmer, was im Innern der Sonne vor sich geht. Zu ihrer Zeit hat man wohl vermutet, auf der Sonne müsse eine Art chemisches Feuer brennen, als würden Holz oder Kohle verbrannt. Selbst Wegbereiter der modernen Physik im 20. Jahrhundert wie Max Planck oder Marie Curie konnten höchstens ahnen, was in der Sonne wirklich passiert. Damals wurde unter anderem darüber spekuliert, ob Kernspaltung die Energiequelle der Sonne sein könnte, doch auch diese Theorie konnte den enormen Energieumsatz nicht erklären.

Die Kernfusion wurde schließlich ab den 1920er Jahren theoretisch erschlossen. Es waren die Physiker Carl Friedrich von Weizsäcker[*] und Hans Bethe, die um 1938 erstmals plausibel beschrieben, wie diese im Inneren von Sternen ablaufen könnte. Für seine Erkenntnisse über das Innere der Sterne erhielt Bethe 1967 den Physik-Nobelpreis, doch ein handfester Beweis dafür, dass es in der Sonne tatsächlich genau so zugeht, stand noch aus. Der Schlüssel waren schließlich die Elementarteilchen namens Neutrinos, die neben Helium in den Fusionsreaktionen in großer Zahl entstehen sollten, aber extrem schwierig zu messen sind.

Ein riesiger Versuchsaufbau, das sogenannte Homestake-Experiment, sollte diesen Neutrinos ab 1970 auf die Schliche kommen. In einem Tank mit über 600 Tonnen reiner Chlorverbindung konnten die Astrophysiker Raymond Davis und John Bahcall nach einiger

---

[*] ... dessen faszinierende Lebensgeschichte jede Fußnote sprengen würde. Deshalb sei nur erwähnt, warum der Name so vertraut klingt: Er war der Bruder des früheren Bundespräsidenten Richard von Weizsäcker.

Zeit das Edelgas Argon nachweisen – entstanden in einer Reaktion, die sich nur dadurch erklären ließ, dass Neutrinos aus der Sonne mit dem Chlor im Tank reagiert hatten. Die Forscher hatten allerdings nur wenige Dutzend einzelner Argonatome gefunden, was ihnen zunächst viele Kollegen nicht glauben wollten. Doch ihre Messungen waren korrekt, und in den 90er Jahren verkündeten sie ihr Endergebnis: Es war gelungen, in ganzen 24 Jahren 108 einzelne, von der Sonne stammende Neutrinos nachzuweisen. Und das, obwohl in jeder Sekunde unzählige Milliarden von ihnen in die Apparatur gedrungen waren! Die allermeisten waren einfach durch den großen Tank hindurchgeflogen, als wäre er gar nicht da, und nur 108 von ihnen hatten eine Spur hinterlassen, die gemessen wurde.

Die Messung war ein Beweis für die Fusionsreaktionen in der Sonne und wurde 2002 mit dem Physik-Nobelpreis gewürdigt. Mich fasziniert diese Geschichte ungemein: Die Sonne bestimmt alles Leben auf der Erde, wurde seit Jahrtausenden verehrt und seit Jahrhunderten untersucht – aber die Kernfusion als entscheidendes Puzzlestück, um ihre Energiequelle zu verstehen, wurde erst gefunden, als meine Großeltern schon auf der Welt waren.

Den Fusionsvorgang in der Sonne kann man sich übrigens nicht so vorstellen, als würde sich die Sonne einfach »selbst auffressen« und irgendwann komplett verschwunden sein. Die Kernfusion kann nämlich nur unter ganz bestimmten Bedingungen im inneren Kern der Sonne stattfinden, und sie wandelt auch nur einen kleinen Teil der Masse in Energie um. Dieser Bruchteil, der zu Energie wird, ist in jeder einzelnen Fusionsreaktion der eben beschriebene Massenunterschied von etwa 0,7 % zwischen vier Protonen und einem Heliumkern. Nun kann man aber fragen: Müsste die Sonne dabei nicht leichter werden? Ja, das wird sie tatsächlich! Die Sonne verliert pro Sekunde rund 5 Millionen Tonnen an Gewicht – den größten Teil durch Fusion, aber zu rund einem Fünftel auch durch die Abgabe von Teilchen, die sie in alle Richtungen ins All hinaus schleudert. Natürlich ist die Sonne dennoch gigantisch schwer: Selbst in 100 Millionen Jahren verliert sie auf diesem Weg weniger als 0,001 Prozent ihrer Masse.[*]

Erst in einigen Milliarden Jahren, wenn der Brennstoff im Kern der Sonne eines Tages erlischt, wird sie anfangen, sehr viel mehr Material ins All hinauszublasen. Diesen Abschnitt ihres Lebens, in dem es für

---

[*] Für Schlaumeier: Die Sonne wiegt rund 2 Quadrilliarden Tonnen, das sind 2 000 000 000 000 000 000 000 000 000 kg, oder auch – für Schreibfaule – einfach »eine Sonnenmasse«. Mit Isaac Newtons Gesetz der universellen Schwerkraft können wir das ausrechnen, wenn wir wissen, wie schwer die Erde ist und wie lange sie für einen Umlauf um die Sonne braucht. Wie schwer die Erde ist, können wir wiederum anhand der Schwerebeschleunigung am Erdboden oder der Masse und Umlaufzeit von Erdsatelliten bestimmen.

uns auf der Erde sehr ungemütlich wird, besprechen wir bald im Detail.

Schauen wir uns zunächst einmal an, wie die Sonne überhaupt eine Fusionsreaktion in ihrem Inneren aufrechterhält, denn das ist alles andere als einfach. Protonen, also die verschmelzenden Atomkerne, stoßen sich nämlich aufgrund ihrer elektrischen Ladung mit einer großen Kraft gegenseitig ab. Aber wie können sie sich dann so nahe kommen, dass sie fusionieren? Die Antwort ist, dass im Inneren der Sonne eine enorm hohe Temperatur von etwa 10 Millionen Grad herrscht. Ganz grundsätzlich ist die Temperatur ein Maß dafür, wie stark sich Teilchen bewegen.

Stellen wir uns das mal wie den Sportunterricht in einer Grundschule vor, bei dem die Kinder Abwerfen mit Bällen spielen. Abhängig von der Tageszeit kann das ganz unterschiedlich aussehen. Morgens – weil Schule grundsätzlich immer zu früh beginnt – sind die Kinder noch müde und träge. Sie trotten eher durch die Halle, werfen selten und langsam, und so herrscht wenig Bewegung. Halten wir dieses Bild fest und sagen: Kinder und Bälle verhalten sich wie die Teilchen in einem kalten Gas. Anders sieht das Ganze aus, wenn die Kinder in der vierten Stunde, nach endlosem Rumsitzen, spielen dürfen: Sie rasen durch die Halle, werfen kräftig und häufig und üben auch einen größeren Druck auf die Hallenwände aus (die von den Bällen oder übermütigen Kindern angestoßen werden). So verhalten sich Moleküle in einem heißen Gas. Nun kann es bei ausreichend hoher Temperatur sogar dazu kommen, dass die Kollisionen heftig genug sind, um die Gasteilchen selbst zu verändern. Ich habe das einmal unfreiwillig nachgestellt, als ich im Sportunterricht bei der Kollision mit einem Mitschüler einen Knochenbruch erlitten habe. Wenigstens taugt dieses unschöne Erlebnis nun hier als Illustration.

Zurück zu den Protonen und ihrer Fusion: Eine sehr hohe Temperatur im Inneren der Sonne sorgt dafür, dass sich die Protonen dort sehr schnell bewegen – und dann können sie sich trotz der gegenseitigen Abstoßung so nahe kommen, dass sie sich verbinden. Wenn nun aber die Fusionsreaktion durch die hohen Temperaturen erst möglich wird, kann man zu Recht fragen, warum es in der Sonne denn überhaupt so heiß ist und woher die Energie kommt, mit der die Sonne angeworfen wird.

Dafür sollten wir uns einmal fragen, was Energie eigentlich ist. Diese Frage kann selbst gestandenen Physikern die Verzweiflung in die Augen treiben, so schwierig ist es, eine vernünftige Antwort zu formulieren. Machen Sie sich bei Gelegenheit ruhig mal einen Spaß daraus: Stellen Sie dem nächstbesten Physiker oder einer Physikerin die Frage »Was ist Energie?« und beobachten Sie die Reaktion. Für unsere Zwecke könnte die folgende (saloppe und unvollständige) Beschreibung helfen: Energie ist ein Maß für die Möglichkeit, dass etwas passiert. Das heißt: Ist viel Energie vorhanden, kann eine Menge passieren – mit weniger Energie kann auch nur weniger passieren. So unterschiedlich, wie man »etwas passiert« verstehen kann, sind auch die Formen, in denen Energie auftritt: Bewegungsenergie beinhaltet etwa die Möglichkeit, dass irgendetwas Bewegtes einen Zusammenstoß erlebt. Wärmeenergie kann bewirken, dass sich etwas verändert, etwa durch Ausdehnung. Höhenenergie kann heißen, dass etwas herunterfallen kann (und dabei Bewegungsenergie aufnimmt).

Betrachten wir diesen letzten Fall mal etwas genauer. Je höher ich beispielsweise einen Gegenstand platziere, desto mehr Höhenenergie hat er. Das äußert sich darin, wie viel passieren kann: Fällt mir ein Ei beim Frühstück aus dem Eierbecher auf die Tischdecke, bleibt es wahrscheinlich intakt – wenn es ganz vom Frühstückstisch rollt, zerbricht die Schale aber garantiert am Boden. Das hängt damit zusammen, dass das Ei von der Tischplatte aus gemessen nur wenig Höhenenergie hat, aber vom Fußboden aus betrachtet schon eine Menge mehr. Das Prinzip besteht natürlich auf jedem Himmelskörper, und es gibt ein schönes Beispiel von den Mondlandungen. Um mit ihrem Triebwerk nicht zu viel Staub aufzuwirbeln, haben die Apollo-Astronauten den Antrieb schon etwa einen Meter über der Mondoberfläche abgestellt und sind mit der Landekapsel aus dieser Höhe einfach hinuntergeplumpst. Das war kein

Problem – aber aus größerer Höhe, mit mehr Höhenenergie zur Mondoberfläche, wäre es womöglich nicht
gutgegangen.

Wenn wir nun noch einen Schritt weiterdenken,
können wir uns zwei kleine Himmelskörper vorstellen,
die sich aufgrund der Schwerkraft gegenseitig anziehen. Nehmen wir zwei Kometen, jeder davon mit
einem Ausmaß von wenigen Kilometern. Angenommen, wir könnten diese im All in einem gewissen Abstand voneinander positionieren und einfach loslassen.
Aufgrund der Schwerkraft zwischen ihnen – wie wir
wissen, auch Gravitationskraft genannt – werden sie
sich langsam aufeinander zubewegen und irgendwann
zusammenstoßen. Wie stark unsere beiden Kometen
aufeinandertreffen, hängt nun davon ab, wie weit entfernt voneinander wir sie in unserem Gedankenexperiment positionieren. Eine größere Entfernung bedeutet,
dass sie über eine längere Strecke aufeinander zufallen,
gewissermaßen mit mehr Anlauf, und dann auch einen
härteren Aufprall erleben. So gesehen ist es wie mit
dem Ei auf dem Frühstückstisch oder der Landefähre
über der Mondoberfläche: eine Frage der Höhenenergie.
Für unsere beiden Kometen kann man auch allgemeiner von »Gravitationsenergie« sprechen: Je weiter sie entfernt sind, desto mehr Gravitationsenergie
haben sie zueinander, weil sie umso mehr Anlauf nehmen können.

Wir gehen immer noch der Frage nach, woher die

Hitze in der Sonne kommt, und gleich sind wir am Ziel. Aber vorher sollten wir noch einen weiteren gedanklichen Schritt machen. Was unsere beiden Kometen an Gravitationsenergie zueinander haben, kann natürlich auch für andere Objekte wie Asteroiden, Meteoroiden (so nennt man Meteoriten, die noch nicht auf die Erde gefallen sind) oder sogar Staubteilchen gelten. Die Energie ist umso geringer, je kleiner die Objekte sind. Denn damit ist letztlich auch der Aufprall schwächer, aber das Prinzip bleibt das gleiche. Und nun kommt der Clou: Die Energie, die der Sonne als Quelle für die enorme Temperatur in ihrem Inneren dient, ist gerade die Gravitationsenergie – und zwar zwischen all den kleinen Gasteilchen, aus denen sie besteht.

Wie sieht das denn konkret aus? Dafür müssen wir kurz diskutieren, wie ein Stern entsteht. Am Anfang steht, so die gängige Vorstellung, ein mehr oder weniger dünnes Gas, das im Raum verteilt ist. Durch irgendeinen Zufall kann nun ein Teil einer solchen Gaswolke eine größere Dichte haben als die anderen Bereiche. Dieser Teil übt dann auf den Rest der Wolke eine merkliche Anziehungskraft aus, so dass er noch dichter werden kann, wenn Gas dort hineinfällt. Und da kommt unsere Gravitationsenergie ins Spiel. Die Gasteilchen fallen aufeinander zu, wie auch unsere Kometen, oder die Mondfähre auf die Mondoberfläche. Sie gehen aber nicht einfach bei diesem Sturz kaputt.

Stattdessen werden die Gasteilchen durch den Zustrom von außen immer zahlreicher, während sie beim Aufeinanderzufliegen beschleunigt werden, voneinander abprallen und Energie austauschen. Klingt ein bisschen wie die Kinder in der Turnhalle, oder? Die einzelnen zusammenfallenden Gasteilchen werden tatsächlich zu einem heißen Gas.

Dass eine Gaswolke zusammenstürzt und durch die frei werdende Gravitationsenergie aufgeheizt wird, ist der erste Schritt auf dem Weg zum Entstehen eines Sterns. Diesen Vorgang nennt man übrigens, nach einem britischen und einem deutschen Physiker, den »Kelvin-Helmholtz-Mechanismus«. In Verbindung damit, dass die zusammenstürzende Gaswolke heiß genug werden kann, um Fusionsreaktionen zu erlauben, ist die Gravitationsenergie also ein Baustein des Puzzles, das den Energieumsatz der Sterne erklärt.

Nach seinem Entstehen, und eine Weile nachdem die Fusionsreaktion gezündet wurde, verhält sich ein Stern über sehr lange Zeit stabil und verändert sich kaum. In dieser Phase befindet sich aktuell auch unsere Sonne. Auch dabei spielt die Schwerkraft eine entscheidende Rolle: Sie ist eine von mehreren Kräften, die sich im Gleichgewicht halten müssen, damit der Stern weder auseinandergerissen wird noch in sich zusammenfällt. Die Schwerkraft wirkt von außen nach innen und ist bestrebt, den Stern weiter zusammenzudrücken. In dessen Inneren herrschen aber hohe Temperaturen und hoher Druck, was eine Kraft von innen nach außen bewirkt. Je größer der Stern ist, desto wichtiger ist außerdem noch eine weitere Kraft von innen nach außen: der sogenannte »Strahlungsdruck«, verursacht durch die energiereiche Strahlung, die in den Fusionsreaktionen entsteht. Gemeint ist damit, dass die energiereichen Teilchen und die elektromagnetische Strahlung aus den Fusionsreaktionen von innen nach außen drängen, dabei auf die restliche Materie treffen und sie gewissermaßen nach außen mitziehen. Dass elektromagnetische Strahlung sogar Materie bewegen kann, ist ihrer doppelten Identität geschuldet: Sie ist elektromagnetische Welle und Energiepaket in einem, und als solche kann sie auch Druck ausüben.

Die Kräfte, die von innen nach außen sowie umgekehrt auf den Stern wirken, halten sich die Waage, so dass dieser eine stabile Größe behält. Kleine Veränderungen korrigieren sich sogar von allein, was physikalisch ein »stabiles Gleichgewicht« genannt wird. Denken Sie an eine kalte Nacht am Lagerfeuer: Die Kälte sorgt dafür, dass Sie näher ans Feuer möchten, aber in allzu großer Nähe ist es zu heiß. Wenn jemand Holz nachlegt und das Feuer stärker wird, rücken Sie deshalb etwas weiter weg. Wenn das Feuer aber schwächer wird, gehen Sie wieder näher ran – so halten Sie das Gleichgewicht zwischen Wärme und Kälte. Das Kräftegleichgewicht in Sternen ist zwar anderer Natur, aber die Verhältnisse sind ähnlich: Wenn die Schwerkraft den Stern etwas dichter zusammendrückt, steigen die Temperatur und damit der Gasdruck sowie die Rate der Fusionsreaktionen, die den Stern wieder bis zum Ausgangspunkt auseinandertreiben. Wenn der Druck von innen den Stern aber zu weit aufbläht, lassen Temperatur und Fusionsrate im Inneren nach, so dass die Schwerkraft ihn wieder zusammendrücken kann. Da der Wasserstoff in einem Stern bei der Fusion zu Helium verbraucht wird, kann diese Reaktion jedoch nicht ewig weiterlaufen. Dass ein Stern in gewaltige Schwierigkeiten gerät, wenn die Fusionsreaktionen im Inneren nachlassen und der Schwerkraft nicht mehr standhalten können, liegt auf der Hand.

Wir wissen also, dass der Stern nur stabil vor sich hin fusionieren kann, wenn genügend Wasserstoff dafür zur Verfügung steht. Dadurch ist die Lebenszeit eines Sterns begrenzt – und wie lang sie ist, hängt entscheidend davon ab, wie der Stern mit seinem Vorrat an Brennstoff umgeht. Schauen wir uns im nächsten Kapitel die verschiedenen »Lebensentwürfe« von Sternen an.

SONNE

MITTLERE HAUPTREIHE
MASSE: 1 SONNENMASSE
ALTER: MITTLERES ALTER
TRUMPF: BESONDERS
LANGWEILIG

BETEIGEUZE

ROTER RIESE
MASSE: CA.12 SONNENMASSEN
ALTER: KURZ VOR DEM
SPEKTAKULÄREN ABGANG

SIRIUS B

WEISSER ZWERG
MASSE: CA. 1 SONNENMASSE
ALTER: LANGSAMES
AUSGLÜHEN

PROXIMA CENTAURI

ROTER ZWERG
MASSE: CA.0,12 SONNEN-
MASSEN
ALTER: NOCH SEHR LANGE
JUGENDLICH

Stellare Lebensführung: lange cool oder kurz und heiß

Jeder, der gern Schokolade isst, kennt die bittere Wahrheit: Je schneller man sie genießt, desto eher ist sie weg. Dasselbe gilt für Bier im Kühlschrank auf einer lebhaften Party oder die eigene Urlaubskasse. Irgendwann ist der Vorrat erschöpft, und zwar umso eher, je bunter man es treibt. Ganz ähnlich verhält es sich bei Sternen und ihrer Lebensführung, denn ihre wichtigste Ressource ist der Wasserstoff, der die Fusionsreaktion in ihrem Inneren speist.

Aber was bedeutet »Leben« überhaupt, wenn wir von einem Stern sprechen? Eine riesige, heiße Gaskugel wie unsere Sonne ist natürlich kein Lebewesen. Sie wird deshalb weder geboren noch irgendwann sterben. Die Erforschung der Sterne hat aber ergeben, dass sie alle einer grundsätzlich ähnlichen Entwicklung wie viele Lebewesen folgen. So wie Sterne entstehen, wie sie sich entwickeln und wie ihre Entwicklung endet, drängt sich der Vergleich mit dem Leben geradezu auf. Auf eine relativ langwierige Geburt und unruhige Frühphase von Sternen folgt ein langes Leben, während dessen der Stern sich äußerlich nur sehr langsam verändert. Am Ende der Entwicklung steht ein kurzer, drastischer Wandel, der meist nur einen größtenteils inaktiven Überrest hinterlässt. Kein Wunder, dass das Bild vom Leben der Sterne eine der beliebtesten Analogien ist, um ihre Entwicklung zu erklären.

Während die Grundzüge des Lebens für die meisten Sterne ähnlich sind, gibt es doch im Einzelnen bedeutende Unterschiede in der Länge eines Sternenlebens. Das ist kein Zufall, sondern folgt einer einfachen Regel. Sterne mit einer größeren Masse sind heißer, leuchten heller und verbrauchen den Brennstoff für ihre Fusionsreaktion wesentlich schneller als leichtere Sterne. Und wenn der Brennstoff erst einmal erschöpft ist, steht das Ende eines Sternenlebens unmittelbar bevor. Leichtere Sterne sind dagegen mit ihrem Brennstoff so viel sparsamer, dass sie Hunderte oder sogar Tausende Male länger leben als die Hitzköpfe – dafür sind sie auch weniger heiß und leuchten nicht so hell. In Anlehnung an das bekannte Sprichwort könnte man in Bezug auf Sterne also sagen: »Nur die heißen sterben jung.«

Sicher fragen Sie sich, wie lang so ein Sternenleben denn sein kann? Nun ... hier stehen wir vor einem ähnlichen Problem wie bei den Entfernungen im Universum. Die Zeiträume, mit denen wir gleich um uns werfen werden, liegen nämlich weit außerhalb unserer Vorstellungskraft. Wir können höchstens darauf hoffen, dass wir uns an sie gewöhnen. Als Einstiegshilfe seien ein paar Meilensteine genannt, die uns vielleicht dabei helfen, eine Perspektive zu gewinnen: Die Pyramiden von Gizeh wurden vor etwa 4500 Jahren gebaut. Der aufrechte Gang des Menschen entwickelte sich vor etwa 3 bis 4 Millionen Jahren. Das Aussterben der Dinosaurier begann vor ungefähr 65 Millionen Jahren. Dass unsere Sonne, die Erde und die übrigen Planeten entstanden sind, liegt schließlich etwa 4500 Millionen Jahre zurück. Das sind anders gesagt 4,5 Milliarden Jahre – und das wird auch die größte Zeiteinheit sein, mit der wir es zu tun haben. Einen anderen Namen bekommen die Zeitspannen dabei nicht – alles bemisst sich weiterhin in unseren altbekannten Erdenjahren, nur eben in enorm vielen. Im Bereich von Milliarden von Jahren bemisst sich auch das Alter vieler Sterne, Galaxien und des Universums selbst, das vor etwa 13,7 Milliarden Jahren entstanden sein soll.

Ungefähr 4,5 Milliarden Jahre ist unsere Sonne alt, und es wird vermutet, dass sie gerade in den besten Jahren ist: Ihre Lebenserwartung liegt bei rund 10 Milliarden Jahren, so dass sie in etwa eine Hälfte ihres Lebens hinter sich und die andere noch vor sich hat. Dass die Sonne über lange Zeit weitgehend konstant strahlt und sich wenig verändert, gilt als wichtige Bedingung für die Entwicklung des Lebens auf der Erde, die vor mindestens 3 Milliarden Jahren begonnen hat. Wäre die Sonne bei ihrer Entstehung ein schwererer Stern geworden, hätte sie ihren Brennstoff deutlich schneller aufgebraucht. Schon ein Stern mit doppelt so viel Masse wie unsere Sonne hat lediglich eine Lebenserwartung von weniger als 2 Milliarden Jahren. Eine so viel kürzere Zeit hätte womöglich gar nicht ausgereicht, damit sich auf der Erde komplexes Leben hätte bilden können.

Sterne haben neben ihrer Lebenserwartung jede Menge verschiedener Merkmale: Masse, Temperatur, Größe, Leuchtkraft, Farbe und mehr. Das klingt ausgesprochen unübersichtlich, aber wie wir schon gesehen haben, hängen diese Eigenschaften durch physikalische Gesetze zusammen. Die Möglichkeiten sind deshalb lange nicht so vielfältig, wie man vermuten könnte – Sterne kommen nicht etwa in allen erdenklichen Farben und Größen vor, sondern nur in ganz bestimmten Kombinationen. Das ist praktisch, um sie zu untersuchen – aber für uns ist es auch ungewohnt, wenn so viele verschiedene Eigenschaften so eng miteinander verknüpft sind. Vergleichen wir das mal mit der Vielfalt des Erscheinungsbildes bei uns Menschen: Frisur, Schuhe, Oberteile, Schmuck und so weiter können im Prinzip frei und unabhängig voneinander gewählt werden, und die möglichen Kombinationen sind praktisch endlos. Trotzdem kommen manche davon nur ausgesprochen selten vor: ein Rock und eine Krawatte zum Beispiel, oder Dreadlocks und ein Sakko (schade eigentlich, oder?). Nun, Sterne haben in dieser Hinsicht noch viel strengere »Styling-Regeln« – schauen wir uns die doch einmal an.

Nehmen wir uns als Ausgangspunkt die Masse eines

Sterns vor. Denn diese bietet sich als Schlüssel zu den anderen Eigenschaften an: Sie steht praktisch von Beginn des Sternenlebens an fest, ändert sich die meiste Zeit nur langsam und stetig und hat den entscheidenden Einfluss auf die übrigen Eigenschaften. Je schwerer ein Stern ist, desto stärker drückt seine Masse außerdem auf sein Inneres. Das sorgt dort für höheren Druck und steigende Temperaturen. Wir können also als erste Regel festhalten: Während leichtere Sterne eine geringere Temperatur haben, sind schwerere Sterne heißer.

Es wird Zeit, endlich mal wieder auf Reisen zu gehen. Begeben wir uns zu verschiedenen Sternen, um ihre Eigenschaften nicht nur theoretisch zu erschließen, sondern selbst zu erleben. Auf eine Regel müssen wir uns zuvor einigen: Nicht anfassen! Auch wenn manche Sterne weniger heiß sind als andere, reden wir in jedem Fall von Millionen Grad im Inneren und Tausenden Grad an der sichtbaren Oberfläche. Aber Sterne sind auch ohne direkten Kontakt faszinierend anzuschauen, unter anderem dank ihrer verschiedenen Farben!

Nun fragen Sie sich vielleicht: Welche Farbe? Am Himmel sind die Sterne doch nur weiße Punkte, und keiner davon sieht grün, braun oder pink aus. Aber das kann schon anders aussehen, wenn man mit einem starken Fernglas in den dunklen Nachthimmel schaut. Dann kommen neben weißen auch rötliche und bläuliche Sterne zum Vorschein. Wenn wir uns in die Nähe eines solchen Sterns begeben, bleibt kein Zweifel mehr, dass hier tatsächlich rotes oder blaues Licht dominiert und alles ganz anders aussieht als im Weiß der Sonne.

Dass wir die Sternenfarben von der Erde aus kaum erkennen können, liegt daran, dass wir sie nur aus so großer Ferne sehen und die Sterne uns deswegen wie winzige Punkte erscheinen. Ein gutes Beispiel für einen rötlichen Stern ist Beteigeuze, der Stern, der von uns aus gesehen linken Schulter des Sternbilds Orion.[*]

Man kann es in Deutschland von Herbst bis Frühling sehen, und mit seiner viereckigen Statur und dem »Gürtel« aus drei hellen Sternen ist Orion sehr markant. Beteigeuze ist ein sogenannter »Roter Riese«, und das sieht man auch. Allerdings gibt es Sterne nicht in allen erdenklichen Farben. So werden Sie einen pinkfarbenen oder grünen Stern vergeblich suchen. Stattdessen ergeben sich die möglichen Färbungen aus der Physik des Lichts, das ja aus verschiedenen Wellenlängen zusammengesetzt sein kann. Dem Licht unserer Sonne sehen wir das eindrucksvoll an, wenn es in einen Regenbogen aufgespalten wird. Andere Sterne strahlen aber, abhängig von ihrer Temperatur, nicht so gleichmäßig in den einzelnen Farben des Regenbogens, wie wir es kennen. Fehlt einem Stern zum Beispiel der

---

[*] Der Name kommt aus dem Arabischen, wo dieser Stern auch heute noch wörtlich »Schulter des Orion« oder »Hand des Orion« heißt. Im Deutschen spricht man den Namen aus wie »Beet-Ei-Goize«.

blaue Anteil des Regenbogens, sieht sein Licht rötlich aus. Wenn aber der blaue Anteil viel stärker ist, sieht auch das Licht bläulich aus. Deshalb gibt es – mit fließenden Übergängen – Sterne, die rot, orange, gelb, weiß und blau leuchten.

Wie die Farbe eines heißen Objekts mit der Temperatur zusammenhängt, wurde mir einmal wunderbar vor Augen geführt, als ich zu Hause vergessen hatte, den Herd auszumachen. Mein Herd hat schwarze, gusseiserne Herdplatten, denen man es normalerweise nicht ansieht, wenn sie heiß sind. Ich hatte eine von ihnen – glücklicherweise ohne etwas darauf – für einige Zeit versehentlich angelassen. Als ich zurück in die Küche kam, sah ich meine ansonsten schwarze Herdplatte rot leuchten! Sosehr ich mich erschrocken habe, so sehr war ich auch fasziniert, dass ich die Temperatur der Herdplatte sehen konnte. Als ich sie dann abgeschaltet hatte, verschwand das rötliche Leuchten innerhalb weniger Minuten komplett, während die Platte erst langsam abkühlte. Dieses Rotglühen kennen wir zum Beispiel auch beim Grillen oder Lagerfeuer, wo die Glut oft rot ist, manchmal aber auch gelb und bei besonders großer Hitze sogar weiß. Welche Farbe welcher Temperatur entspricht, wissen etwa Schmiede und Feuerwehrleute. In der Astrophysik ist eine Formel für den Zusammenhang zwischen der Farbe eines Sterns und der Temperatur seiner Oberfläche als »wiensches Verschiebungsgesetz« bekannt, benannt nach dem

Physiker und Nobelpreisträger Wilhelm Wien (der vor allem in Berlin und München gearbeitet hat).

In der Astrophysik werden Temperaturen meist in Kelvin angegeben. Ein Kelvin (kurz: K) ist genauso viel wie ein Grad Celsius, aber die Skala fängt nicht beim Gefrierpunkt von Wasser (0 °C) an, sondern im sogenannten »absoluten Nullpunkt«, der niedrigsten Temperatur, die es laut Quantenphysik geben kann (−273,15 °C). Wasser gefriert auf dieser Skala bei 273,15 Kelvin und kocht bei 373,15 K. Meine rötliche Herdplatte dürfte grob 900 K gehabt haben. Obwohl sie alle dem gleichen Prinzip folgen, verhalten sich Metalle, Holz und andere Materialien unseres Alltags deutlich anders als die Oberflächen von Sternen.

Sehr zur Freude der Astrophysiker lassen sich Sternoberflächen hervorragend mit einem komplizierten mathematischen Modell namens »Schwarzkörper« beschreiben. Dieses Modell bereitet Physikstudenten seit Jahrzehnten Kopfzerbrechen, aber wir können festhalten: Sternoberflächen folgen fast exakt dem wienschen Verschiebungsgesetz. Dass Sterne so gesetzestreu sind, macht es viel leichter, durch Beobachtung auf ihre physikalischen Eigenschaften zu schließen. Bei Temperaturen deutlich oberhalb von 1000 K beginnt ein langsamer Übergang vom Rötlich-Orangen (etwa 3000 bis 5000 K) zum Gelblich-Weißen (etwa 5000 bis 8000 K). Unsere Sonne liegt mit ihrer Oberflächentemperatur von rund 5800 K in diesem Bereich. Noch heißere

Sterne leuchten weiß-bläulich und mit mehr als 10 000 K schließlich blau. Dass Sterne nicht grün oder pink sind, liegt daran, dass immer eine Mischung verschiedener Farben abgegeben wird. Grünes Licht tritt zum Beispiel häufig auf, ist aber nur mit anderen Farben vermischt zu sehen. Die gelblichweiß leuchtenden Sterne strahlen zufällig gerade in den für uns sichtbaren Wellenlängenbereichen am stärksten, so dass ihr Licht uns als Mischung aller Farben – eben weiß – erscheint. Vielleicht ist es aber umgekehrt auch kein Zufall, dass unsere Augen gerade den Bereich sehen können, in dem die Sonne am intensivsten strahlt. Immerhin hat sich die Menschheit unter dieser Sonne entwickelt.

Schließlich können wir uns noch die Leuchtkraft von Sternen anschauen. Wie viel Licht abgegeben wird, hängt physikalisch von der Temperatur und der Größe der Sternoberfläche ab. Ein Stern leuchtet umso heller, je größer und heißer er ist. Den Wert der Leuchtkraft eines Sterns vergleichen Astronomen gern mit der Leuchtkraft der Sonne, die wir ja vor der Nase haben und gut kennen. Bei einem Stern, der doppelt so viel Energie abgibt wie die Sonne, spricht man zum Beispiel von »zwei Sonnenleuchtkräften«. Das können wir jetzt noch mit der Tatsache verbinden, dass massereichere Sterne auch größer sind und ihren Brennstoff schneller aufbrauchen. So kommen wir zu einigen fast universellen Regeln für das Leben der Sterne:

Je mehr Masse ein Stern hat, desto

- größer ist er,
- heißer sind sein Inneres und seine Oberfläche,
- weiter liegt seine Farbe auf einer Skala von rot/orange über gelb/weiß bis blau,
- stärker leuchtet er,
- kürzer ist seine Lebenserwartung.

Allerdings befolgen nur diejenigen Sterne diese Regeln, die sich mitten in der langen stabilen Phase des Fusionierens von Wasserstoff zu Helium befinden. Sie haben den kuriosen Namen »Hauptreihensterne«, der sich auf das vielleicht wichtigste Diagramm der Astrophysik bezieht: das »Hertzsprung-Russell-Diagramm«. Es ist für Sternenforscher so wichtig, dass es fast jeder aus dem Kopf nachzeichnen kann, und es hilft enorm beim Verständnis der vielen komplizierten Eigenschaften der Sterne und ihrer Zusammenhänge. Man kann getrost sagen, dass es so sehr in jedes Buch über Astrophysik gehört wie eine Karte von Mittelerde in jede Ausgabe von »Herr der Ringe« – zumal sich im Hertzsprung-Russell-Diagramm ebenfalls Zwerge und Riesen tummeln. Gemeint sind Zwergsterne und Riesensterne, die wir später noch kennenlernen werden.

Das Hertzsprung-Russell-Diagramm führt von links nach rechts die Farbe der Sterne (von Blau nach Rot) und von unten nach oben ihre Leuchtkraft (von schwach bis stark) auf. Jeden Stern, dessen Farbe und

Leuchtkraft wir messen, können wir in das Diagramm eintragen. Wenn wir das mit vielen Sternen gemacht haben, sehen wir eine durchgehende Linie von oben links nach unten rechts, auf der viele Sterne liegen. Sie wird die »Hauptreihe« genannt, und die Sterne darauf sind die Hauptreihensterne. Für sie kann man die Zusammenhänge zwischen Masse, Leuchtkraft und den anderen Eigenschaften recht genau ausrechnen, weil ihr Innenleben von sehr ähnlichen Bedingungen abhängt: Sie fusionieren Wasserstoff zu Helium und befinden sich im Gleichgewicht zwischen Schwerkraft und Druck aus dem Inneren. Schauen wir uns mal einige Beispiele für Hauptreihensterne in unserer kosmischen Nachbarschaft an. Nur die Sterne, die von ganz anderen Vorgängen bestimmt sind – etwa zu Beginn oder zum Ende ihres Lebens –, liegen in anderen Bereichen des Diagramms.

Also genug Theorie! Wir satteln unser Raumschiff und schalten es auf Überlichtgeschwindigkeit, damit wir zwischen den Sternen hin und her flitzen können. Wir dürfen uns nicht von einem Physikprofessor erwischen lassen, während wir die Lichtgeschwindigkeit überschreiten, denn das gäbe mächtig Ärger – immerhin ist es eine der zentralen Aussagen der seit über 100 Jahren unwiderlegten Speziellen Relativitätstheorie, dass das unmöglich ist. Aber keine Bange, ich verpfeife uns nicht. Auf unserem Flug zu verschiedenen Sternen können wir die Regeln für ihre Eigenschaften in

Aktion erleben und zum Beispiel feststellen, ob sie ein langes oder ein kurzes Leben führen.

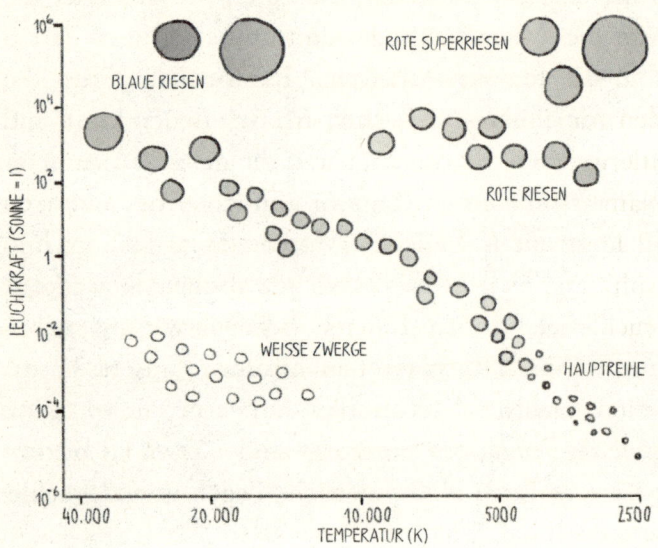

Abbildung 3: Das Hertzsprung-Russell-Diagramm. Die Sortierung nach Leuchtkraft und Farbe teilt die Sterne in mehrere Klassen ein. Die Hauptreihe ist von Sternen bevölkert, die sich im Gleichgewicht zwischen Schwerkraft und Druck von innen befinden.

Beginnen wir unseren Rundflug durch den Sternenzoo bei den kleinen Vertretern der Hauptreihensterne. Sie gehen besonders sparsam mit ihrem Wasserstoff um, und das zahlt sich für sie durch ein enorm langes Leben aus. Wie wir bereits herausgefunden hatten, hängt das

Wohlergehen eines Sterns maßgeblich von der Fusions-reaktion in seinem Inneren ab. Sie erzeugt das nötige Maß an Hitze, Druck und Strahlung, um der Schwer-kraft entgegenzuwirken, die den Stern ansonsten in sich zusammenstürzen lassen würde.

Zwei prominente Beispiele für diese Art Stern fin-den wir direkt in der Nachbarschaft der Sonne: Unser allernächster Nachbar gehört zu dieser Sorte. Sein Name ist Proxima Centauri, und er bringt nur etwa 12 Prozent der Masse der Sonne auf die Waage. Ob-wohl er der Erde näher ist als alle anderen Sterne, leuchtet er so schwach, dass man ihn von der Erde aus nur mit einem mittelgroßen Teleskop entdecken kann. Wir können deshalb deutlich näher an Proxima Cen-tauri fliegen als an unsere eigene Sonne und den roten Schimmer der wabernden, heißen Gase auf seiner Oberfläche bewundern. Beispielsweise strahlt unser drittnächster Nachbar, der Stern Wolf 359[*], über fünfhundertmal weniger Energie ab als unsere Sonne. Mit nur 10 Prozent der Sonnenmasse ist er so klein, dass rund 250 Sterne von seinem Volumen in unsere Sonne passen würden. Auch er zeigt mit seiner gerin-gen Leuchtkraft und einer Oberflächentemperatur von rund 3000 Kelvin ein schwaches rötliches Leuchten.

---

[*] Freunde von »Star Trek« kennen Wolf 359 natürlich vor allem als Schauplatz einer verheerenden Raumschlacht zwischen der Sternenflotte und den Borg im Jahr 2367.

Beide strahlen zwar viel schwächer als die Sonne, werden das allerdings auch sehr viel länger tun: Sterne von ihrer Größe haben die besten Verbrauchswerte, wie allgemein alle Hauptreihensterne, von etwa 10 bis 30 Prozent der Masse der Sonne. Sie verbrennen ihren Wasserstoff deutlich langsamer, und in ihrem Inneren herrschen geringere Temperaturen. Wegen ihres schwachen rötlichen Leuchtens werden sie auch »Rote Zwerge« genannt. Dank der vergleichsweise gemächlichen Fusionsreaktion in ihrem Inneren werden diese Sterne permanent durchgerührt. Heißes Gas steigt bis an die Oberfläche, kühlt dort ab und sinkt wieder zum Kern zurück. Dieser Vorgang wird »Konvektion« genannt und die Sterne mit dieser Eigenschaft »voll konvektive Sterne«. Das hat den Vorteil, dass auch das letzte bisschen Wasserstoff irgendwann im Kern vorbeikommt und zu Helium fusioniert werden kann. Die Belohnung für die langsame Fusionsreaktion und das schwache Leuchten ist eine phantastisch hohe Lebenserwartung von mehr als 1000 Milliarden Jahren – über einhundertmal so lange wie für unsere Sonne und sogar viel länger, als es das Universum schon gibt.

Im Laufe dieser Zeit sammelt sich im Stern langsam Helium an, das in der Fusionsreaktion entsteht. Der Astronom Phil Plait beschreibt es so: »Das Helium sammelt sich wie Asche in einem Kamin: Es kann nicht verbrannt werden und behindert das Feuer, bis es irgendwann erstickt ist.«[*] Wir vermuten, dass Rote Zwerge sich gegen Ende ihrer Brennphase unter der eigenen Schwerkraft zusammenziehen, wodurch sie vorübergehend wieder heißer und heller werden, um danach nur noch auszukühlen und schließlich zu einem dunklen Sternenrest aus kaltem Helium zu werden. Eine Bestätigung für diese Vermutung gibt es noch nicht, denn Rote Zwerge leben so unheimlich lange, dass wir noch keinen bis zum Ende seines Lebens beobachtet haben. Das Universum ist also einfach noch nicht alt genug, als dass wir einen Roten Zwerg im Rentenalter vorfinden könnten.

Fassen wir zusammen, was wir auf dieser ersten Tour unserer Reise zu verschiedenen Sternen gelernt haben: Leichte Sterne sind klein und vergleichsweise kühl, weshalb sie schwach und rötlich leuchten. Ihre Lebenserwartung ist extrem hoch, weil sie ihren Wasserstoff langsam und gründlich verbrennen.

Während wir uns die kleinen Roten Zwerge anschauen, könnten wir uns fragen: Wie leicht kann ein Stern überhaupt sein? Gibt es eine Untergrenze, oder kann jedes noch so kleine Häufchen Wasserstoff unter seiner eigenen Schwerkraft eine Fusionsreaktion starten?

Nein, das geht so nicht, es gibt tatsächlich ein Min-

[*] Zitat aus der hervorragenden englischsprachigen Video-Serie »Crash Course Astronomy« von Phil Plait, Folge 29: https://youtu.be/jfvMtCHv1q4

185

destgewicht für Sterne. Wir haben gesehen, dass die Gravitationsenergie einer zusammenstürzenden Gaswolke die Temperatur und den Druck in einem entstehenden Stern so weit in die Höhe treiben kann, dass Wasserstofffusion zündet. Wenn aber zu wenig Gas vorhanden ist, klappt das nicht – die Grenze dafür liegt bei etwa acht Prozent der Masse der Sonne. Unterhalb dieser Grenze spricht man von »Braunen Zwergen« – manche Astronomen nennen sie sogar »failed stars«, also »Sterne, aus denen nichts geworden ist«. Ihre Masse wird gern im Vergleich zur Masse unseres Planeten Jupiter angegeben, denn Braune Zwerge sind ein etwas unhandliches Übergangsobjekt zwischen sehr großen Gasplaneten und sehr kleinen Sternen.

Wäre Jupiter etwa zehn- bis fünfzehnmal schwerer, als er ist, könnte man ihn auch einen Braunen Zwerg nennen. Die Grenze ist allerdings sehr unscharf, und bisher haben sich Astronomen noch nicht auf ein striktes Kriterium geeinigt, wo Gasplaneten aufhören und Braune Zwerge anfangen. Manche der Braunen Zwerge können in ihrem Inneren sogar für eine gewisse Zeit Deuterium (auch bekannt als »schwerer Wasserstoff«) oder Lithium fusionieren, aber dabei wird nur wenig Energie freigesetzt. Braunen Zwergen unterhalb einer Masse von etwa 80 Jupitermassen, oder auch 8 Prozent der Sonnenmasse, fehlt einfach der entscheidende Funke, um eine ordentliche Wasserstofffusion in Gang zu bringen und zum Roten Zwerg zu werden.

Aber zurück zum Wasserstoffverbrauch der Sterne: Stellen wir uns ihren Umgang mit dem Brennstoff anhand eines (zugegebenermaßen weit hergeholten) Vergleichs vor. Angenommen, wir sollten eine Apfelplantage übernehmen, deren Bäume schon voller reifer Äpfel hängen. Unser Auftrag lautet: Irgendwie die Äpfel einsammeln, den Verkauf organisieren und das Beste draus machen. Wollten wir uns daran anlehnen, wie Sterne ihren Wasserstoffvorrat verwalten, könnten wir es zunächst wie die Roten Zwerge machen: Da ohnehin nicht allzu viele Apfelbäume da sind, sammeln wir die Äpfel alle gewissenhaft ein, verkaufen einen Teil frisch und heben den Rest auf, zum Beispiel getrocknet oder eingemacht. Um uns vor der Versuchung zu schützen, unseren ganzen Umsatz gleich wieder zu verprassen, verkaufen wir nach und nach immer nur einen kleinen Teil unserer Vorräte – damit nehmen wir zwar nur wenig Geld ein, haben aber lange etwas davon. Auf dieses Bild werden wir zurückkommen, wenn wir über andere Arten von Sternen sprechen.

Aber zunächst geht unsere Reise weiter zu den mittelschweren Sternen, zu denen auch unsere Sonne gehört. Wir starten also vor unserer Haustür, und am Nachthimmel können wir schon den nächsten Vertreter dieser Art erkennen: Pi-Drei Orionis, der etwa eine Schulterbreite rechts von Orions Körper steht. Er ist ein wenig schwerer und größer als die Sonne, weshalb er mit einer Oberflächentemperatur von 6500 Kelvin auch etwas heller leuchtet – hier müssen wir also einen noch größeren Abstand halten als zu unserem eigenen Stern, auch wenn er uns ansonsten sehr vertraut vorkommt.

Dadurch, dass Sterne dieser Art mehr Masse als Rote Zwerge haben, steht ihnen auch mehr Brennstoff zur Verfügung. Dennoch ist ihr Leben wesentlich kürzer, weil in ihrem Inneren andere Bedingungen herrschen. Sterne mit einer Masse von mehr als etwa 30 % der Sonnenmasse sind nicht mehr voll konvektiv, werden also nicht durchgemischt. Stattdessen haben sie zwischen ihrem Kern und der äußeren Hülle eine sogenannte »Strahlungstransportzone«. In diesem Bereich wird die Energie aus dem Kern nicht dadurch nach außen transportiert, dass heißes Gas hochblubbert. Stattdessen fließt die Energie als Strahlung und Wärme durch das Material des Sterns, welches sich selbst kaum bewegt. Stellen Sie sich das vor, als seien Sie auf einer Feier und wollten dem Gastgeber etwas sagen. (»Du, ich glaube, draußen kommt gerade die Polizei.«) Wenn es nicht allzu voll ist, gehen Sie einfach zu ihm hin. Dann sind Sie quasi konvektiv durch die Menge gewandert und haben die Information überbracht. Wenn es aber sehr voll ist, versuchen Sie vielleicht gar nicht erst, sich zu bewegen, sondern übermitteln die Information indirekt, gewissermaßen durch Strahlungstransport: »Basti! Hey, Basti! Sag Hannes mal, er soll Simon sagen, dass draußen gerade die Polizei vorfährt!«

Dass das Material des Sterns nicht ständig durchmischt wird, bedeutet vor allem, dass für die Fusionsreaktion im Kern nur die Wasserstoffatome zur Verfügung stehen, die unterhalb der Strahlungstransportzone im Inneren des Sterns liegen. Dumm gelaufen für unseren mittelschweren Stern, denn er besteht zwar aus deutlich mehr Wasserstoff als ein Roter Zwerg, kann ihn aber aufgrund der Bedingungen des Gases in seinem Inneren nicht verbrauchen. Durch die höhere Masse ist sein Zentrum außerdem heißer, und die Fusion läuft schneller ab – beides trägt dazu bei, dass er eine deutlich kürzere Lebenserwartung hat. Ein Stern mit einer halben Sonnenmasse hat nur noch eine Lebenserwartung von etwa 60 Milliarden Jahren – gegenüber mehr als tausend Milliarden Jahren für Rote Zwerge wie Proxima Centauri oder Wolf 359. Ein Stern wie unsere Sonne dürfte um die 10 Milliarden Jahre lang leuchten, ein doppelt so schwerer Stern schon kaum noch 2 Milliarden Jahre. Zum Vergleich: Das Alter des Universums wird auf etwas weniger als 14 Milliarden Jahre geschätzt.

Wenn wir an unsere geerbte Apfelplantage zurückdenken, entspricht der Umgang der mittelschweren Sterne mit ihrem Wasserstoff vielleicht am ehesten folgender Strategie: Wir sammeln möglichst schnell viele Äpfel ein, wobei wir nicht groß auf Verluste achten und den am einfachsten zugänglichen Teil unserer recht großen Plantage abernten. Dafür stecken wir viel Aufwand in Werbung und Verkauf, so dass wir in kurzer Zeit relativ viel Geld verdienen. Wenn die Äpfel aber einmal verkauft sind, ist der Spaß wieder vorbei, da wir kaum auf Vorräte zurückgreifen können.

Wir lernen also über mittelschwere Sterne, zu denen auch unsere Sonne gehört: Mittelschwere, mittelgroße Sterne leuchten gelblich bis weiß. Ihre Lebenszeit beträgt nur einige Milliarden Jahre, ist also wesentlich kürzer als die der Roten Zwerge, weil ihr Inneres nicht komplett durchmischt wird.

Als nächste Station geht es für uns zu echten Giganten unter den Sternen. Wir erkennen sie schon an ihrer blauen Farbe und der enormen Leuchtkraft. Da sie sich in ihrem kurzen Leben kaum weit vom Ort ihres Entstehens wegbewegen können, sind sie selten allein und oft noch umgeben von dem Gas, aus dem sie hervorgegangen sind. Diese sogenannten »Offenen Sternhaufen«, in denen sie zu finden sind, werden wir später noch einmal besuchen.

Sterne mit fünfzig oder mehr Sonnenmassen fusionieren ihren reichlichen Brennstoff enorm schnell. Die Reaktion in ihrem Inneren ist dabei so stark, dass ihre äußere Hülle richtiggehend fortgeweht wird. Sterne dieser Gewichtsklasse verlieren während ihrer – ohnehin kurzen! – Lebenszeit schon mal die Hälfte ihrer Masse in diesem sogenannten Sternwind. Das ist natürlich kein Rezept für ein langes Leben. Eine riesige Apfelplantage nach Art eines so großen Sterns zu bewirtschaften würde in etwa bedeuten, sie so schnell wie möglich mit einem Schaufelradbagger umzupflügen und in einem gigantischen Räumungsverkauf die ganzen ausgerissenen Bäume auf einmal zu verkaufen. So werden wir in kürzester Zeit steinreich, bleiben aber auf dem Schaufelradbagger sitzen und haben die Plantage zerstört.

Ein schönes Beispiel dafür findet sich in Mintaka, dem rechten der drei Sterne, die den Gürtel des Orion bilden. Eigentlich ist Mintaka eine Gruppe von fünf Sternen, die so nahe beieinanderstehen, dass sie für uns mit bloßem Auge wie ein einzelner aussehen. Einer davon – Astronomen nennen ihn Delta Orionis Aa2 – ist ein sehr großer Hauptreihenstern: Er wiegt mehr als acht Sonnenmassen, bei einem sechsmal so großen Radius wie dem der Sonne. Das heißt, dass unsere Sonne über 250-mal in diesen Giganten hineinpassen würde. Mit einer Oberflächentemperatur von etwa 25 000 Kelvin leuchtet er deutlich blau und strahlt über zehntausendmal so stark wie die Sonne. Dafür bezahlt er mit einem enorm kurzen Leben von weniger als 10 Millionen Jahren. Zu der Zeit, als sich auf der Erde bereits die ersten Menschenaffen entwickelten, dürfte er noch nicht am Himmel gestanden haben. Zum Vergleich: Gegenüber der Lebenszeit von 10 Millionen Jahren für Delta Orionis Aa2 lebt die Sonne mit 10 000 Millionen Jahren tausendmal länger, und manche Roten Zwerge könnten es auf 1 000 000 Millionen Jahre bringen.

Diese riesige Spanne von Lebensdauern entspricht auf der Erde etwa dem Unterschied zwischen einer Eintagsfliege und einem jahrhundertealten Baum.

Doch schon während wir auf Mintaka zufliegen, erblasst selbst dieser gewaltige Hauptreihenstern vor seinem gewaltigen Begleiter Delta Orionis Aa1, der fast dreimal größer und dreimal schwerer ist – als solch ein Gigant gehört er nicht zur Hauptreihe, sondern zu der passend benannten Klasse der »Blauen Riesen«. Wie wäre es, in einem halsbrecherischen Manöver zwischen den beiden hindurchzuflitzen? Dafür müssen wir unsere Flugbahn allerdings sehr genau planen, denn diese beiden Giganten umkreisen sich innerhalb von nur wenigen Tagen einmal komplett, und das auch noch so eng, dass zwischen ihnen kaum mehr Platz als ihr eigener Durchmesser ist.

Und apropos Gruppen von Sternen: Mintaka ist bei weitem nicht das einzige Beispiel am Himmel, bei dem ein scheinbar einzelner Stern eigentlich aus mehreren besteht, die sehr nahe beieinanderliegen. Man unterscheidet dabei verschiedene Klassen: »Optische Doppelsterne« sind eigentlich gar nicht in der Nähe voneinander, sondern erscheinen nur zufällig von der Erde aus gesehen als enges Paar. Echte »Doppelsternsysteme« sind sich dagegen wirklich nahe und umkreisen einander. Sirius, der hellste Stern am Nachthimmel, hat zum Beispiel auch einen schwach leuchtenden Begleiter, der aber nur mit einem guten Teleskop von ihm zu trennen ist. Beide Sterne für sich heißen Sirius A und Sirius B.

Ein weiteres, besonders spektakuläres Beispiel versteckt sich im mittleren der drei Sterne, welche den Griff des Großen Wagens bilden. Hier stehen zwei Sterne besonders nahe beieinander, nämlich der helle Mizar und der deutlich schwächere Alcor, die nur um einen Winkel von einem fünftel Grad auseinanderstehen. In der Antike hat man sich dieses besondere Sternenpaar sogar zunutze gemacht. Der persische Astronom Abd ar-Rahman as-Sufi schrieb in seinem berühmten »Buch der Fixsterne« im Jahr 964 über Alcor: »Es ist derjenige Stern, mit dem die Menschen ihre Augen testen.«[*] Der Test war einfach: Selbst unter günstigen Bedingungen war es nur jemandem mit guten Augen möglich, den schwach leuchtenden Alcor in der Nähe des deutlich helleren Mizar zu erkennen.

Aber damit nicht genug. Mizar und Alcor selbst sind wiederum ein Vierfach- bzw. Doppelsystem, so dass sich hinter dem Fleck im Großen Wagen gleich sechs Sterne verbergen. Solche »Sternenpartys« sind lange nicht so exotisch und selten, wie man denken könnte. Wir Menschen sind eventuell etwas voreingenommen, weil wir in unserem eigenen Sonnensystem nur einen

---

[*] Vgl.: George M. Bohigian: »An Ancient Eye Test – Using the Stars«, Survey of Ophthalmology, 2008, DOI: 10.1016/j.survophthal.2008.06.009

einzelnen Stern – nämlich die Sonne – vor der Nase haben. Die Astronomie-Pionierin Cecilia Payne-Gaposchkin untersuchte solche Doppelsterne, und vor Überraschung über deren Häufigkeit soll sie im Scherz gesagt haben: »Drei von zwei Sternen sind Teil eines Doppelsternsystems!«[*] Den tatsächlichen Anteil der Sterne, die in Zweier- oder noch größeren Sternsystemen existieren, können wir auch heute nur grob schätzen. Es wird vermutet, dass ein Drittel bis die Hälfte aller Sterne in unserer kosmischen Umgebung Teil eines Doppel- oder Mehrfachsternsystems sind.

Für die Astrophysik sind solche Doppelsternsysteme ein großes Glück, denn nur sie bieten die Gelegenheit, die Masse ferner Sterne relativ einfach zu bestimmen. Aus der Entfernung sieht man Sternen nämlich nicht so einfach an, wie schwer sie sind. Von Doppelsternen können wir aber die Massen mit Hilfe einiger Messungen und Formeln ausrechnen. Wenn wir zusätzlich noch ihre Entfernung zur Erde kennen, lassen sich zentrale Eigenschaften wie Masse und Leuchtkraft bestimmen. Solche Messungen waren der Schlüssel zu der Erkenntnis, dass die Masse, wie wir gesehen haben, fast alle anderen Eigenschaften von Hauptreihensternen bestimmt.

---

[*] Vgl.: J. Craig Wheeler: »Cosmic Catastrophes – Exploding Stars, Black Holes and Mapping the Universe«, Cambridge University Press, 2007, S. 42

Nun haben wir die Vielfalt der Hauptreihensterne erlebt und können darüber staunen, wie unterschiedlich Sterne sind – und das, obwohl wir im Alltag auf der Erde nur zwei Sorten davon erleben: unsere eigene Sonne als riesigen Energiespender und die vielen kleinen, harmlosen Lichtpunkte am wolkenlosen Himmel. Doch es wird noch außergewöhnlicher und vielfältiger, wenn wir uns ansehen, wie sich diese Hauptreihensterne entwickeln, wenn sich ihr ruhiges Erwachsenenleben dem Ende zuneigt.

Weiße Zwerge:
Der gemütliche Ruhestand

Nun ist es an der Zeit, das Lebensende von Sternen genauer zu betrachten. Wir werden in den kommenden Kapiteln kuriose Himmelskörper besuchen, die das Erbe ausgebrannter Sterne antreten: Weiße Zwerge, Neutronensterne, Pulsare und sogar Schwarze Löcher. Die meisten Sterne werden, wie auch unsere Sonne, nach einer einigermaßen turbulenten Episode zum Schluss ihrer Existenz als Weiße Zwerge enden. Solche Weißen Zwerge sollen deshalb unser erstes Ausflugsziel sein.

Wie wir bereits wissen, besteht für uns persönlich kein Grund zur Sorge: Unsere eigene Sonne wird noch einige Milliarden Jahre existieren. Wenn wir die Lebenserwartung der Sonne auf die Länge eines Fußballspiels umrechnen, dann hat jetzt, nach gut viereinhalb Milliarden Jahren, gerade die zweite Halbzeit begonnen. Menschliche Wesen gibt es nach dieser Rechnung übrigens seit etwa einer Sekunde auf der Erde. Andere Sterne in unserer Umgebung sind aber durchaus schon dabei, ihr Leben auszuhauchen, oder haben dies vor kurzem getan.

Unser erstes Ziel soll einer der allerkleinsten Sterne

sein, der vielleicht ein Zehntel der Masse unserer Sonne hat. Doch auf das Lebensende eines solchen Roten Zwergs können wir, selbst auf unserer ausgedehnten Reise, lange warten. Der Stern verbraucht durchaus seinen Brennstoff, aber er tut es enorm gründlich und über sehr lange Zeit. Eines Tages wird er sein Wasserstoffbrennen nicht mehr aufrechterhalten können, weil zu viel Helium im Weg ist. Im sensiblen Gleichgewicht zwischen Druck und Schwerkraft gewinnt dann die Schwerkraft die Oberhand, woraufhin sich der Stern zusammenzieht und ein letztes Mal etwas heißer und heller wird. Danach, mit erloschener Fusionsreaktion, glüht er nur noch aus und wird zu einem dunklen, kalten Ball, der überwiegend aus Helium besteht. Doch das liegt für jeden dieser Sterne noch so weit in der Zukunft, dass wir darauf ein Vielfaches der Zeit warten müssten, die es das Universum schon gibt.

Das kann man sich ruhig mal auf der Zunge zergehen lassen: All diese Roten Zwerge stehen, obwohl sie sich schon kurz nach der Entstehung des Universums gebildet haben, noch am Anfang ihres Lebens. Das ist in etwa so, als hätten Sie auf der Erde von einer besonderen Hunderasse bisher nur Welpen gesehen. Wenn Sie dann einen Zoologen fragen, wie eigentlich die ausgewachsenen Hunde aussehen, sagt dieser: »Keine Ahnung! Die werden schließlich fünfzigtausend Jahre alt. Es sind keine Aufzeichnungen von erwachsenen Exemplaren überliefert.« Allerdings rechnet kaum jemand mit großen Überraschungen, was das Lebensende der Roten Zwerge angeht. Einen Hinweis darauf geben uns manche etwas schwereren Sterne, die in Doppelsternsystemen in eine missliche Lage geraten: Wenn sie ihrem Begleiter zu nahe kommen, können sie Materie an diesen verlieren. Dadurch kann ihre Masse so klein werden, dass sie sich wie ein gealterter Roter Zwerg verhalten. Sie verwandeln sich in kleine Körper aus Helium, die ganz langsam auskühlen und dunkler werden.

Turbulenter wird es bei schwereren Sternen – deren Lebenserwartung ist so viel kürzer, dass wir ihr Lebensende schon beobachten konnten. Schlimmer als in jeder Seifenoper schlägt das Geschehen ständig von dramatischen Krisen zu überraschenden Rettungen um, und wieder zurück. Alles beginnt damit, dass schwerere Sterne mächtig in die Bredouille kommen, wenn sie zu viel von ihrem Fusionsprodukt Helium angesammelt haben. Anders als die kleinen, voll konvektiven Roten Zwerge können sie es nämlich nicht gleichmäßig innerhalb ihres ganzen Volumens durchmischen. Stattdessen sammelt sich in diesen größeren Sternen die Helium-Asche im Kern, wo die Wasserstofffusion stattfindet – und bremst diese aus, bis der Kern schließlich von Helium dominiert wird und die Fusion erstickt ist. Ein Blick auf die Stadionuhr zeigt: 80. Spielminute. Langsam geht es um die Wurst! Begeben wir uns in unserem Raumschiff in die Nähe eines Sterns, dem dieses Schicksal bevorsteht, und nehmen wir genug Proviant für ein paar Hundert Millionen Jahre mit, um das Schauspiel in voller Länge zu genießen.

Wasserstoff fusioniert in dem gealterten Stern vor unserer Nase lediglich noch in einer Schale um den heliumreichen Kern. Dieser Kern zieht sich dafür immer weiter zusammen – logisch, denn das Gegengewicht zur Schwerkraft besteht nicht mehr, wenn die Fusion nachgelassen hat. Die Schwerkraft gewinnt die Oberhand und drückt den Kern zusammen. Der Kern kann nichts anderes machen, als heißer zu werden, was immerhin die Wasserstofffusion in der Schale um ihn herum kräftig anfacht. Dieses »Schalenbrennen« heizt dem Rest des Sterns so stark ein, dass seine äußere Hülle ein gutes Stück fortgeblasen und so der ganze Stern regelrecht aufgepustet wird. Wir müssen aufpassen, dass wir mit unserem Raumschiff nicht zu nah dran sind, denn der Stern kann wahrhaft riesige Ausmaße annehmen: Nachdem er sich zunächst über einige 100 Millionen Jahre langsam auf seinen doppelten Durchmesser ausgedehnt hat, wird er danach in der gleichen Zeit bis zu 100-mal größer. Obwohl er jetzt insgesamt deutlich mehr Energie abstrahlt als je zuvor, kühlt sich seine Hülle beim Aufblähen ab, da sich die Energie auf eine viel größere Oberfläche verteilt. Der Stern leuchtet jetzt aufgrund der kühleren Oberfläche eher rötlich. Teile dieser Hülle werden durch den immer noch wachsenden Energiefluss aus dem Inneren sogar ganz fortgeblasen, so dass der Stern zunehmend leichter wird – als Schaulustige müssen wir aufpassen, dass dieser starke Strom von Teilchen, den der Stern abgibt, nicht die Elektronik unseres Raumschiffs durcheinanderbringt.

Wir haben es nun bei unserem sterbenden Stern mit einem Roten Riesen zu tun. Dieses Stadium wird auch unsere eigene Sonne eines Tages erreichen, und in unserem Sonnensystem ist es dann vorbei mit der Gemütlichkeit. Die Sonne wird sich voraussichtlich so weit aufblähen, dass sie erst Merkur, dann Venus und schließlich die Erde verschluckt. Ihr Durchmesser könnte dann so groß sein, dass eine Million Exemplare der altbekannten Sonne in ihr neues Selbst als Roter Riese passen würde! Da die Sonne aber als Roter Riese auch kräftig an Masse verloren haben wird, könnte die Erde der vorrückenden Sonnenoberfläche auch knapp entkommen. Ich gebe zu, dass beide Möglichkeiten für mich sehr reizvoll klingen: der Sonne fast direkt auf die Oberfläche zu schauen oder sie sogar von innen zu sehen. Machen wir uns allerdings nichts vor, unsere Überlebenschancen wären miserabel, wenn wir tatsächlich dazu kämen, diesen Anblick zu genießen. Die gute Nachricht ist, dass wir noch gut fünf Milliarden Jahre Schonfrist haben, ehe die Sonne mit solchen Kapriolen beginnt. Wenn es die Menschheit wirklich so lange schafft, dürfte sie bis dahin auch einen Weg gefunden haben, sich zu schützen oder sich rechtzeitig vom Acker zu machen. Wir sitzen derweil mit Tee und Keksen in unserem Raumschiff und betrachten diesen gewaltigen Vorgang aus sicherer Entfernung bei einem Geschwisterstern unserer Sonne.

Als wir zuletzt nach dem Kern unseres sterbenden Sterns geschaut haben, zog dieser sich praktisch ungebremst zusammen, da er nicht mehr mit einem großen Energiefluss aufwarten konnte, um der Schwerkraft etwas entgegenzusetzen. Trotzdem findet das Zusammenschrumpfen des Kerns nach einer Weile ein vorläufiges Ende. Wie kommt's? Um das zu erklären, müssen wir die Quantenmechanik zu Rate ziehen. Sie beschreibt das Verhalten von kleinsten Teilchen, Atomen und so winzigen Strukturen, dass wir Menschen keinerlei Gefühl für ihre Gesetze entwickeln konnten, die wir schließlich bis vor einigen Jahrzehnten auch nie gebraucht haben. Denn erst seit gut 100 Jahren beschäftigt sich die Menschheit mit Fragen, die mit Hilfe der Quantenmechanik beantwortet werden müssen. Ihre Anwendungen sind dafür aus unserer heutigen Welt nicht mehr wegzudenken: Jeder Transistor und jeder Mikrochip, jede Leuchtdiode und jedes Display, jedes Halbleiterbauteil und jede Solarzelle funktioniert nur, weil wir die Quantenmechanik geschickt nutzen. Sie dominiert alles, was zwischen kleinsten Teilchen passiert – und dann überfällt sie uns plötzlich von hinten, während wir über riesige Sterne sprechen.

Also, wodurch wird der Kollaps des Heliumkerns in unserem Roten Riesenstern aufgehalten? Der Schlüssel sind die Elektronen, die ursprünglich zu den einzelnen Atomen gehörten. Unter den extremen Bedingungen im Kern lösen sie sich aber von den Atomen und bilden eine Art heiße Elektronensuppe. Dieser Zustand der Materie hat den seltsamen Namen »entartete Materie« – so nennen Physiker es, wenn das Verhalten eines Stoffs nicht mehr von den altbekannten Gesetzen der Physik, sondern durch die der Quantenmechanik bestimmt wird. Aus solch entarteter Materie besteht also unser Sternenkern. Der Druck in seinem Inneren wird von einem quantenmechanischen Effekt bestimmt, der vom Physiker Wolfgang Pauli erstmals postuliert wurde und daher das »Pauli-Prinzip« heißt. Es besagt, stark vereinfacht ausgedrückt, dass Teilchen wie Elektronen sich wirklich, wirklich nicht nahe kommen wollen! Und das liegt nicht einmal an ihrer negativen elektrischen Ladung – sogar Teilchen ohne jede Ladung können diesen Effekt erfahren, wie wir später am Fall der Neutronensterne sehen werden. Die Elektronen stoßen sich jedenfalls sehr stark ab – und diese Abstoßung ist es, die unseren Heliumkern gegen die Schwerkraft vor dem Zusammensturz bewahrt.

Eine ganz schön komplizierte Situation. Fassen wir zusammen: Das Leben des Sterns, bei dem wir zu Gast sind, ist in der 89. Minute. Das Ende ist eingeläutet, und der Stern gibt mehr Energie ab als je zuvor, weshalb wir einen gehörigen Abstand halten müssen. Sein Kern besteht fast nur noch aus Helium, und es läuft darin keine dauerhafte Fusionsreaktion mehr ab. Der Kern ist trotzdem sehr heiß und wird durch einen quantenmechanischen Effekt mit dem sonderbaren Namen »Entartungsdruck« am weiteren Zusammenfallen gehindert. Drumherum brennt eine Schale, in der weiter kräftig Wasserstoff fusioniert wird. Die äußere rötlich leuchtende Hülle wird immer weiter davongeblasen. Doch weil dieser Stern mit einer etwas größeren Masse gestartet war als unsere Sonne, kann es noch einmal zu einer dramatischen Wendung kommen.

Wie es sich in einer guten Seifenoper gehört, kommt plötzlich ein totgeglaubter Liebhaber hereingeschneit und sorgt für eine unerwartete Wendung – gerade als wir der Handlung einigermaßen folgen konnten. Für unseren Stern heißt das: Der heiße, entartete Heliumkern wird vom Schalenbrennen um ihn herum so weit aufgeheizt, dass wieder (dramatische Orgelmusik) Fusion einsetzt! Das Helium, welches wir als unnütze Asche betrachtet hatten, kann nämlich doch fusioniert werden. Ab einer Temperatur von etwa 100 Millionen Grad werden die Heliumatome zu Kohlenstoff umgewandelt, wobei wieder Energie freigesetzt werden kann. Das macht der Kern jetzt auch, und zwar nicht zu knapp. In kürzester Zeit verstärkt sich die Fusion durch immer höhere Temperaturen selbst und setzt eine gewaltige Menge an Energie frei. Dieser enorme

Energie-Ausbruch wird »Helium-Blitz« genannt und hilft dem Kern aus dem Zustand der Materie-Entartung wieder heraus. Der Kern dehnt sich wieder aus und fusioniert nun Helium, wie er es früher mit Wasserstoff getan hat: im Gleichgewicht zwischen Druck im Inneren und Schwerkraft von außen.

In unserem Raumschiff, in sicherer Entfernung von der Oberfläche des Sterns, bekommen wir zunächst von all diesen Vorgängen nichts mit. Selbst der gewaltige Helium-Blitz im Kern bleibt uns verborgen, weil die Schale des Kerns dessen Energie absorbiert. Doch genau dieser Vorgang sorgt nun für eine deutliche Veränderung der Hülle, die wir gut erkennen können. Der Schale im Sterninneren, die nach dem Erlöschen des Kerns tapfer weiter Wasserstoff verbrannt hatte, bekommen die neuen Allüren des Kerns nämlich gar nicht gut. Sie wird auseinandergetrieben, wodurch sich ihre Wasserstofffusion wieder deutlich abschwächt. Das erlaubt der aufgeblähten äußeren Hülle des Sterns, nach innen zurückzufallen. Der Stern wird wieder kleiner und seine Hülle heißer, woraufhin sie wieder gelblicher leuchtet. Insgesamt strahlt der Stern jetzt weniger Energie ab, aber er hat geordnete Verhältnisse geschaffen: Im Kern fusioniert Helium, in einer Schale um ihn herum Wasserstoff, und es ist keine entartete Materie mehr im Spiel. Der Stern ist wieder im Gleichgewicht zwischen seiner Schwerkraft und den Fusionsreaktionen in seinem Inneren. Allerdings sehen wir schon von unserem Beobachtungsposten aus, dass er nicht wirklich rundläuft, denn es kommt alle naselang zu kurzen, aber heftigen Energieausbrüchen, gefolgt von Phasen der Abkühlung.

Für unseren Stern läuft die 90. Spielminute. Er verbrennt das Helium wesentlich schneller als zuvor den Wasserstoff, während sich erneut Asche, diesmal in Form von Kohlenstoff und Sauerstoff, in seinem Kern ansammelt. In vergleichsweise kurzer Zeit durchläuft er das bekannte Programm noch einmal, diesmal aber heftiger: Der innere Kern erlischt und zieht sich zusammen, wodurch er heißer wird und auch die Schalen um sich herum anheizt. Diese brennenden Schalen blasen den Stern auf und wehen immer mehr von seiner äußeren Hülle davon. Wir spüren anhand dieser raschen Veränderungen, dass die Zeit der gemütlichen, stetigen Existenz des Sterns endgültig vorbei ist. Von ihm bleibt ganz am Ende dieses Vorgangs – wenn er kaum noch eine Hülle hat, die er fortblasen kann – nur ein nackter, enorm heißer Kern aus erneut entarteter Materie. Die Hülle ist fort und die Fusion erloschen. Unser Stern ist zum Weißen Zwerg geworden, der nur noch eins macht, nämlich über Milliarden von Jahren langsam abzukühlen. Hier passiert heute nichts mehr: Abpfiff!

Die ersten Entdeckungen solcher Weißen Zwerge an unserem Nachthimmel geschahen in einer Zeit, als die physikalischen Grundlagen der Quantenmechanik noch in den Kinderschuhen steckten. Der erste Weiße

Zwerg, der gründlich untersucht wurde, war Sirius B, der kleine Begleiter von Sirius A, den wir schon als hellsten Stern an unserem Nachthimmel kennengelernt haben. Kein Wunder, dass niemand so recht glauben konnte, wie dieser Winzling – nur etwa so groß wie die Erde – auch nur annähernd so schwer sein konnte wie die Sonne.

Der Astrophysiker Arthur Eddington hat zu jener Zeit viele wichtige Beiträge zur Astrophysik geleistet. Die größte Bekanntheit erlangte er durch seine Arbeit an der Relativitätstheorie, denn zu jener Zeit war die Physik noch von der deutschen Sprache dominiert. Eddington war ab 1918 der erste Physiker, der Einsteins Arbeit auf Englisch einer größeren Weltöffentlichkeit zugänglich machte. Arthur Eddington erinnerte sich im Jahr 1927 daran, wie den ersten Vermessungen des Weißen Zwergs Sirius B mit Unglauben begegnet wurde:

Als sie entschlüsselt war, lautete die Botschaft des Begleiters von Sirius: »Ich bestehe aus einem Material, das 3000-mal dichter ist als alles, was ihr jemals gesehen habt; eine Tonne von meinem Material wäre ein kleines Korn, das in eine Streichholzschachtel passt.« Was soll man dazu sagen? Die meisten von uns haben 1914 gesagt: »Erzähl' doch keinen Quatsch.« [*]

---

[*] Zitat aus: Stephen Hawking, Werner Israel: »Three Hundred Years of Gravitation«, Cambridge University Press, 1987, S. 205 (eigene Übersetzung)

Mit etwas Glück gibt es übrigens neben einem schwach leuchtenden Weißen Zwerg für kurze Zeit noch ein unerwartetes, wunderschönes Nachspiel, wenn unser Stern sein Leben beendet: einen sogenannten »Planetarischen Nebel«. Überall um den gerade erloschenen Stern herum erfüllt plötzlich das gespenstische Leuchten verschlungener, filigraner Strukturen in prächtigen Farben unser Raumschiff. Der Planetarische Nebel ist ein letzter Gruß des zusammengestürzten Sternenkerns an die schon fortgewehte äußere Hülle. Wenn der Kern endgültig zu einem Weißen Zwerg zusammenfällt und sich ein letztes Mal enorm aufheizt, regt seine starke Strahlung die inzwischen weit abgestoßene und erloschene Gashülle noch ein letztes Mal zum Leuchten an. Ein Planetarischer Nebel kann kugelrund aussehen, aber auch durch Magnetfelder, Doppelstern-Begleiter oder Verwirbelungen abenteuerliche, geradezu phantastische Formen annehmen. Wenn wir mit unserem Raumschiff durch diese farbenfrohe Landschaft fliegen, ist der Anblick so atemberaubend, dass jeder Science-Fiction-Film einpacken kann.

Solche Erscheinungen können wir sogar von der Erde aus beobachten: Wenn Sie gelegentlich in Büchern, im Internet oder in Filmen Bilder von wunderschönen Nebeln finden, die vor lauter verschlungenen Formen und bizarren Farben aussehen wie Schallplattenhüllen aus den 70er Jahren, dann ist es wahrscheinlich ein Planetarischer Nebel. Und noch etwas macht dieses

Schauspiel besonders, nämlich, dass es gemessen an der Lebenszeit der Sterne nur einen winzigen Augenblick lang andauert. Nur wenige Zehntausend Jahre nach seinem Aufleuchten ist es schon wieder erloschen. Für uns als glückliche Beobachter in unserem Raumschiff natürlich lange genug, um das Phänomen zu genießen – aber in der Welt der Sterne nur ein flüchtiger Moment. So kommt es, dass wir von den Milliarden von Sternen in unserer Nachbarschaft nur ein paar Tausend kennen, die gerade in diesem Moment einen Planetarischen Nebel zeigen.

Wenn es tatsächlich das Schicksal von Sternen ist, zu Weißen Zwergen zu werden, und die Sonne ein durchschnittlicher Stern in unserer Nachbarschaft ist – müsste dann nicht alles um uns herum voll mit Weißen Zwergen sein? Soweit wir sehen können, ist das tatsächlich so. Unter den 100 nächstgelegenen Sternen finden sich immerhin acht Weiße Zwerge, aber in größeren Entfernungen sind sie für uns immer schwieriger zu beobachten, so klein und leuchtschwach, wie sie sind.

Mit einem gewissen Aufwand und einer gehörigen Portion Glück ist es trotzdem möglich, Sirius B mit eigenen Augen zu sehen. Dieses erste jemals untersuchte Exemplar ist einer von nur einer Handvoll Weißer Zwerge, die für eine gut ausgestattete Amateurastronomin mit einem tragbaren Teleskop realistische Beobachtungsziele sind. Sirius B zu beobachten ist deshalb besonders schwierig und reizvoll, weil er nur in einem winzigen Abstand zu Sirius A steht, dem hellsten aller Sterne an unserem Himmel – es ist ein bisschen so, als wollte man ein Teelicht erkennen, das jemand neben einen Flutlichtscheinwerfer gestellt hat. Unter Amateurastronomen gilt Sirius B deshalb als besondere Herausforderung, und jedem, dem eine Beobachtung gelingt, gebührt große Anerkennung. Wenn Sie jemanden mit guter Ausrüstung kennen oder die Chance haben, in einer Sternwarte durch ein großes Teleskop zu blicken, versuchen Sie es doch einmal mit diesem historischen Weißen Zwerg. Die Gelegenheit ist zurzeit besonders günstig. Sirius B umkreist Sirius A etwa alle 50 Jahre, und in den Jahren 2020 bis 2030 wird der Abstand zwischen den beiden am größten sein, was die Beobachtung erleichtert.

Nun wissen wir, wie Weiße Zwerge zustande kommen, und damit haben wir einen Großteil aller Sterne um uns herum entdeckt. Nur etwa drei Prozent der Sterne in unserer kosmischen Nachbarschaft bringen genügend Masse mit, um etwas anderes zu werden als ein Weißer Zwerg – aber dafür legen sie einen spektakulären Auftritt hin, wenn das passiert. Um Supernova-Explosionen und ihre faszinierenden Auswirkungen geht es im folgenden Kapitel.

Supernovae:
Das explosive Karriereende

Das vergangene Kapitel haben wir in der Nähe eines Weißen Zwergs verlassen, der als abkühlende Kugel aus Helium in den Ruhestand gegangen ist. Doch wir sollten uns nicht allzu sicher fühlen, falls dieser Weiße Zwerg nur einer von zwei Sternen ist, die zusammen ein Doppelsternsystem bilden. Zur Sicherheitsbelehrung für uns Weltraumtouristen gehört deshalb die folgende Lektion zu den Gefahren von Weißen Zwergen, die sich Materie von einem Begleiter einverleiben.

Wie wir gesehen haben, sind Doppel- oder Mehrfachsysteme alles andere als selten, und die Sterne darin durchlaufen grundsätzlich die gleiche Entwicklung wie ihre Einzelgänger-Verwandten. Da die beiden Sterne eines Doppelsternsystems in der Regel nicht mit der gleichen Masse ins Leben starten, tritt meist der schwerere der beiden zuerst ab. Er kann dabei durchaus zum Weißen Zwerg werden, während sein Kompagnon einigermaßen unbeeindruckt weiter vor sich hin fusioniert. Wenn sie einander allerdings nahe genug kommen oder sich der langlebigere der beiden am Ende seines eigenen Lebens aufbläht und Teile seiner Hülle fortbläst, kann der Weiße Zwerg seinem Begleiter Material stehlen, das dann auf den Weißen Zwerg fällt und ihn schwerer macht. Was auch passieren kann, ist, dass der Begleiterstern ebenfalls zum Weißen Zwerg wird und beide sich fortan umkreisen. Wenn dann ihre Umlaufbahn, etwa durch den nahen Vorbeiflug eines anderen Sterns, gestört wird, können sie kollidieren.

Bei einem Weißen Zwerg, der Materie einfängt, müssen wir sehr genau hinschauen, wie schwer er ist, denn es gibt eine Grenze, bei deren Überschreiten er eine gigantische Katastrophe auslöst. Wenn wir sehen, dass zwei Weiße Zwerge im Begriff sind zu kollidieren, sollten wir mit unserem Raumschiff sofort volle Pulle in die andere Richtung fliegen.

Ein Weißer Zwerg wird mit größerer Masse kurioserweise nicht größer, sondern kleiner. Die zusätzliche Masse drückt ihn stärker zusammen, und nur der quantenmechanische Entartungsdruck, den wir im vorangegangenen Kapitel kennengelernt haben, bewahrt ihn vor dem Zusammensturz. Doch selbst dieser exotische Effekt kann den Stern nur so lange stützen, wie seine Masse eine gewisse Grenze nicht überschreitet. Diese sogenannte »Chandrasekhar-Grenze« ist nach dem indischen Astrophysiker Subrahmanyan Chandrasekhar benannt, der in den 1930er Jahren schon als junger Mann wesentlich an ihrer Berechnung mitgewirkt hat. Seine zunächst umstrittene Vermutung stellte sich als zutreffend heraus: Mit mehr als rund 1,4 Sonnenmassen kann ein Weißer Zwerg nicht mehr existieren. Erreicht er diese Grenze durch einfallendes Material oder eine Kollision, so ist die Folge eine gewaltige Explosion, die »Supernova vom Typ Ia« genannt wird.

Wie dieses Ereignis genau abläuft, ist noch nicht geklärt, aber sicher ist, dass ein großer Teil des Kohlenstoffs, aus dem der Weiße Zwerg besteht, innerhalb weniger Sekunden zu schwereren Elementen fusioniert und dass dieser gewaltige Ausbruch von Fusionsenergie den Weißen Zwerg komplett zerreißt. Eine solche Supernova vom Typ Ia kann einige Tage lang so viel Energie abstrahlen, wie es – kein Scherz – 10 Milliarden Exemplare unserer Sonne täten. Mit ihrer unvorstellbaren Helligkeit gehören Supernovae vom Typ Ia zu den am weitesten sichtbaren Ereignissen im Universum, und noch in entfernten Galaxien können wir beobachten, wie einzelne Weiße Zwerge in solch einer Explosion zerstört werden. Würde Sirius B dieses Schicksal ereilen – wonach es allerdings nicht aussieht –, dann könnte das Licht seiner Explosion bei uns die Nacht zum Tag machen. Fast eine Woche lang wäre die Nacht auf der Erde so hell wie ein bewölkter Tag.

Solch eine Supernova vom Typ Ia stellt gewissermaßen eine verspätete Katastrophe am Ende eines Sternenlebens dar: Zunächst entsteht ein Weißer Zwerg, der für sich allein nur noch abkühlen würde. Doch wenn durch äußere Umstände weitere Materie auf ihn fällt, so kann der Weiße Zwerg auch viel später noch als Supernova vergehen. Deutlich schwerere Sterne werden hingegen am Ende ihres Lebens gar nicht erst zu einem Weißen Zwerg. Sie enden stattdessen direkt in einer gewaltigen Explosion, die »Kernkollaps-Supernova« genannt wird. Wie es dazu kommt, werden wir als Nächstes beobachten.

Schwere Sterne führen ein wesentlich schnelleres Leben als ihre leichten Verwandten. Sie haben mitunter schon nach ein paar Hundert Millionen Jahren den Wasserstoff in ihrem Kern erschöpft (zum Vergleich: Die Sonne hat eine Lebenserwartung von etwa zwölftausend Millionen Jahren). Doch einen entscheidenden Vorteil haben schwere Sterne an ihrem Lebensende, wenn sie mit mindestens zwei- bis dreimal so viel Masse ins Leben gestartet sind wie die Sonne: Ihnen steht mehr Gravitationsenergie zur Verfügung. Wenn sich der Kern des Sterns eines Tages wegen nachlassender Wasserstofffusion zusammenzieht, heizt diese zusätzliche Energie ihn deutlich stärker auf. So kann die Heliumfusion zünden, ohne dass der Kern vorher zu entarteter Materie zerdrückt wird. Das erspart ihm den Helium-Blitz, und der Kern durchläuft insgesamt einen weniger holprigen Übergang ins hohe Alter.

Allerdings ist mit der Hülle die Hölle los. Das Schalenbrennen der Wasserstofffusion um den Kern ist wegen der größeren Masse weitaus heftiger, so dass diese

Sterne noch auf den letzten Metern einen großen Teil ihrer Oberfläche einfach fortwehen können. Manche dieser Sterne plustern sich dabei so weit auf, dass sie auch »Überriesen« genannt werden. Die am weitesten ausgedehnten Überriesen sowie ihre noch massereicheren Verwandten namens »Hyperriesen« sind die größten bekannten Sterne des Universums. Überriesen können etwa den 1500 fachen Durchmesser der Sonne erreichen – das heißt, dass unsere Sonne eine Milliarde Mal in diese Sterne passen würde. Wenn die Sonne und einer der Sterne plötzlich die Plätze tauschten, so wäre selbst Jupiter auf seiner Umlaufbahn im Inneren dieses Giganten verschwunden. Doch der Begriff »aufgeplustert« ist angemessen, denn trotz ihrer enormen Größe sind sie nur etwa 50- bis 250-mal schwerer als die Sonne. Den dramatischen Unterschied in der Dichte zeigt ein Vergleich: Unsere eigene kleine Sonne wäre bei gleichmäßiger Verteilung der Masse etwa so dicht wie Honig – ein Riesenstern dagegen viele Tausend Mal dünner als Luft. Obwohl seine Materie im Schnitt so dünn ist, sollten wir keine Hoffnung haben, dass unser Raumschiff einen Abstecher in das Innere überstehen würde. Das enorm heiße Plasma und starke Magnetfelder würden uns den Garaus machen, so dass bei Sternen weiterhin gilt: Wir müssen draußen bleiben.

Solche Sterne, die mit etwa acht- bis zwölfmal so viel Masse wie die Sonne ins Leben gestartet sind, haben beim Erlöschen der Heliumfusion ein besonderes Ass im Ärmel. Wenn sich ihr kohlenstoffreicher Kern zusammenzieht, kann bei etwa 500 Millionen Grad die Fusion von Kohlenstoff zünden, während in zwei weiter außen gelegenen Schalen weiterhin Helium und Wasserstoff fusionieren. So kann der Stern seinen endgültigen Zusammensturz hinauszögern – wenn auch nicht wirklich lange. Ein Stern mit einer Lebenserwartung von rund zwölf Millionen Jahren, also eintausendmal kürzer als die unserer Sonne, verbringt wenige Tausend Jahre mit der Kohlenstofffusion. Rechnen wir seine Lebenserwartung wieder auf die Dauer eines Fußballspiels um, hat unser Stern mit der Kohlenstofffusion eine Nachspielzeit von einer Sekunde herausgeholt.

Netter Versuch, möchte man sagen! Ein wichtiger Grund dafür, dass diese letzte Runde der Fusion so kurz ist, sind Energieverluste durch Neutrinos. Diese enorm flüchtigen Teilchen entstehen im Kern und können ihn praktisch ungehindert verlassen, wobei sie Energie davontragen. Stellen Sie sich vor, Sie allein sollten für einen ganzen Kindergeburtstag Kekse backen. Die Kinder versuchen ständig, schon während des Backens die Zutaten zu naschen und die ersten fertigen Kekse zu klauen. Wenn die Zahl der Kinder überschaubar ist, können Sie die Zutaten trotz gelegentlicher Übergriffe durch die Kinder noch gut verarbeiten. Je größer aber der Kindergeburtstag wird, desto mehr kommt ihnen abhanden, ehe Sie überhaupt fertig sind. Ab einer gewissen Größe lohnt es sich schon gar nicht mehr, die Zutaten rauszuholen, weil alles sofort verputzt wird. So ergeht es auch unserem armen Sternenkern: Er produziert enorme Hitze in Fusionsreaktionen, doch die Neutrinos klauen diese Energie, tragen sie fort und verkürzen dadurch die Dauer der Fusion erheblich. In unserem Raumschiff, geparkt in der Nähe des Sterns, bekommen wir von diesen Neutrinos trotzdem nichts mit, weil sie unser Schiff unbemerkt durchdringen können.

Wenn wir die Vorgänge im Inneren von Sternen betrachten, begegnen uns ständig die verschiedensten chemischen Elemente. Bisher waren das vor allem Wasserstoff, Helium und Kohlenstoff, die wir auf der Erde von völlig verschiedenen Anwendungen kennen. In Kürze werden uns auch noch Neon, Sauerstoff und Eisen begegnen – ebenfalls sehr unterschiedliche Stoffe. Doch die uns vertraute Chemie spielt tief im Inneren eines Sterns praktisch keine Rolle. Ob Edelgase, Lebensbausteine oder Metalle: Wie sich Atome chemisch verhalten, ist vor allem durch den Aufbau ihrer Elektronenhülle bestimmt. Diese Hülle kann aber unter den enorm heißen Bedingungen im Kern eines Sterns nicht bestehen. Die verschiedenen Stoffe unterscheiden sich dort folglich nicht durch chemische Eigenschaften, wie wir sie kennen. Stattdessen sind das Gewicht und die elektrische Ladung ihres Atomkerns entscheidend. Wir können uns also merken: Im Kern eines Sterns sind alle chemischen Stoffe gleich und spielen nur noch nach den Regeln der Kernphysik. Was die bewirken, werden wir nun im Detail beobachten.

Unser Stern ist unterdessen noch lange nicht fertig mit seinen nuklearen Verzweiflungstaten. Wenn sich als Produkte der Kohlenstofffusion Neon und Sauerstoff im Kern angesammelt haben, zieht dieser sich bis zu einer Temperatur von ein bis zwei Milliarden Grad zusammen und zündet die Fusion von Neon und Sauerstoff. Das wichtigste Produkt dieser Reaktion ist Silizium. Doch schon nach einigen Monaten hat sich im Kern zu viel Silizium angesammelt. Raten Sie mal, was dann passiert. Genau, der Kern zieht sich zusammen und wird so heiß, dass bei zwei bis drei Milliarden Grad Silizium fusionieren kann. Welche Schonfrist schlägt der Kern durch die Siliziumfusion heraus? Nicht mehr als ein paar Tage. Das Innere des Sterns sieht nun aus wie das einer Zwiebel. Rund um das brennende Silizium befindet sich eine Schale aus Sauerstoff und Neon, darum bildet sich Kohlenstoff sowie eine weitere Schale mit Helium. Ganz außen läuft dann sogar noch die gute alte Wasserstofffusion ab.

Ganz im Inneren produziert die Siliziumfusion unter anderem Eisen – und da im Kern des Sterns nach den Regeln der Kernphysik gespielt wird, hört der Spaß bei Eisen endgültig auf. Klingt wie eine alte Handwerker-Weisheit, aber auch jeder Astrophysiker würde diese Aussage unterschreiben. Warum ausgerechnet Eisen? Die Antwort liegt darin, dass die Protonen und Neutronen im Atomkern von Eisen besonders effizient gepackt sind. Um das zu verstehen, denken wir zurück an das Bild, wonach wir beim Brötchenbacken Energie gewinnen, wenn wir kleine Teigklumpen zusammendrücken. Wir hatten diese Vorstellung benutzt, um nachzuvollziehen, wie bei der Fusion von Atomkernen des Wasserstoffs zu Helium Energie freigesetzt wird: Das Ergebnis ist leichter als seine Bausteine, und die fehlende Masse ist als Energie freigesetzt worden. Bei diesem Bild können wir sagen: Die Teigklumpen dürfen nicht zu groß werden, sonst wird keine Energie mehr frei, wenn wir sie zusammendrücken. Das ist auch in Ordnung, denn Brötchen von der Größe einer Wassermelone kann niemand gebrauchen.

In der Kernphysik wird diese Grenze die »maximale Bindungsenergie pro Nukleon« genannt. Leichtere Atomkerne können so lange mit Energiegewinn fusioniert werden, bis das Ergebnis so schwer ist wie bestimmte Varianten von Eisen und Nickel, die aus jeweils ungefähr 30 Protonen und 30 Neutronen bestehen. Das Erzeugen von noch schwereren Atomkernen kann keine Energie freisetzen, sondern erfordert, dass zusätzliche Energie in die Reaktion hineingesteckt wird. Davon hat ein Stern aber nichts, wenn wir bedenken, dass seine Existenz als Stern davon abhängt, dass im Kern Energie freigesetzt wird, um der Schwerkraft entgegenzuwirken.

Deshalb hat der Stern einen sehr, sehr schlechten Tag, wenn nach weniger als einer Woche der Siliziumfusion das Eisen im Kern überwiegt. Er müsste weiter Energie freisetzen, was das Zeug hält, um nicht unter seiner eigenen Schwerkraft zusammenzustürzen, doch es steht ihm keine Energiequelle mehr zur Verfügung. Er steht deshalb kurz davor, als Kernkollaps-Supernova zu enden. Das klingt unangenehm, und das ist es auch. Da wir von außen nur auf die Hülle des Sterns schauen, können wir ihm nicht unbedingt ansehen, wann es in seinem Kern so weit ist. Wir sollten deshalb, wie schon zuvor bei Weißen Zwergen in einem Doppelsternsystem, bereit sein, mit unserem Raumschiff schleunigst Land zu gewinnen (oder sagen wir: Raum zu gewinnen).

In der Astronomie hat man noch lange nicht völlig verstanden, was bei Supernovae genau passiert. Das liegt vor allem daran, dass wir die Bedingungen im Inneren eines Sterns nur schwer erforschen können. Im Labor lassen sie sich schlecht nachstellen, und im Universum sind wir darauf beschränkt, den Ablauf und das Resultat der Ereignisse aus der Ferne zu betrachten. Selbst Computersimulationen können uns noch kein vollständiges Bild liefern. Denn zum einen sind nicht alle Details der Reaktionen ausreichend bekannt, um sie eindeutig zu einem realistischen Programm zusammenzufügen, und zum anderen stoßen tatsächlich selbst die Supercomputer, die der Wissenschaft zur Verfügung stehen, aufgrund der Komplexität des Problems an ihre Grenzen. Schauen wir uns also im groben Überblick an, was dem Stern bei seinem Kernkollaps nun blüht – ohne Gewähr für die Richtigkeit aller Einzelheiten.

Wie schon zuvor verliert der immer eisenhaltigere Kern ständig Energie durch Neutrinos, die ihm entkommen. Außerdem kann starke elektromagnetische Strahlung einige seiner Atomkerne spalten, was ihm ebenfalls Energie raubt. Früher oder später wird der Kern nur noch durch den Effekt der Quantenmechanik gestützt, die wir schon im Inneren von Weißen Zwergen als »Entartungsdruck der Elektronen« kennengelernt hatten. Doch zu allem Überfluss können sich diese Elektronen unter dem gigantischen Druck zum Teil mit Protonen vereinigen und dabei verschwinden. Zurück bleiben nur Neutronen und wieder einmal Neutrinos. Das ist sehr schlecht für den Kern, denn nur der Entartungsdruck der Elektronen hatte ihn gegen seine eigene enorme Schwerkraft gestützt. Was passiert nun, wenn dieser Entartungsdruck wegbricht? Der Kern schrumpft, und zwar in einem beinahe unfassbaren Maße. Der Zusammenbruch dauert weniger als eine Sekunde, und das Material des Kerns – schwerer als die Sonne! – stürzt mit einer Geschwindigkeit von etlichen Zehntausend Kilometern pro Sekunde auf sein endgültiges Ausmaß zusammen, dessen Durchmesser irgendwo zwischen 20 und 30 Kilometern liegen dürfte.

Der Zusammensturz des Kerns bricht abrupt ab, sobald er seine neue, endgültige Größe erreicht, und so prasselt die ganze Materie innerhalb von Sekundenbruchteilen auf eine Kugel, die keinen Deut nachgibt. Das Resultat ist eine Stoßwelle, die dem übrigen von oben herabregnenden Material des Sterns entgegenschlägt. Eine wesentliche Rolle spielt hier aber nicht nur die Wucht der Bewegung, sondern auch ein Prozess der Teilchenphysik, der sich im Inneren des zusammenstürzenden Kerns abspielt. Wie schon eben, kurz vor dem Zusammensturz, vereinigen sich dort Elektronen mit Protonen, wodurch Neutronen und Neutrinos entstehen – nun allerdings in atemberaubender Geschwindigkeit. Diese »Neutronisierung« setzt eine dermaßen große Menge an Neutrinos frei, dass es den Stern komplett zerreißt. Die Kernkollaps-Supernova ist perfekt und unser Stern Geschichte.

Man kann gar nicht genug betonen, wie hanebüchen es klingt, dass Neutrinos – ausgerechnet Neutrinos! – den Stern zerstören, denn sie zählen in jeder Hinsicht zu den harmlosesten und unauffälligsten aller Elementarteilchen. Als der Stern noch dabei war, Elemente in seinem Kern zu fusionieren, haben sie sogar unser Raumschiff völlig folgenlos in großer Zahl durchquert. Dass Neutrinos auch nur irgendetwas bewegt haben sollen, klingt so absurd, als würde Ihnen jemand erzählen, dass er sich an einer Seifenblase das Bein gebrochen oder dass eine Kollision mit einer Pusteblume sein Auto demoliert hat.

Wir haben Neutrinos erstmals kennengelernt, als sie die Fusionsreaktionen im Inneren der Sonne verraten haben. Diese Neutrinos durchqueren ständig in phantastisch hoher Zahl die Erde und alles, was sich auf der Erde befindet. Erinnern wir uns daran, dass Forscher ein über 600 Tonnen schweres Experiment gebaut haben, das von Milliarden und Abermilliarden Neutrinos pro Sekunde durchströmt wurde – nur um hinterher die Reaktionen von etwa vier Stück pro Jahr nachzuweisen. Und ausgerechnet diese Teilchen, die völlig unbeeindruckt durch die ganze Erde samt Menschheit fliegen können, sollen dafür verantwortlich sein, einen Stern zu zerreißen? Ganz ehrlich: Das ist eine dieser Tatsachen, an die man sich selbst als Physiker erst gewöhnen muss, denn so richtig in den Kopf geht es einem niemals.

Von allen Neutrinos, die während des Kernkollapses entstehen, sind es nur etwa zehn Prozent, die den Stern zerfetzen. Der Rest entkommt ungehindert und breitet sich im Universum aus. Es sind unvorstellbar viele – immerhin hat ein bloßes Zehntel von ihnen gerade einen Stern kaltgemacht! Diese aus einer Supernova entkommenen Neutrinos können sich sogar noch an weit entfernten Orten bemerkbar machen, etwa bei uns auf der Erde. Es wäre sogar von unschätzbarem Wert, eine Supernova aufleuchten zu sehen und zugleich ihre

Neutrinos zu messen – etliche Vorhersagen und Vermutungen der Astrophysik, Kernphysik und Teilchenphysik ließen sich auf einen Streich überprüfen. Je näher eine solche Supernova der Erde ist, desto höher sind unsere Chancen, tatsächlich Neutrinos mit unseren Experimenten aufzufangen.

Kernkollaps-Supernovae werden in die Typen Ib, Ic und II eingeteilt. Das System richtet sich nach den Signalen, die wir von den Supernovae beobachten: Welche Atome haben Spuren im Spektrum des Lichts hinterlassen, leuchten sie kurz oder lang, und wie verändert sich ihre Helligkeit mit der Zeit? Das scheint weniger nützlich als eine Einteilung danach, was tatsächlich passiert ist – aber das ist schlicht noch nicht genau bekannt. Die Art von Explosion, die wir eben beobachtet haben, dürfte unter den Typ II fallen, der sich durch Wasserstoff-Spektrallinien auszeichnet. Typ Ia haben wir schon als verspätete Explosion eines Weißen Zwergs kennengelernt – sie verrät sich durch Signale von Silizium. Die Typen Ib und Ic werden dagegen sogenannten »Wolf-Rayet-Sternen« zugeschrieben, die schon lange vor ihrer Explosion ihre äußeren Hüllen aus Wasserstoff und Helium fortgeblasen haben, weshalb diese Atome kaum im Spektrum auszumachen sind.

Die letzten gut messbaren Supernovae in der Nähe der Erde sind leider schon sehr lange her: Sie fanden in den Jahren 1572 und 1604 statt und wurden nach den großen europäischen Astronomen Tycho Brahe und

Johannes Kepler benannt, die sie jeweils höchstpersönlich beobachtet haben. Aufzeichnungen existieren aber auch aus anderen Kulturkreisen, vor allem aus China. Die Sternexplosionen ereigneten sich, wie man viel später bestimmen konnte, in der näheren Nachbarschaft unserer Milchstraße. Beide Supernovae waren außerordentlich helle Erscheinungen am Himmel: Sie bildeten jeweils wochenlang den hellsten Stern am Nachthimmel und waren sogar am Tag zu sehen. Die bemerkenswertesten Supernovae, über die es zuverlässige Aufzeichnungen gibt, ereigneten sich in noch größerer Nähe rund 500 Jahre früher, nämlich 1006 und 1054. Übereinstimmende zeitgenössische Berichte sind vor allem aus China und der arabischen Welt überliefert. Die Supernova von 1006 soll so hell gewesen sein, dass sie nachts Schatten geworfen hat wie das Mondlicht. Forscher haben sogar chemische Spuren gefunden, die solche Explosionen auf der Erde hinterlassen haben. Zum einen beeinflusst nämlich die starke Strahlung die Zusammensetzung der Atome in der Erdatmosphäre, und zum anderen können seltene Atomkerne wie etwa schwere Varianten von Eisen aus nahen Supernovae zur Erde gelangen. Im ewigen Eis des Südpols, aber auch am Meeresgrund hinterlassen diese Ereignisse dann chemische Spuren, die Forscher heute mit Hilfe von Bohrungen finden können.

Doch als die ersten Ideen von der Teilchenphysik in der Wissenschaft Einzug hielten, lagen all diese Ereignisse schon Jahrhunderte zurück. Brahe und Kepler waren wichtige Astronomen und haben ganze Bücher über ihre Beobachtungen geschrieben, doch natürlich konnten sie nichts von den beteiligten Kernreaktionen und Elementarteilchen wissen. Es war erst in den 1960er Jahren erstmals gelungen, Neutrinos aus dem All, genauer gesagt von der Sonne, zuverlässig nachzuweisen. Seitdem hatte man sehnsüchtig auf eine Gelegenheit gewartet, auch Neutrinos messen zu können, die sich eindeutig einer anderen Quelle zuordnen ließen – etwa einer Supernova.

Und dann, im Februar 1987, stand mit einem Mal die ganze Welt der Astronomie und Astrophysik kopf. Was passiert war, ist besonders rührend in Form eines Fax überliefert, das der amerikanische Physiker Sidney Bludman an seinen Kollegen Eugene Beier in Japan schickte. Beier arbeitete dort am damals größten Neutrino-Experiment der Welt namens »Kamiokande-II«:

Sensationelle Neuigkeiten! Vor 4–7 Tagen ist in der Großen Magellanschen Wolke eine Supernova losgegangen, 50 Kiloparsec entfernt. Jetzt mit [einer Helligkeit von] Magnitude 4~5 sichtbar, wird maximale Magnitude (–1~0) in einer Woche erreichen. Könnt ihr sie sehen? Darauf warten wir seit 350 Jahren![*]

---

[*] Zitat aus: »Supernova 1987A«, Artikel im Symmetry Magazine vom 1.2.2006: www.symmetrymagazine.org/article/february-2006/supernova-1987a (eigene Übersetzung)

Eine mit bloßem Auge sichtbare Supernova in einer Nachbargalaxie – und die Chance, dass gleich mehrere moderne Neutrino-Experimente ihr Signal aufgezeichnet haben könnten! Weite Teile der physikalischen Welt waren in heller Aufregung. Und tatsächlich war es unter anderem Kamiokande-II gelungen, einen ganzen Schwung Neutrinos zu registrieren, die zweifelsfrei mit der Supernova in Verbindung standen. Erinnern wir uns daran, dass das knapp 30 Jahre zuvor gestartete Homestake-Experiment mit über 600 Tonnen Chlor eine Handvoll Sonnen-Neutrinos pro Jahr detektieren konnte. Kamiokande-II arbeitete im Jahr 1987 mit mehreren Tausend Tonnen reinsten Wassers und 1000 Kameras – und das Ergebnis war eine handfeste Sensation: Es hatte elf Neutrinos auf einmal gemessen. Elf Stück! Dieses Resultat, zusammen mit den Messungen anderer Instrumente, war sogar der erste zweifelsfreie Nachweis von Neutrinos aus dem Universum jenseits unserer eigenen Sonne.

Auch das genaue Timing der Ereignisse war aufschlussreich. Die Neutrinos hatten die Erde zwei bis drei Stunden vor dem sichtbaren Licht erreicht. Das interpretierte die Physik allerdings nicht als Verletzung der »Höchstgeschwindigkeit« des Lichts, sondern als Hinweis darauf, wie die Supernova genau abläuft: Die Neutrinos entstehen, zerreißen den Kern und entkommen ins Universum, bevor dessen Ausbruch aus seinem Inneren die weiter außen liegenden

Schichten des Sterns zerreißt und ihn hell aufleuchten lässt.

Seit diesem Ereignis mit der Bezeichnung »1987A« wartet die physikalische Welt wieder. Statistisch gesehen ist die nächste große Supernova in unserer Nähe längst überfällig und könnte jeden Augenblick passieren. Mit Beteigeuze, dem Stern an der linken Schulter des Sternbilds Orion, ist sogar ein Kandidat bekannt, der »demnächst« (also in den kommenden Jahrtausenden) direkt vor unserer Haustür losgehen könnte. Inzwischen haben wir auch eine ganze Reihe großartiger Instrumente, um eine nahe Supernova zu beobachten, unter anderem den gigantischen Neutrino-Detektor »IceCube« am Südpol, der mit über 5000 Kameras einen ganzen Kubikkilometer des ewigen Eises als Detektormaterial nutzt. Dazu kommen natürlich die vielen Teleskope und Weltraumteleskope, die innerhalb kürzester Zeit fast jeden Punkt am Himmel beobachten können.

Die wichtigsten Neutrino-Experimente der Welt sind heute sogar zu einem weltweiten »Supernova-Frühwarnsystem« zusammengeschlossen. Der Name des Systems lautet *Supernova Early Warning System* und wird als *SNEWS* abgekürzt. Das spricht man »snuus« aus, wie das Wort »snooze« am Wecker, mit dem man sich ein paar Minuten Aufschub vor dem Aufstehen erschleicht. Die Anspielung hat damit zu tun, dass uns die Neutrinos einer Supernova noch vor dem Licht erreichen und wir somit eine kurze Schonfrist haben, um möglichst viele Teleskope bereitzumachen. Dieser verspielte Name ist das Ergebnis einer Umfrage, zu der Dutzende Vorschläge aus aller Welt eingegangen waren – was soll ich sagen, Physiker lieben Wortspiele. All die Vorbereitung könnte sich aber tatsächlich auszahlen, denn Berechnungen belegen eindeutig, dass die nächste nahe Supernova jeden Augenblick losgehen könnte. Ich persönlich konnte im Februar 1987 meine Hände noch nicht von meinen Füßen unterscheiden und mich folglich auch noch nicht für eine Supernova begeistern. Aber eines Tages selbst mal einen solchen »neuen Stern« zu sehen, der wochenlang die Nacht erleuchtet wie der Mond oder sogar tagsüber am Himmel erscheint – das ist einer meiner größten Träume.

Doch was bedeuten Supernova-Explosionen für uns alle, abgesehen von einigen hibbeligen Astronomen? Mehr, als man denkt, denn sie könnten der Schlüssel zur Herkunft aller schweren Elemente im Universum sein. Wir gehen heute davon aus, dass es ganz zu Beginn des Universums überhaupt nur drei Elemente gab: Wasserstoff (sehr viel), Helium (auch recht viel) und Lithium (ganz wenig). Daraus kann aber keine komplexe Chemie entstehen, wie die, die etwa das Leben auf der Erde ermöglicht – dafür braucht es schwere Elemente. Alle Elemente, die schwerer als Helium oder Lithium sind, nennen Astrophysiker »Metalle« – sehr zur Irritation aller anderen Physiker und der

Chemiker. Die Entstehung der Metalle wird »Nukleosynthese« genannt, was so viel bedeutet wie »Herstellung der Atomkerne«. Ihre Geschichte beginnt damit, dass sich aus den leichten Elementen des frühen Universums die ersten Sterne bildeten. In ihnen wurden Kohlenstoff, Sauerstoff, Silizium und andere Elemente in Fusionsreaktionen erzeugt, die sich in späteren Sternen nach und nach anreicherten, nachdem sie etwa durch Explosionen oder Sternwinde im Universum verteilt worden waren. Die ersten Sterne waren demnach so gut wie frei von Metallen. Sie werden nach einem – wie sollte es anders sein – historischen, heute irritierenden Namensschema als »Population III« bezeichnet. Ihnen folgten Sterngenerationen mit allmählich größerem Metallgehalt (»Population II«) und schließlich die jungen Sterne wie unsere Sonne als Teil der »Population I«. Die Sonne hat eine sogenannte Metallizität von eineinhalb bis zwei Prozent, was bedeutet, dass etwa ein Fünfzigstel ihrer Masse nicht in Form von Wasserstoff- oder Heliumatomen vorliegt. Sterne, die heute neu entstehen, können sogar schon eine Metallizität von bis zu fünf Prozent haben.

Doch für alle Elemente, die schwerer als Eisen sind, kann nicht die allmähliche Fusion im Inneren von Sternen verantwortlich sein. Mit dem Erzeugen dieser besonders schweren Elemente kann, wie wir gesehen haben, keine Energie freigesetzt werden. Es wird deshalb vermutet, dass sie entstehen, wenn Atomkerne mit großer Gewalt zusammengepresst werden – und dafür kommen vor allem Supernova-Explosionen in Frage. Während wir also in unserem Raumschiff aus sicherer Entfernung (mit einer Schutzbrille) eine Supernova bewundern, sehen wir auch einigen schweren Atomkernen beim Entstehen zu, die fortan das Universum anreichern werden. Seit wenigen Jahren gibt es außerdem die Theorie, dass die allerschwersten Elemente wie etwa Gold, Blei oder Uran gar nicht hauptsächlich in Supernovae, sondern vor allem bei Kollisionen ihrer Überreste, der sogenannten Neutronensterne, entstehen. Die Theorie hat vergleichsweise viel Aufsehen erregt, weil Menschen immer gern über Gold sprechen. Ob sie sich durchsetzen kann, ist allerdings noch offen.

Für uns Menschen heißt das alles vor allem: Fast jedes der größeren Atome um uns herum, vom Sauerstoff in der Erdatmosphäre über das Calcium in unseren Knochen bis hin zu den Metallen in unseren Elektrogeräten, ist irgendwann einmal in einem Stern entstanden. Die schwersten von ihnen müssen sogar in gigantischen kosmischen Katastrophen entstanden sein. Und nicht nur die Prominenz unter den schweren Elementen wie Blei, Gold oder Uran, sondern auch Spurenelemente wie Zink oder Jod, die sich in unserem Körper finden, stammen aus Sternexplosionen. Aber damit nicht genug: Der größte Teil unseres menschlichen Körpers besteht aus Wasser. Jedes Wassermolekül besteht wiederum aus einem Atom Sauerstoff und zwei

Atomen Wasserstoff. Und all dieser Wasserstoff stammt wahrscheinlich direkt aus der sogenannten »primordialen Nukleosynthese« – den Teilchen, die als direkte Folge des Urknalls entstanden sind und das Universum nahezu von Anfang an ausfüllten. Sie und ich bestehen also größtenteils aus dem Stoff des Urknalls und darüber hinaus im Wesentlichen aus Materie, die im Inneren von Sternen erzeugt wurde. Nicht schlecht, oder?

Neutronensterne:
Schwungvoll ins hohe Alter

Wir haben nun das spektakuläre Lebensende von Sternen und seine Bedeutung besprochen. Kommen wir jetzt zu dem, was von so einer Explosion übrig bleibt. Danach kann es nämlich noch einmal ausgesprochen lebhaft zugehen, und ein großer Teil der Astrophysik beschäftigt sich mit Phänomenen, die mit dem Ende eines Sterns erst beginnen.

Was die Weißen Zwerge angeht, die in Supernovae vom Typ Ia hochgehen, ist die Geschichte allerdings schnell erzählt: Sie sind hinterher komplett verschwunden. Kernkollaps-Supernovae können dagegen sehr wohl etwas hinterlassen, nämlich eine 20 bis 30 Kilometer große Kugel von mehr als einer Sonnenmasse, die wir zuletzt im Inneren des Sterns angetroffen haben. Sie war gerade damit beschäftigt, unter ihrer Schwerkraft innerhalb von Millisekunden um das Fünfhundertfache zu schrumpfen und dabei genügend Neutrinos auszusenden, um den restlichen Stern zu zerfetzen.

Nachdem der Stern also in seinen Einzelteilen davongeflogen ist, bleibt einzig dessen Kern übrig und tritt das Erbe des Sterns an. Der ausgebrannte und zusammengestürzte Sternenkern besteht fast nur noch aus Neutronen und wird deshalb auch »Neutronenstern« genannt. Die Dichte eines Neutronensterns ist schwindelerregend: Er hat mehr Masse als unsere Sonne, aber nur den Durchmesser einer größeren Stadt auf der Erde. Die Masse unserer gesamten Erde, zusammengepresst zu einem Neutronenstern, hätte gerade mal das Volumen eines mittelgroßen Baggersees. Was Neutronensterne gegen ihre eigene Schwerkraft stützt, ist keine Fusionsreaktion, denn die ist mit dem Stern erloschen. Es ist der quantenmechanische Entartungsdruck der Neutronen selbst, denn der Neutronenstern ist ähnlich dicht gepackt wie die Protonen und Neutronen in einem Atomkern. Wir haben es beim Neutronenstern salopp gesagt mit einem 20 Kilometer großen Atomkern zu tun, überzogen mit einer nur dünnen Kruste aus normaler Materie, die nicht bloß aus Neutronen besteht. Mit unserem Raumschiff müssen wir vorsichtig sein, denn in der Nähe eines so kleinen Objekts mit einer so großen Masse wirkt die Schwerkraft besonders stark – halten wir also lieber einen gehörigen Abstand, während wir diese kuriose Erscheinung bewundern und die Geschichte ihrer Entdeckung kennenlernen.

Astrophysiker hatten zwar schon in den 1930er Jahren die Existenz von Neutronensternen vermutet, doch wie man sie entdecken könnte, blieb ein Rätsel. Da sie ihre Existenz als sehr heiße Objekte beginnen, können sie durchaus noch von sich aus leuchten, auch wenn sie selbst keine Energie mehr produzieren. Trotzdem wären sie definitiv zu klein und damit zu leuchtschwach, als dass wir ihr Licht noch auf der Erde empfangen könnten. Doch in den 1960er Jahren begann die Astronomie, Radiostrahlung aus dem All einzufangen, und damit stand das richtige Werkzeug bereit. Die Entdeckung des ersten Neutronensterns wird der Astrophysikerin Jocelyn Bell-Burnell zugeschrieben, die in den Aufzeichnungen einer neuen Radioantenne ein ungewöhnliches Signal entdeckte.

Etwa alle 1,3 Sekunden wurde aus einer bestimmten Richtung ein Radiopuls empfangen – und zwar mit einer solchen Regelmäßigkeit, dass kein damals bekanntes astronomisches Objekt als Quelle in Frage kam. Doch Jocelyn Bell-Burnell konnte mit großer Sorgfalt technische Störungen oder menschengemachte Signale ausschließen und gelangte so zu der Überzeugung, dass das Signal tatsächlich aus dem All kommen musste. Die Verwunderung über die Entdeckung war so groß, dass das Objekt in ihrer Forschungsgruppe den Spitznamen »LGM-1« für »Little Green Men« (also »Kleine Grüne Männchen«) bekam. Es war zwar niemand ernsthaft davon überzeugt, dass eine außerirdische Zivilisation hinter dem Signal steckte, doch der Mangel an anderen physikalisch plausiblen Erklärungen ließ den Gedanken gelegentlich aufkommen. Erst als Jocelyn Bell-Burnell wenig später eine zweite solche Quelle entdeckte, waren alle Zweifel ausgeräumt, und ihr wurde klar, dass es sich um ein sehr außergewöhnliches, aber natürliches Objekt handeln musste.

Was waren es also für Signale, die Jocelyn Bell-Burnell entdeckt hatte? Wie so schnelle und regelmäßige Radiopulse entstehen können, nachdem ein Stern zusammengestürzt ist, besprechen wir am besten am Beispiel eines Bürostuhls. Wenn Sie sich auf einen solchen Stuhl setzen und sich drehen, können Sie die Geschwindigkeit bis zu einem gewissen Grad steuern. Wenn Sie zum Beispiel Arme und Beine ausstrecken, wird Ihre Drehung langsamer, ziehen Sie Ihre Gliedmaßen hingegen ein, werden Sie schneller. Beim Ausstrecken oder Einziehen von Armen und Beinen verringern oder vergrößern Sie Ihr sogenanntes »Trägheitsmoment«. Dank eines physikalischen Gesetzes namens »Drehimpulserhaltung« vergrößert oder verkleinert sich Ihre Rotationsfrequenz – aber der Versuch macht auch Spaß, wenn man sich die Begriffe nicht merkt.

Das Prinzip der Drehimpulserhaltung gilt auch für Sterne. Es gilt sogar schon für die Teilchen der Staubwolken, aus denen sich Sterne bilden, so dass alle Sterne mit einem gewissen Drehimpuls in ihr Leben starten. Wie wir gesehen haben, sorgen verschiedene Vorgänge dafür, dass das Innere eines Sterns gegen Ende seines Lebens zusammenschrumpft – der Stern zieht gewissermaßen die Arme ein. Und tatsächlich wird dadurch auch seine Drehung schneller, wie wir es selbst auf einem Bürostuhl erleben können. Und da ein Neutronenstern enorm viel kleiner ist als sein Vorgängerstern, dreht er sich auch enorm viel schneller.

Zum Vergleich: Unsere Sonne dreht sich grob gesagt einmal im Monat um sich selbst. Würde sie auf die Größe der Erde zusammenschrumpfen, brauchte sie für eine Umdrehung schon nur noch wenige Minuten. Bei der Größe eines typischen Neutronensterns – auch wenn unsere Sonne zu leicht ist, um tatsächlich so zu enden – würde sie sich mehr als eintausendmal pro Sekunde drehen! Ein ähnliches Erhaltungsgesetz gilt auch für Magnetfelder. Das relativ schwache Magnetfeld, das die meisten Sterne über ihre ganze Oberfläche verteilt haben, wird viel stärker, wenn der Stern schrumpft und sich seine Oberfläche dabei stark verkleinert.

In diesem extrem starken Magnetfeld der Neutronensterne liegt der Schlüssel für die Radiopulse, die Funksignalen gleichen und die wir selbst auf der Erde noch empfangen können. Die Neutronensterne, die sie verursachen, werden deshalb auch »Pulsare« genannt. Darüber, wie diese Pulse genau entstehen, sind sich Astrophysiker noch lange nicht einig. Das liegt auch daran, dass wir so extreme Bedingungen wie auf der Oberfläche eines Neutronensterns nicht in Experimenten auf der Erde nachstellen können. Es ist aktuellen Theorien zufolge wahrscheinlich, dass in der Nähe eines Neutronensterns ständig Teilchen aus energiereichen Photonen entstehen, die dann ihrerseits wieder energiereiche Photonen abgeben, aus denen weitere Teilchen entstehen können. Abgelenkt durch die starken Magnetfelder werden die geladenen Teilchen dazu angeregt, Strahlung abzugeben – wie zum Beispiel Radiostrahlung, die wir auf der Erde messen.

Auch wenn die Einzelheiten noch unklar sind, können wir uns mit einem einfachen Bild anschaulich machen, wie das Ganze räumlich aussieht. Stellen wir uns vor, der Neutronenstern wäre ein Apfel, der am Stiel hängend gedreht wird. Wir verpassen dem Apfel eine schiefe Magnetfeldachse, indem wir einen langen Holzspieß hindurchstechen. Er geht durch das Kerngehäuse, wurde aber ein Stück neben dem Stiel angesetzt. Wenn sich der Apfel jetzt wieder um den Stiel dreht, dann eiert diese Magnetachse kegelförmig durch den Raum. Befestigen wir an den Enden des Holzspießes nun kleine LED-Lämpchen, die einen Lichtstrahl nach vorn werfen. Wenn wir dann – jetzt wird es spannend! – das Licht ausmachen und den Apfel wieder rotieren lassen, werfen die Lichtkegel der Lämpchen am Spieß jeweils einen Kreis auf Fußboden und Decke. Wenn wir das Ganze auch noch nachts im Hof eines Hauses ausprobieren und jemand in einem der oberen Stockwerke am Fenster steht, was könnte diese Person dann sehen?

Wenn der Blickwinkel stimmt, blitzt das Licht unseren Betrachter bei jeder Umdrehung einmal direkt an.

Dreht der Apfel sich zusätzlich noch schön gleichmäßig, dann sieht der Beobachter ein regelmäßiges Blinken wie von einem Leuchtturm – und genau das beobachten wir bei Pulsaren im All auch. Weil sich die Sterne im Universum um mehr oder weniger zufällige Achsen im Raum drehen, müssen wir aber davon ausgehen, dass es auch viele Pulsare gibt, die an uns vorbeiblitzen und deren Signale wir deswegen nicht messen können.

Abbildung 4: Ein Apfel dreht sich um seinen Stiel, und an einem Stäbchen schräg zur Drehachse sind Lämpchen befestigt. Aus dem richtigen Blickwinkel ist in der Ferne ein regelmäßiges Blitzen zu sehen.

Sieben Jahre nach den ersten Messungen wurde die Entdeckung der Pulsare mit dem Nobelpreis geehrt. Die Auszeichnung ging an Professor Antony Hewish, den Leiter von Jocelyn Bell-Burnells Forschungsgruppe. Dass sie selbst leer ausging, wurde damals von manchen prominenten Astrophysikern als Ungerechtigkeit empfunden, doch sie selbst verteidigte zunächst die Verleihung von Preisen an wissenschaftliche Gruppenleiter.[*] Nach einer bewegten und erfolgreichen Karriere in der Astrophysik und mehreren hohen Auszeichnungen zog Jocelyn Bell-Burnell 25 Jahre später allerdings ein kämpferisches Resümee zur Position von Frauen auf ihrem Gebiet:

Ich glaube nicht mehr, dass es für die Zukunft der richtige Weg ist, Frauen mutiger, durchsetzungsstärker und »mehr wie Männer« zu machen. Frauen sollten nicht allein die Last der Anpassung tragen. Es ist Zeit, dass die Gesellschaft auf Frauen zugeht, und nicht umgekehrt. [...] Heute gibt es mehr Frauen in der Astronomie als zu meiner Doktorandenzeit 1967, und die Gesellschaft hat sich an ihre intellektuelle Präsenz gewöhnt. Frauen bewegen die Gesellschaft auf sich zu, und aus der Gewohnheit wird Akzeptanz erwachsen. Ich hoffe, dass jüngere Frauen das Gebiet immer offener und einladender vor-

---

[*] Jane Gregory: »Fred Hoyle's Universe«, Oxford University Press, ISBN 0-19-850791-7, 2005, S. 279

finden und dass ihre Leistungen bereitwillig anerkannt werden.[*]

Der allererste Pulsar, der 1967 von Jocelyn Bell-Burnell gefunden wurde, trägt den charmanten Namen »PSR B1919+21«, und wir empfangen etwa alle 1,3 Sekunden einen Radiopuls von ihm. Obwohl der Pulsar im Vergleich zu Sternen geradezu winzig ist, klingt es doch bizarr, dass etwas 20 Kilometer Großes sich in weniger als eineinhalb Sekunden ganz um sich selbst drehen soll. Die Umdrehungsperiode ist übrigens sehr genau bekannt, was in der Astronomie und Astrophysik ausgesprochen selten vorkommt: Sie beträgt 1,337303 Sekunden. Ihre Messung wurde lange Zeit dadurch erschwert, dass der Pulsar sogar genauer ging als die Uhren der Wissenschaftler. Aber inzwischen wissen wir, dass sich die Umdrehungsperiode des Pulsars doch verändert, wenn auch nur extrem langsam: Etwa alle 25 Jahre vergrößert sie sich um 0,000001 Sekunde. Das heißt, dass der Pulsar zum Zeitpunkt seiner Entdeckung durch Jocelyn Bell-Burnell nicht wie heute 1,337303 Sekunden, sondern nur 1,337301 Sekunden für eine Umdrehung brauchte.

Das klingt nach Pillepalle, aber in der Astrophysik müssen wir immer Zeiträume von Millionen und Mil-

---

[*] Zitat aus: Jocelyn Bell Burnell: »So Few Pulsars, So Few Females«, Science, 2004, DOI: 10.1126/science.304.5670.489 (eigene Übersetzung)

liarden Jahren im Blick haben: Dann wird der Pulsar nämlich doch merklich langsamer. In 33 Millionen Jahren wird er sich nur noch halb so schnell drehen, und in eineinhalb Milliarden Jahren braucht er schon eine ganze Minute für eine Umdrehung. Die Ursache dafür, dass er sich verlangsamt, ist auch der Grund, warum wir den Pulsar überhaupt entdecken können: Es kostet ihn Energie, durch sein Magnetfeld Teilchen zum Strahlen anzuregen und Signale auszusenden, und diese Energie wird seiner Drehung entzogen.

Der vielleicht berühmteste aller Pulsare, den wir nun eingehend kennenlernen wollen, ist vom gleichen Typ wie Jocelyn Bell-Burnells »LGM-1«. Er ist in Katalogen unter der Bezeichnung »PSR J0534+2200« zu finden, doch wegen seiner Lage und seiner auffälligen Umgebung ist er besser als »Krebspulsar« bekannt. Er liegt im Zentrum des sogenannten »Krebsnebels«, einer riesigen, feingliedrigen, leuchtenden Wolke, die einer Krabbe ähnlich sehen soll. Der Krebsnebel ist ein Überrest einer Supernova-Explosion, in der auch unser Pulsar entstanden ist. Egal, ob man ein Foto des Krebsnebels, seine Infrarotstrahlung, eine Röntgenaufnahme oder ein zusammengesetztes Bild sieht: Er ist spektakulär und wunderschön anzuschauen. Mit unserem Raumschiff könnten wir endlos durch seine verschlungenen, leuchtenden Wolken flitzen – solange wir uns davor in Acht nehmen, zu nah an den stark strahlenden Pulsar zu kommen.

Mit seiner Rotationsperiode von 33 Millisekunden ist der Krebspulsar atemberaubend schnell, er dreht sich 30-mal pro Sekunde um sich selbst. Wenn man sein Aufblitzen als Tonsignal aufzeichnet, hört sich das Ergebnis an wie ein Presslufthammer. Da die von ihm ausgesendete Strahlung auch sichtbares Licht enthält, kann man sein Aufblitzen sogar sehen, wenn man mit einem Teleskop eine Zeitlupenaufnahme macht. Der Grund für seine schnelle Drehung ist offenbar, dass der Krebspulsar noch sehr jung ist und deshalb seit seinem Entstehen kaum an Schwung verloren hat. Der leuchtende Krebsnebel um ihn herum ist ein weiterer Hinweis auf sein junges Alter. Die Sternexplosion, die diesen Nebel hinterlassen hat, kann noch nicht allzu lange her sein, sonst wäre er schon erloschen und davongeweht worden. Durch gewissenhafte Messung seiner Ausdehnung kann man sein Alter auf einige Hundert Jahre eingrenzen – in der Astrophysik nur ein Wimpernschlag.

Jetzt wird es abgefahren, denn wir können diese Vermutung sogar belegen: Das errechnete Alter des Krebsnebels und seine Position am Himmel stimmen hervorragend mit den Aufzeichnungen der Supernova aus dem Jahr 1054 überein. Ist das nicht phantastisch? Versetzen wir uns kurz in die Zeit zur Mitte des 11. Jahrhunderts zurück: Millionen von Menschen bestaunen eine außergewöhnlich helle Supernova, die Überraschung und sicherlich auch Angst auslöst. In verschiedenen Kulturkreisen entsteht eine große Vielfalt an Erklärungen, Interpretationen und Prophezeiungen, was dieses Ereignis bedeuten mag. Wenigen Wissenschaftlern gelingt es durch gründliche Arbeit, Berichte und Aufzeichnungen von diesem Ereignis anzufertigen, die 1000 Jahre überdauern – und heute können wir dank ihnen sicher sein, dass wir mit dem Krebsnebel den Überrest ebendieser Supernova gefunden haben.

Doch der Krebsnebel ist nicht einfach nur ein glücklicher Fund am Himmel. Er ist geradezu ein Fest für die gesamte Astrophysik. Gas und Staub leuchten im Radio- und Infrarotbereich, feine Bänder und verschiedene Farben sind mit bloßem Auge zu erkennen, und auf den Pulsar fallende Materie gibt Röntgenstrahlung ab, während teilweise noch rätselhafte Prozesse sogar starke Gammastrahlung verursachen. Wenn die Astronomen vor 1000 Jahren doch nur hätten ahnen können, welchen enormen Dienst sie der Wissenschaft erweisen!

Neben den jungen Pulsaren gibt es noch eine andere Gruppe unter ihnen, die sich enorm schnell dreht, zum Teil sogar noch schneller als der Krebspulsar. Sie werden »Millisekunden-Pulsare« genannt und drehen sich Hunderte Mal pro Sekunde um sich selbst. Das ist mal wieder so eine Zahl, die man leicht hinschreiben, aber kaum begreifen kann – ein mehrere Kilometer großer Körper mit solch einer extremen Drehung? Ein beliebter Vergleich besagt: Bei solchen Pulsaren hat man es mit astronomischen Objekten zu tun, die sich schneller drehen als die Klingen in einem Küchenmixer.

Eine der wahrscheinlichen Ursachen für diese Drehung ist, dass der Pulsar neues Material einfängt und dadurch angeschoben wird. Einen solchen Vorgang haben wir schon bei Weißen Zwergen in Doppelsternsystemen kennengelernt, die schwerer werden, wenn Materie von einem Begleiterstern auf sie fällt. In der Astrophysik wird das »Akkretion« genannt, und durch Akkretion kann ein Pulsar tatsächlich schneller werden, weil er den Drehimpuls von der einfallenden Materie aufnimmt. Solche angeschobenen Pulsare nennt man auch »recycelte Pulsare«, und sie können unglaubliche 500 Umdrehungen pro Sekunde und mehr erreichen. Ob es auch andere Wege gibt, wie sich Millisekunden-Pulsare bilden können, ist zurzeit noch eine offene Frage.

Neben den Radio-Pulsaren, die Jocelyn Bell-Burnell zuerst entdeckt hat, gibt es noch eine Vielzahl anderer Formen von Neutronensternen. Darunter sind zum Beispiel solche, von denen wir nicht nur Radiosignale, sondern auch deutlich energiereichere Strahlung empfangen. Solche Pulsare, die auch Röntgen- oder sogar Gammastrahlung aussenden, verhalten sich auch lange nicht so gleichmäßig wie die Radio-Pulsare. Sie zeigen stattdessen zum Teil gewaltige Strahlungsausbrüche und sprunghafte Änderungen ihrer Drehbewegung.

Die aktuell vorherrschende Theorie ist, dass es sich bei den Neutronensternen, die dahinterstecken, um sogenannte »Magnetare« handelt. Der Name kommt nicht von ungefähr, denn das sind die Objekte mit den stärksten bekannten Magnetfeldern im Universum. Zum Vergleich: Die stärksten Magnetfelder, die Wissenschaftler jemals auf der Erde für kurze Augenblicke erzeugen konnten – bisweilen unter Verlust ihres Versuchsaufbaus –, sind rund eine Million Mal schwächer. Vielleicht kennen Sie die magnetischen Felder an den Kassen von Warenhäusern, an denen die Diebstahlsicherungen mancher Artikel entfernt werden. Sie sind mit Hinweisen gekennzeichnet, dass man keine magnetischen ec-Karten darauflegen soll, weil die Informationen durch das Magnetfeld gelöscht werden könnten. Wenn wir mit unserem Raumschiff einen Magnetar besuchen, sollten wir unsere Kreditkarten vorher weglegen, denn der könnte das auch – und zwar aus 200 000 Kilometern Entfernung, also der halben Strecke zwischen Erde und Mond.

Ein spektakuläres Ereignis im Jahr 1998 erlaubte es der Astrophysikerin Chryssa Kouveliotou, über Jahre gesammelte Hinweise zu einer stimmigen Theorie dieser Magnetare zusammenzusetzen. Nach einem besonders starken Gammastrahlen-Ausbruch des Neutronensterns »SGR 1900+14« durchlief das Sonnensystem die bis dahin stärkste Gammastrahlen-Welle, die jemals von außerhalb des Sonnensystems gemessen wurde.

Das Ereignis wurde allein von vier wissenschaftlichen Satelliten in der Nähe der Erde beobachtet sowie von Raumsonden in der Nähe der Umlaufbahnen von Mars und Jupiter registriert. Auf der Nachtseite der Erde, die von dem Puls getroffen wurde, wurden in der oberen Atmosphäre Atome ionisiert, wie es sonst nur tagsüber durch die Strahlung der Sonne geschieht.

Aus den Beobachtungen konnten Astrophysiker schlussfolgern, dass Magnetare Neutronensterne mit so extrem starken Magnetfeldern sind, dass ihre dünne äußere Kruste aus Eisen bricht und in einem »Sternbeben« Stoßwellen um den Neutronenstern schickt. Die Erschütterung des Magnetfelds sorgt schließlich dafür, dass aus der Umgebung starke Röntgen- und Gammastrahlung abgegeben wird und der Neutronenstern seine Rotation etwas verlangsamt. Wir vermuten heute, dass Magnetare dieses gewaltige Schauspiel nur wenige Zehntausend Jahre durchhalten und dann verstummen.

Überhaupt dürfte es im Universum etliche Neutronensterne geben, die ihre wilde Zeit hinter sich haben und die heute aus der Ferne überhaupt nicht mehr zu entdecken sind. Nur in relativer Nähe zur Erde besteht die Chance, die schwache Strahlung einzufangen, die sie beim Abkühlen aussenden. Eine kleine Anzahl solcher Neutronensterne konnte tatsächlich mit dem Weltraumteleskop *ROSAT* des Deutschen Zentrums für Luft- und Raumfahrt gefunden werden, das während der 1990er Jahre aus dem All den Himmel nach Röntgenstrahlen absuchte. Die so entdeckte Gruppe von Neutronensternen in der näheren Umgebung der Sonne hat den Spitznamen »Die glorreichen Sieben« bekommen und ist in vielerlei Hinsicht außergewöhnlich. Wir empfangen von ihnen keine Radiosignale, sondern sehen nur ihre Röntgenstrahlung, während sie abkühlen. Sie drehen sich eher gemächlich in rund zehn Sekunden einmal um sich selbst und machen etwa die Hälfte aller Neutronensterne in unserer näheren Umgebung aus.

Was ist die Entstehungsgeschichte dieser geradezu zahmen Neutronensterne? Werden alle ihre Artgenossen einmal so enden, oder sind sie eine besondere Gruppe? Haben wir nur zufällig viele von ihnen vor der Haustür, oder sind sie eine häufige Erscheinung? Es ist ein bisschen so, als säßen wir ohne Telefon in einer komplett eingeschneiten Hütte und könnten nicht einmal aus dem Fenster schauen. Sind wir die einzigen in dieser misslichen Lage? Hat es umliegende Hütten ähnlich stark erwischt, oder ist gar die ganze Welt eingeschneit? Solange wir nicht weiter in die Ferne schauen können, werden wir das nicht in Erfahrung bringen. Vielleicht kommen wir eines Tages zu der Erkenntnis, dass unsere Galaxis voll von Neutronensternen ist.

Nehmen wir nun mit unserem Raumschiff Kurs in Richtung der Schwarzen Löcher, getreu dem Motto:

Das Universum kann immer noch einen draufsetzen. Wenn wir über Schwarze Löcher sprechen, lernen wir die ultimative Steigerung dichter Materie kennen. Außerdem werden wir die Geschichte von Einsteins Relativitätstheorien betrachten, die zahlreiche Phänomene vorhergesagt haben, welche erst Jahrzehnte später nachgewiesen wurden.

Schwarze Löcher:
Extremer wird's nicht

Wenn wir über das Innenleben der Sterne gesprochen haben, ging es stets um die Frage, was den Stern daran hindert, unter seinem eigenen Gewicht zusammenzustürzen. Eine aktive Fusionsreaktion oder der Entartungsdruck von Elektronen oder Neutronen waren bisher die wichtigsten Kandidaten für das, was der Schwerkraft entgegensteht. Je schwerer ein Stern ist, desto größer ist seine »Not«, die Schwerkraft auszugleichen. Wenn wir diese Frage als einen Wettstreit betrachten, der in mehreren Runden von der Geburt eines Sterns an ausgetragen wird, dann gibt es verschiedene Spielstände, mit denen das Match ausgehen kann: von Weißen Zwergen mit oder ohne Supernova-Explosion bis hin zu Kernkollaps-Supernovae und Neutronensternen.

Doch es gibt auch Sterne, die so schwer sind, dass eine weitere Eskalationsstufe erreicht wird. Suchen wir uns einen geeigneten Ort, an dem neue schwere Sterne entstehen, und machen wir es uns wieder einmal für ein paar Millionen Jahre in unserem Raumschiff gemütlich. Diesmal verfolgen wir den Wettstreit der verschiedenen physikalischen Kräfte und Effekte in der Form eines kurzen Dramas.

Es treten auf: Die **Schwerkraft**, machtvoll und herrisch. Die **Thermodynamik**, Wächterin über Wärme und Energie. Die **Quantenmechanik**, eigensinnig und kreativ. Die **Kernphysik**, erfahrene Hüterin unzähliger Atomkerne und großer Energiereserven. Die **Teilchenphysik**, vielseitig, verspielt und spontan.

Schwerkraft: »Wundervolle Gas- und Staubwolke haben wir hier. Die fällt jetzt zusammen – alles schön aufeinander!«

Thermodynamik und **Quantenmechanik**: »Hey, das Gas wird immer heißer und gibt Strahlung ab. Die Strahlung hält jetzt das Zusammenfallen erst mal auf.«

Schwerkraft: »Ja, aber nicht komplett. Weiter zusammenfallen, bitte.«

Kernphysik und **Quantenmechanik**: »Zack! Jetzt fusioniert Wasserstoff im Kern. Das gibt ordentlich Strahlung und Hitze ab, damit ist das Zusammenfallen jetzt aber tatsächlich gestoppt.«

Schwerkraft: »Stimmt. Aber wenn ich nur ein paar Millionen Jahre warte, wird sich langsam immer mehr Helium im Kern sammeln, und … Da! Die Wasserstofffusion im Kern ist zu schwach geworden. Weiter geht's mit dem Zusammensturz.«

Thermodynamik, **Kernphysik** und **Quantenmechanik**: »Moment, das erzeugt ja jetzt wieder genug Hitze. Hier kommt die Heliumfusion.«

Schwerkraft: »Nichts als eine Frage der Zeit. Der Kern häuft schon ordentlich Kohlenstoff an …«

ERIS

[Das Spiel wiederholt sich: **Thermodynamik**, **Kernphysik** und **Quantenmechanik** zünden nacheinander die Fusion von Kohlenstoff, Neon, Sauerstoff und Silizium. Jedes Mal gewinnt **Schwerkraft** die Oberhand, wenn die Fusionsprodukte den Kern dominieren. Zudem funkt **Teilchenphysik** dazwischen und stiehlt in Form von Neutrinos Energie aus dem Kern, was **Schwerkraft** in die Hände spielt.]

Schwerkraft: »So, jetzt ist der Kern voller Eisen. Und nun?«

Thermodynamik, Quantenmechanik: »Kernphysik! Es wird Zeit, die Fusion von Eisen zu zünden!«

Kernphysik: »Tja, also, das ist jetzt irgendwie blöd, aber ... dadurch gewinnen wir keine Energie mehr. Sorry, ich bin raus.«

Quantenmechanik: »Ha! Mein ›Pauli-Prinzip‹ sagt, dass Elektronen sich nicht zu nahe kommen können. Der Kern ist inzwischen so dicht, dass die Regel greift. Schluss mit Zusammensturz.«

Schwerkraft: »Es sei denn, der Kern wird so schwer, dass die Elektronen mit den Protonen verschmelzen können und nur noch Neutronen übrig bleiben. Stimmt's, Teilchenphysik?«

Teilchenphysik: »Stimmt.«

[**Teilchenphysik** lässt Protonen und Elektronen kombinieren und setzt dabei jede Menge Neutrinos frei. **Schwerkraft** lässt den Kern innerhalb von Millisekunden weiter zusammenstürzen.]

Quantenmechanik: »Stopp! Neutronen haben nämlich auch einen Entartungsdruck. Das war's!«

[Die Schockwelle des abrupt gestoppten Zusammenstoßes und die gerade freigesetzten Neutrinos zerfetzen den Stern bis auf seinen Kern komplett. Inmitten des Chaos starren sich **Quantenmechanik** und **Schwerkraft** an.]

Schwerkraft [grinsend]: »Und was ist, wenn der Kern nun doch noch so schwer ist, dass selbst der Entartungsdruck der Neutronen nichts gegen das Zusammenfallen …«

Quantenmechanik: »Ach, du bist doof! Mach doch, was du willst! Ich geh schaukeln.«

[**Quantenmechanik** stampft davon, gefolgt von **Thermodynamik** und **Kernphysik**. **Teilchenphysik** zuckt mit den Schultern und geht ebenfalls. Die nun konkurrenzlose **Schwerkraft** lässt den Stern zum Schwarzen Loch zusammenfallen und schaut sich triumphierend nach der nächsten Gas- und Staubwolke um.]

Auch wenn es diese Darstellung wahrscheinlich nicht in Lehrbücher schaffen wird: Die Vorstellung, dass beim Kollaps eines Sterns zum Schwarzen Loch die Schwerkraft den Rest der Physik in die Tasche steckt, hat einen wahren Kern. Deshalb lohnt es sich für uns, die Schwerkraft genauer kennenzulernen. Machen wir einen Ausflug in die Geschichte der Physik und die Entschlüsselung der Gravitation.

Würde es in der Physik Wanderpokale geben, hätte der Pokal für die beste und umfassendste Erklärung der Schwerkraft in über 300 Jahren nur ein einziges Mal den Besitzer gewechselt. Isaac Newton hatte den Titel ab 1687 sicher und musste ihn erst 1915 an Albert Einstein abgeben, der ihn seitdem unangefochten innehat.

Newtons Gesetze konnten zum einen problemlos erklären, was Johannes Keplers Beobachtungen zur Himmelsmechanik ergeben hatten, nämlich wie sich die Planeten um die Sonne bewegen. Zum anderen enthielt seine Theorie auch eine genaue Beschreibung der alltäglichen Schwerkraft bei uns auf der Erde. Newton konnte also zwei scheinbar völlig fremde physikalische Phänomene zu einer Erklärung vereinigen: warum Gegenstände auf der Erde zu Boden fallen und wie sich Himmelskörper umeinander bewegen. Albert Einsteins Erweiterung dieser Theorie verhalf ihm vor knapp einhundert Jahren zu Weltruhm. Doch als er dank seiner Allgemeinen Relativitätstheorie zum Popstar avancierte, hatte er schon gut fünfzehn Jahre damit zugebracht, einige der wichtigsten Grundpfeiler der modernen Physik aufzustellen.

Das Jahr 1905, in dem er 26 Jahre alt wurde, gilt als Einsteins »Wunderjahr«. Er veröffentlichte unter anderem die Hypothese, dass sich Licht zugleich wie eine Welle und ein Energiepaket – das Teilchen namens Photon – verhält. Daraus entwickelte er später das

Prinzip, mit dem Laser funktionieren. Außerdem formulierte er die Masse-Energie-Äquivalenz, deren Ausdruck in der Formel $E=mc^2$ später weltberühmt wurde und die sowohl in Kernkraftwerken als auch beim Bau von Atombomben Anwendung fand. Uns ist sie schon begegnet, als wir darüber gesprochen haben, wie ein Stern durch die Fusionsreaktion in seinem Inneren Masse verliert. Außerdem veröffentlichte Einstein 1905 die Spezielle Relativitätstheorie, die den Zusammenhang zwischen der Lichtgeschwindigkeit und den physikalischen Gesetzen für bewegte Körper im Universum erklärt. Ohne die Vorhersagen der Speziellen Relativitätstheorie über das Verhalten der Zeit für bewegte Objekte würde heute kein Satellitennavigationssystem funktionieren.

Doch die Arbeiten seines Wunderjahres 1905 machten ihn noch lange nicht so prominent, wie er später werden sollte. Er war in der Fachwelt durchaus angesehen und hatte eine wichtige akademische Position als Physiker inne, doch eine Berühmtheit war er noch nicht. An seiner eigenen Arbeit wurmte Einstein in dieser Zeit besonders, dass die Spezielle Relativitätstheorie keine Erklärung der Schwerkraft beinhaltete. Er war jahrelang getrieben von der Suche nach einer einheitlichen Theorie, die sowohl Newtons Gesetze aus dem 17. Jahrhundert als auch seine eigene Spezielle Relativitätstheorie in einem mathematischen Abwasch erklären konnte.

Dabei macht schon die Spezielle Relativitätstheorie Kleinholz aus allem, was wir aus dem Alltag über Raum und Zeit zu wissen glauben. Es gibt ganze Bücher über die kuriosen Auswirkungen dieser Theorie, in denen bei zahlreichen Gedankenexperimenten unzählige Züge, Raumschiffe, Stoppuhren, Maßbänder, Taschenlampen und Zwillinge zu Schaden kommen. Bei Interesse würde ich bereits für den Einstieg ein Buch oder eine Videoreihe empfehlen, die nicht ganz auf Formeln verzichten. Denn schon mit einfacher Schulmathematik lassen sich viele der Kuriositäten deutlich leichter nachvollziehen.

Beide Theorien zu vereinigen gelang Albert Einstein schließlich mit seiner 1915 veröffentlichten Allgemeinen Relativitätstheorie. Sie ist ein phänomenal kompliziertes Theoriegebäude, das Raum und Zeit, Schwerkraft und Licht unter einem mathematischen Dach vereinigt. Sie besagt im Wesentlichen: Für alles, was im Universum passiert, müssen die Fragen »Wann war das?« und »Wo war das?« zusammen beantwortet werden. Raum und Zeit sind nicht unabhängig voneinander, sondern bilden gemeinsam ein Ding namens »Raumzeit«. Dort, wo keine Schwerkraft wirkt, ist die Raumzeit ungestört oder auch »flach«. Aber alle Körper beeinflussen die Raumzeit mit ihrer Masse, indem sie sie »dehnen« – und zwar umso stärker, je größer ihre Masse ist. Diese Dehnung sorgt dafür, dass sich Körper und sogar das Licht nicht einfach geradeaus bewegen, sondern auf gekrümmten Bahnen – so wie wir es etwa von einem Planeten kennen, der um einen Stern kreist.

Der Physiker John Wheeler half in der zweiten Hälfte des 20. Jahrhunderts wesentlich dabei, Einsteins Theorie zu verstehen und weiterzuentwickeln. Von ihm stammt eine der besten Zusammenfassungen dessen, was die Allgemeine Relativitätstheorie ausmacht:

Die Raumzeit sagt der Materie, wie sie sich zu bewegen hat, und die Materie sagt der Raumzeit, wie sie gekrümmt wird.[*]

Aber jede physikalische Theorie, egal wie elegant, ist nichts wert ohne überprüfbare Vorhersagen, mit denen sie bestätigt oder widerlegt werden kann. Heutzutage gilt die Allgemeine Relativitätstheorie als eine der am gründlichsten überprüften physikalischen Theorien überhaupt, doch im Jahr 1915 lag die Beweislast noch bei Albert Einstein.

Ein wichtiges Argument konnte Einstein damit liefern, dass seine Theorie als erste die Bewegung des Planeten Merkur um die Sonne korrekt beschreiben konnte. Eine kleine Abweichung in Merkurs Umlaufbahn nach jeder Runde um die Sonne hatte Astronomen

---

[*] Zitat aus: John Archibald Wheeler, Kenneth Ford: »Geons, Black Holes, and Quantum Foam«, W. W. Norton & Company, 1998, S. 235 (eigene Übersetzung)

schon lange verwirrt. Einstein konnte erstmals eine makellose Übereinstimmung mit den Messwerten liefern: Die Sonne krümmt die Raumzeit um sich herum, und das beeinflusst auch die Umlaufbahn des Planeten Merkur in einer Weise, die Newtons ältere Gesetze nicht erklären konnten. Aber dieses Argument von Einstein war nicht ganz frei von dem Zweifel, er könnte seine Theorie einfach passend hingebastelt haben.

Es war also eine Vorhersage nötig, die nur dann eintreten konnte, wenn Einstein recht hatte. Eine solche Vorhersage fand sich in der Annahme, dass die Krümmung der Raumzeit auch das Licht beeinflussen sollte. Einstein rechnete aus, dass die Masse der Sonne dafür sorgen müsste, dass das Licht weit entfernter Sterne um sie herum gebogen wird, wie von einer Linse. Dummerweise kann man Sterne in der Nähe der hell strahlenden Sonne kaum beobachten, weshalb eine totale Sonnenfinsternis hermusste. Davon gab es in den Jahren um 1915 gleich mehrere – aber die Unternehmungen, die Einsteins Theorie überprüfen wollten, waren von großem Pech und teils kuriosen Pannen begleitet. Im August 1914 fand eine Sonnenfinsternis auf der Krim statt – doch wegen des gerade ausgebrochenen Ersten Weltkriegs wurde die Ausrüstung des deutschen Astronomen vor Ort beschlagnahmt. Ein amerikanischer Astronom, der weitermachen durfte, bekam nur Wolken vor die Kamera. Andere Expeditionen hatten ähnliche Schwierigkeiten, und erst 1919, nach

Ende des Kriegs, konnte ein erster Erfolg vermeldet werden. Die Messergebnisse waren zwar damals umstritten, aber das scherte in der breiten Öffentlichkeit niemanden: Albert Einstein wurde praktisch über Nacht zum weltweit gefeierten Star, der die gesamte Physik revolutioniert hatte. Obwohl kaum jemand auf der Welt seine Theorien nachvollziehen konnte, wurde der kauzige Deutsche zum Inbegriff des Genies. Der Physik-Nobelpreis im Jahr 1921 war gewissermaßen eine Krönung für sein Lebenswerk.

Neben dem Trubel um Einstein als Person waren die folgenden Jahre für die Physik auch wissenschaftlich eine ungemein bewegte Zeit. Die Aufregung um die Relativitätstheorie ging praktisch nahtlos in die Aufregung um die Quantenphysik über. Beide Theorien pflügten so gnadenlos die vermeintlich sicheren Gesetze der Physik um, wie es in der modernen Geschichte noch nie passiert war. Während zum Ende des 19. Jahrhunderts die Ansicht vorherrschte, die Physik wäre mit der Elektrodynamik, der Wärmelehre und der Mechanik »so gut wie fertig«, wurde sie ab der Jahrhundertwende von einer folgenreichen Entdeckung nach der anderen erschüttert: Radioaktivität, Relativitätstheorie, Quantenmechanik und die Anfänge von Kernphysik und Elementarteilchenphysik. In gewisser Hinsicht hat sich die Physik von diesem Schock nie ganz erholt. Sie ist durch ihn dauerhaft zu einer bescheideneren und vorsichtigeren Wissenschaft geworden, als sie es vorher war.

Für mich gibt es kaum etwas, das eindrucksvoller für diese Zeit steht als die »Klassenfotos« der Solvay-Konferenzen. Diese Treffen waren von dem belgischen Chemiker und Unternehmer Ernest Solvay ins Leben gerufen worden, um die wichtigsten Physiker und Chemiker der Zeit zusammenzubringen. Die Fotos der frühen Konferenzen zwischen 1910 und 1930 lassen mich jedes Mal vor Ehrfurcht erstarren – obwohl ich nur wenige Teilnehmer wirklich an ihrem Aussehen erkenne. Stattdessen ist es stets die Liste der Namen unter dem Foto, die mir eine Gänsehaut beschert. Beinahe jeder Name ist mit einer Formel, einer physikalischen Größe oder einem Prinzip verbunden, die einem im Physikstudium in Rechenaufgaben, Texten und Argumentationen begegnen. Mich verblüfft es jedes Mal aufs Neue, dass all diese Wissenschaftler Zeitgenossen waren und sogar auf einer Konferenz beieinandersaßen. Es scheint mir fast, als müssten die nach ihnen benannten Phänomene aus den Büchern gestiegen sein, um als leibhaftige Menschen zusammen mit Albert Einstein und Marie Curie einen netten Tag zu verbringen. Da gibt es das »Ehrenfest-Theorem«, die »Schrödinger-Gleichung«, das »Pauli-Prinzip«, die »Heisenbergsche Unschärferelation«, die »Brillouin-Zone«, die »Bragg-Bedingung«, die »Dirac-Gleichung«, die »Compton-Streuung«, die »De-Broglie-Wellenlänge«, das »Bohrsche Atommodell«, die »Lorentz-Transformationen« und noch ein Dutzend Dinge, die nach

Max Planck benannt sind – und das sind nur einige der Teilnehmer der Solvay-Konferenz von 1927.

Aber kommen wir zurück dazu, wie die Schwerkraft nach dem katastrophalen Zusammensturz eines Sterns ganz allein das Geschehen dominiert. Was kann die Allgemeine Relativitätstheorie darüber sagen? Albert Einstein selbst hat sich mit diesem Fall nicht eingehend beschäftigt. Aber zahlreiche Physiker und Mathematiker haben sich über seine Theorien hergemacht und neue Vorhersagen und mathematische Formulierungen entwickelt. Zu ihnen gehörte auch Karl Schwarzschild, der 1915 schon nach kurzer Zeit eine erste skurrile Vorhersage aus Einsteins Formeln entwickelte. Schwarzschild beschrieb eine Situation, in der die Raumzeit gewissermaßen zusammenzubrechen schien. Zeitgenossen wie Arthur Eddington und Georges Lemaître untersuchten Schwarzschilds Arbeit und spekulierten: Welche physikalische Realität könnte mit so einem bizarren mathematischen Ergebnis verbunden sein?

Der schon erwähnte Astrophysiker Subrahmanyan Chandrasekhar und der Kernphysiker Robert Oppenheimer kamen schließlich auf die Idee: Schwarzschilds Fall könnte eintreten, wenn ein Stern zusammenstürzt und seine Masse auf so kleinem Raum zusammengeworfen wird, dass sie in den sogenannten »Schwarzschild-Radius« passt. Für jeden Körper kann man den passenden Schwarzschild-Radius berechnen, aber nur wenige Ereignisse im Universum sorgen dafür, dass tatsächlich so viel Masse auf ausreichend kleinem Raum konzentriert wird. Sollte etwa die Masse der Erde zu einem Schwarzen Loch zusammengestaucht werden, müsste das Ergebnis kleiner als eine Weintraube sein.

Unsere Sonne müsste hingegen in eine Kugel mit einem Durchmesser von etwa sechs Kilometern passen – und das kommt uns schon eher bekannt vor. Die Massen und Größen der Neutronensterne hatten schließlich eine vergleichbare Größenordnung: etwa eineinhalb- bis zweimal so schwer wie die Sonne und rund 20 Kilometer im Durchmesser. Und tatsächlich ist es vom Neutronenstern zum Schwarzen Loch kein allzu großer Schritt mehr: Wenn die Masse eines Neutronensterns eine gewisse Grenze überschreitet, kann der quantenmechanische Entartungsdruck der Neutronen die Schwerkraft nicht mehr ausgleichen. Die genaue Grenze ist nicht bekannt, aber sie dürfte irgendwo zwischen zwei und drei Sonnenmassen liegen. Forscher vermuten, dass dies entweder direkt beim Zusammensturz von Sternen passiert oder wenn ein Neutronenstern nachträglich Masse einsammelt, ähnlich wie wir es bei Weißen Zwergen gesehen haben, die sich einer Supernova-Explosion vom Typ Ia nähern. Die so entstandenen Objekte nennt man »stellare Schwarze Löcher«, weil sie aus einem Stern entstanden sind. Allerdings sind sie enorm schwierig zu beobachten, denn sie geben nach allem, was wir wissen, weder Licht ab, noch reflektieren sie es.

Wir schließen stattdessen aus dem Verhalten der umgebenden Materie darauf, wo es ein Schwarzes Loch geben könnte. Derzeit glauben wir vor allem in manchen Doppelsternsystemen, aus denen wir Röntgenstrahlung beobachten, die Auswirkungen stellarer Schwarzer Löcher zu sehen. Die Strahlung dieser sogenannten »Röntgendoppelsterne« kommt zustande, wenn Material von einem Stern auf einen kleinen, aber schweren Begleiter fällt, der ein Weißer Zwerg, ein Neutronenstern oder eben ein Schwarzes Loch sein kann. Das einfallende Material kreist dann als »Akkretionsscheibe« um den kleineren Begleiter und reibt sich dabei an sich selbst. Dadurch wird es heißer und fällt immer weiter auf den Begleiter zu. Es erreicht eine solche Hitze, dass es Röntgenstrahlung aussendet, die wir messen können. Wenn wir allerdings keinerlei Anzeichen dafür sehen, wohin die Materie fällt – also keinen Weißen Zwerg oder Neutronenstern –, dann können wir vermuten, dass wir es mit einem stellaren Schwarzen Loch zu tun haben.

Und dann gibt es da noch die »supermassereichen Schwarzen Löcher«, die ihrem Namen alle Ehre machen und extrem schwer sind. Wir vermuten ein solches Exemplar genau in der Mitte unserer eigenen Milchstraße wie auch im Zentrum anderer Galaxien. Unser »Hausexemplar« dürfte phantastische vier Millionen Mal so schwer sein wie die Sonne! Sein Schwarzschild-Radius beträgt rund 12 Millionen Kilometer, weniger als ein Zehntel der Strecke zwischen Erde und Sonne. Wie es entstanden ist, konnte bislang noch nicht beantwortet werden. Viele Vermutungen gehen davon aus, dass zunächst ein kleineres Schwarzes Loch aus einem oder mehreren Sternen entstanden ist, das im Laufe der Zeit stark wachsen konnte, weil im Zentrum der Galaxis viel Materie auf relativ kleinem Raum unterwegs ist. Allerdings gibt es für diese Theorien noch keine realistischen Modellrechnungen, geschweige denn aussagekräftige Beobachtungen, die sie bestätigen könnten.

Was wir aus seiner Umgebung empfangen, ist vor allem Radiostrahlung – aber leider kein sichtbares Licht, weil zu viel Gas und Staub im Weg sind. Die Quelle der Radiostrahlung wird »Sgr A*« genannt, ausgesprochen »Sagittarius-A-Stern«. Beobachtungen zeigen dort gleich eine ganze Handvoll Sterne und gelegentlich auch Gaswolken, die offenbar um ein nicht allzu großes, aber enorm schweres Objekt herumflitzen. Wir kennen Sgr A* schon seit Mitte der 1970er Jahre, und manche der Sterne brauchen nur wenige Jahre, um dieses Objekt einmal vollständig zu umrunden. Manche von ihnen konnten wir deshalb schon auf einer ganzen Runde verfolgen. Mit unserem Raumschiff können wir einem von ihnen folgen und den Ritt unseres Lebens machen: Der Stern »S2« zum Beispiel schießt alle 15 Jahre mit einer Geschwindigkeit von 5000 Kilometern pro Sekunde in einer Entfernung von

nur 120 AE am Rand des Schwarzen Lochs von Sgr A*
vorbei – das ist näher, als Voyager 1 inzwischen von
unserer Sonne entfernt ist! Im Jahr 2017 wird es das
nächste Mal so weit sein, dass S2 dem Schwarzen Loch
so nahe kommt.

Die mathematische Auswertung der Umlaufbahnen
dieser Sterne war seit den späten 1990er Jahren einer
der besten Beweise dafür, dass sich dort wirklich ein
supermassereiches Schwarzes Loch verbirgt. Doch ein
direktes Bild von dem, was sie umkreisen, konnte noch
nicht aufgenommen werden. Ein Projekt namens *Event
Horizon Telescope* kombiniert aktuell Messungen einer
ganzen Reihe von Radioteleskopen überall auf der
Welt, um aus den zusammengesetzten Daten so genau
auf Sgr A* zu schauen wie noch nie. Erklärtes Ziel des
Projekts ist es, den »Schatten« zu erkennen, den der
Rand des supermassereichen Schwarzen Lochs vor seine Umgebung werfen müsste. Wenn alles gut läuft,
könnte das Projekt schon 2016 oder 2017 die ersten
aussagekräftigen Bilder liefern. Es wäre der direkteste
Blick, der jemals auf ein Schwarzes Loch geworfen
wurde.

Aber kommen wir endlich zu der Frage, die Sie sich
bestimmt stellen: Was würde ich erleben, wenn ich
dort wäre? Mangels Erfahrungen können wir hier vor
allem aus der Theorie schöpfen. Ein wenig überraschen-
des Fazit können wir vorwegnehmen: In der Nähe eines
Schwarzen Lochs stirbt man. Glauben Sie keinem Reise-

katalog, der Ihnen einen solchen Ausflug schmackhaft zu machen versucht.

In gehörigem Abstand zu einem Schwarzen Loch kann man allerdings besser leben, als man vielleicht glaubt. Der Anblick wäre zweifellos atemberaubend, denn das Licht wird um das Schwarze Loch herum so verzerrt, dass Sie eine Art wabernden Ring aus den Bildern der dahinterliegenden Sterne sehen würden. Schwarze Löcher saugen auch keinesfalls aktiv Materie aus ihrer Umgebung ein. Man kann sie durchaus umkreisen wie einen Stern, wenn man ihre Schwerkraft richtig berücksichtigt und ihnen nicht zu nahe kommt. Der Vorwurf, sie würden ihre Umgebung auffressen, ist Schwarzen Löchern vielleicht angedichtet worden, weil sie ja tatsächlich Akkretionsscheiben um sich herum haben und sich deren Materie einverleiben können. Aber ähnliche Akkretionsscheiben finden sich schließlich auch rund um Weiße Zwerge und Neutronensterne, wo wir sie als Auslöser für Supernovae vom Typ Ia und das Anschieben von Millisekunden-Pulsaren kennengelernt haben.

Je dichter wir allerdings an den Rand des Schwarzen Lochs fliegen würden, der durch den Schwarzschild-Radius definiert ist und auch als »Ereignishorizont« bezeichnet wird, desto merkwürdiger würde sich der Ausflug entwickeln. Besonders die kleinen stellaren Schwarzen Löcher machen hier Ärger: Je näher man ihnen kommt, desto stärker sind die Gezeitenkräfte, die der eigene Körper erfährt. Da die Schwerkraft an einem Ende des Körpers so viel stärker zieht als am anderen und sich auch die Richtung der Kraft unterscheidet, wird er stark in die Länge gezogen. Diesen Prozess nennen manche Physiker – kein Scherz – »Spaghettifizierung«[a]. Supermassereiche Schwarze Löcher lassen diesen Effekt übrigens in der Nähe ihres Ereignishorizontes nicht erwarten. Das hängt mit der Formel für den Schwarzschild-Radius zusammen und bedeutet, dass man sich dem Ereignishorizont der allergrößten Schwarzen Löcher sogar in einem Stück nähern kann – aber glauben Sie mir, auch ein solcher Ausflug würde in der Realität nicht gut enden.

Alle Schwarzen Löcher haben nämlich gemeinsam, dass die Zeit in der Nähe ihres Ereignishorizonts extrem verzerrt abläuft. Angenommen, Sie hätten sich entgegen der Empfehlung zu einer Tagestour an den Ereignishorizont entschieden, während Ihre Begleitung lieber im Hotel-Raumschiff in sicherer Entfernung bleibt und Ihnen aus dem Fenster zuschaut. Je näher Sie an den Ereignishorizont kommen, desto langsamer scheint aus der Sicht Ihrer Begleitung die Zeit für Sie zu verstreichen – um nicht zu sagen: Aus der Ferne sieht es so aus, als würden Sie fürchterlich trödeln.

---

[a] Oder auch »Spaghettisierung« oder »Spaghettifikation« – das wissenschaftliche Interesse an diesem Effekt war offenbar noch nicht groß genug, als dass sich eine eindeutige deutsche Übersetzung des englischen »spaghettification« durchgesetzt hätte.

(Zumindest was mich betrifft, wäre das im Urlaub keine große Überraschung.) Aber der Effekt wird beliebig extrem, je näher man dem Ereignishorizont kommt: Irgendwann könnte Ihre Begleitung Sie theoretisch den ganzen Tag lang durch das Fenster beobachten, aber sie würde auf Ihrer Armbanduhr nur eine Sekunde verstreichen sehen! Spätestens dann ist klar, dass Sie nicht zum Abendessen zurück sein werden.

Und für Sie? Die Zeit in der entfernteren Umgebung, zum Beispiel dort, wo sich Ihre Begleitung aufhält, würde aus Ihrer Sicht immer schneller vergehen. Erst sehen Sie, dass die Uhren auf dem Raumschiff immer rasanter laufen, dann gehen innerhalb von Minuten die Lichter an und aus, die im Raumschiff das Verstreichen von Tag und Nacht anzeigen. Und irgendwann – puff! – ist das Raumschiff auch noch weg, ohne Sie abgereist.

Dass es solche Verzerrungen der Zeit, wie die Allgemeine Relativitätstheorie sie vorhersagt, tatsächlich gibt, ist sogar schon in einem spektakulären Versuch auf der Erde nachgewiesen worden. Im Jahr 1971 bestiegen die beiden Physiker Joseph Hafele und Richard Keating Flugzeuge, die jeweils ost- und westwärts um die Welt flogen. Mit an Bord hatten sie in jeder Richtung verschiedene »tragbare« Atomuhren (etwa so groß wie ein Kühlschrank), deren Zeit sie vor und nach den Flügen gegenseitig und mit festen Atomuhren in einem Forschungsinstitut verglichen. Die zuvor aufeinander abgestimmten Uhren gingen nach den Flügen tatsächlich um ein paar Zehnmillionstel einer Sekunde unterschiedlich – genau entsprechend den Vorhersagen der Relativitätstheorie. Die heutigen Satellitennavigationssysteme wie GPS funktionieren nur, weil die Vorhersagen der Relativitätstheorie von Anfang an in ihrer Programmierung berücksichtigt wurden: Die Uhren an Bord der Satelliten – wie schon die Atomuhren in den Flugzeugen – laufen anders, weil sie sich relativ zum Erdboden schnell bewegen und weiter vom Schwerpunkt der Erde entfernt sind.

Aber das ist noch nicht alles, und an Ihrem schlecht gewählten Ausflugsziel in der Nähe eines Schwarzen Lochs würde Sie ein weiterer physikalischer Effekt einholen. Die sogenannte »gravitative Rotverschiebung« sorgt dafür, dass Licht aus der Nähe eines schwarzen Lochs für Beobachter in größerer Entfernung eine größere Wellenlänge zu haben scheint. Ihre Begleitung würde also von Ihnen ab einer gewissen Entfernung womöglich nur noch einen roten Schimmer sehen und dann gar nichts mehr. Aus Ihrer Sicht passiert das Gegenteil: Das Licht aus größerer Entfernung hat immer kürzere Wellenlängen – erst sehen Sie die Dinge ungewöhnlich blau, dann gar nicht mehr, und wenn Sie Pech haben und eine starke Lichtquelle in der Umgebung ist, könnte deren Strahlung Ihnen als Röntgen- oder sogar Gammastrahlung noch mächtig den Tag vermiesen. Sie sehen also: Schon bevor Sie den Ereignishorizont tatsächlich erreichen, hätten Sie wahrscheinlich den Spaß an der Sache verloren.

Was passieren würde, wenn Sie trotz allem dort ankämen, also in das Schwarze Loch hineinfielen – darauf geben Physiker sehr verschiedene Antworten. Viele davon haben eine plausible Grundlage in verschiedenen mathematischen und physikalischen Überlegungen, aber viele widersprechen sich auch. Ob »Wurmlöcher«, »Zeitreisen«, »höhere Dimensionen« oder noch abgedrehtere Dinge: Schwarze Löcher sind die wahrscheinlich extremsten Erscheinungen unseres heutigen Universums. Wir wissen noch so wenig Konkretes über sie, dass einige solcher Vermutungen zutreffen, viele jedoch auch falsch sein könnten.

Das Forschungsfeld ist eben noch jung. Erst in den 1960er Jahren wurde der Begriff des »Schwarzen Lochs« überhaupt geprägt. Der Zusammenhang mit anderen Gebieten der Physik, vor allem der Teilchenphysik und der Thermodynamik, ist noch weitgehend rätselhaft. Einige Physiker, die in den 60er und 70er Jahren Pionierarbeit auf diesem Gebiet geleistet haben, nehmen auch heute noch aktiv an der Diskussion teil: darunter Roger Penrose, Kip Thorne und Stephen Hawking. Es spricht nichts dagegen, sich von den vielen verschiedenen Theorien inspirieren und unterhalten zu lassen. Mein Tipp ist allerdings: Glauben Sie niemandem, der behauptet, die wirklich wahre

Wahrheit über Schwarze Löcher, ihre Natur und die Geschehnisse hinter ihrem Ereignishorizont zu kennen.

Wie geht es also mit ihrer Erforschung weiter? Ein entscheidender Durchbruch gelang im September 2015, als mit zwei riesigen Instrumenten in den USA erstmals Gravitationswellen gemessen wurden, die von zwei Schwarzen Löchern ausgesandt worden waren. Aber der Reihe nach: Was sind Gravitationswellen? Die Allgemeine Relativitätstheorie sagt voraus, dass Änderungen in Schwerefeldern sich in Form von Schwingungen der Raumzeit mit Lichtgeschwindigkeit durch den Raum ausbreiten. Das ist ein bisschen wie mit Boulevardblättern, die über Königshäuser berichten: Jedes neue Paar Schuhe an einer adeligen Person löst eine Nachricht aus, die sich durch die Zeitschriften in ganz Europa ausbreitet – und nach spätestens zwei Wochen wissen alle Menschen in deutschen Arztwartezimmern von dem neuen Paar Schuhe. Im Universum heißt das: Wenn Massen sich umkreisen, verschmelzen oder explodieren, senden sie Gravitationswellen mit Lichtgeschwindigkeit durch den Raum, welche die Information über diese Änderung weitertragen. Je größer die Massen, die im Spiel sind, und je schneller sich ihr Schwerefeld ändert – etwa weil sie sich eng umkreisen –, desto mehr Energie wird in Form von Gravitationswellen abgestrahlt.

Neutronensterne in Doppelsternsystemen sind dafür

das perfekte »Laboratorium«: Sie sind sehr schwer, können sich wegen ihrer geringen Größe sehr eng umkreisen, und dank der präzisen Radiopulse eines Pulsars lässt sich ihre Bewegung genau verfolgen. Tatsächlich wurde im Jahr 1974 ein Pulsar gefunden, der den Namen »PSR B1913+16« bekam: Er umkreist einen weiteren Neutronenstern in großer Nähe von nur wenigen Millionen Kilometern, viel näher, als etwa Merkur um die Sonne kreist. Schon nach wenigen Jahren der Beobachtung war klar, dass die Umkreisung der beiden Neutronensterne immer enger wird – und dass das Ausmaß dieses Energieverlustes genau mit dem übereinstimmt, was die Allgemeine Relativitätstheorie aufgrund von Gravitationswellen vorhersagt. Für die Entdeckung und Erforschung dieses Pulsars erhielten die Astronomen Russell Hulse und Joseph Taylor im Jahr 1993 den Physik-Nobelpreis. Inzwischen ist der von ihnen entdeckte »Hulse-Taylor-Pulsar« seit 50 Jahren bekannt, seit damals hat sich die Umkreisung der beiden Neutronensterne von knapp acht Stunden um fast eine Minute verkürzt.

Gravitationswellen auch direkt zu messen, anstatt nur ihre Auswirkungen zu beobachten, das war das Ziel einiger großer Experimente, die ab den 2000er Jahren in Europa und den USA aufgebaut wurden. Durch kilometerlange Röhren werden Laserstrahlen geschickt, in der Hoffnung, dass eine Gravitationswelle durch das Experiment läuft und die Länge dieser Laserstrecken ein winziges bisschen verändert. Diese Abweichungen zu messen und sie mit den Vorhersagen von Gravitationswellen zu vergleichen erfordert eine phantastische Präzision: Immerhin sollen die Instrumente erkennen, ob das einige Kilometer lange Experiment für einen kurzen Augenblick um weniger als ein Millionstel von einem Millionstel eines Millimeters kürzer oder länger geworden ist. Es war vollkommen offen, ob die Genauigkeit des riesigen Versuchsaufbaus ausreichen würde – doch genau das scheint dem Experiment *Advanced LIGO* in den USA im September 2015 gelungen zu sein.

Nach einer langen Zeit der Gerüchte und gründlicher Untersuchungen wurden die Ergebnisse schließlich im Februar 2016 der Öffentlichkeit bekanntgegeben. Ich konnte die Übertragung der Präsentation gemeinsam mit Arbeitskollegen live verfolgen und war vollkommen überwältigt davon, wie wundervoll alles zusammenpasste. In einem von zwei fast baugleichen Instrumenten im Südosten der USA wurde das Signal zuerst gemessen – und wenige Millisekunden später registrierte auch das Gegenstück im Nordwesten des Landes die Gravitationswellen. Da es in Amerika mitten in der Nacht war, ist das Signal übrigens zuerst einem Physiker in Hannover aufgefallen, der mit den Daten der beiden Experimente arbeitete.

Aber nicht nur wie, sondern auch was *Advanced LIGO* gesehen hat, ist eine echte Sensation. Das Signal stammt zweifelsfrei von zwei Schwarzen Löchern, die sich zunächst eng umkreisen und dann zu einem größeren Schwarzen Loch verschmelzen. Man ist sich so sicher, weil es in den letzten Jahren erstmals gelungen ist, Supercomputer mit den Formeln von Einsteins Allgemeiner Relativitätstheorie zu füttern und ausrechnen zu lassen, welche Gravitationswellen ein solches Ereignis hervorbringt. Die Übereinstimmung der theoretischen Vorhersagen mit dem Signal, das im September 2015 tatsächlich gemessen wurde, ist so perfekt, dass ich immer noch selig lächeln muss, wann immer ich die Graphen sehe.

Aber damit sind nicht nur die Entdeckung von Gravitationswellen und eine weitere Bestätigung der Allgemeinen Relativitätstheorie gelungen. Es ist auch der erste direkte Nachweis, dass es Schwarze Löcher gibt, die sich wie von Einsteins Theorie vorhergesagt verhalten – und sogar manchmal zusammenstoßen. Selbst die Masse der beiden Schwarzen Löcher von etwa dem Dreißigfachen der Sonnenmasse war eine Überraschung, denn bisher hatte die Astrophysik vor allem leichtere oder deutlich schwerere Schwarze Löcher untersucht. Die Messung wird zu Recht als ein Ereignis gefeiert, das eine neue Zeit einläutet: Ähnlich empfindliche Instrumente wie *Advanced LIGO* sollen in Zukunft in Europa, Japan, Indien und sogar im Weltall in Betrieb gehen. Sie könnten Gravitationswellen-Messungen in den kommenden Jahrzehnten zu einem neuen Pfeiler der Astronomie machen, der uns dauerhaft Einblicke in Ereignisse erlaubt, die wir anders niemals entdecken könnten. Ich bin sehr gespannt!

Das Universum

Unterwegs
in der Milchstraße

Wir haben nun viele verschiedene Bewohner des Weltalls kennengelernt: unseren Planeten und seine Nachbarn, unsere Sonne und ihre Artgenossen sowie die vielen verschiedenen Arten von Überresten, die Sterne hinterlassen. Nun soll es darum gehen, ein Bild vom großen Ganzen zu zeichnen und zu schauen, was für Nachbarschaften diese Bewohner bilden und wie sie sich gegenseitig beeinflussen.

Um gut vorbereitet auf die nächste Reise in beinahe unendliche Weiten zu gehen, müssen wir uns noch ein letztes Mal über Entfernungen unterhalten. Die Distanzen zwischen den Sternen und Galaxien sind etliche tausendmal größer als alle, die wir bisher betrachtet haben. Um also zu verstehen, welche Entfernungen wir in das Sternen-Navi unseres Raumschiffs eintippen werden, schauen wir uns mal die beiden Entfernungseinheiten an, die hier relevant sind: das Lichtjahr und das Parsec. Der nächstgelegene Stern trägt den Namen Proxima Centauri und ist etwas mehr als vier Lichtjahre entfernt. Viele der gut sichtbaren Sterne des Nachthimmels liegen einige Hundert Lichtjahre weit weg – aber was uns noch fehlt, ist ein Vergleich zu den

Entfernungen, an die wir uns im Sonnensystem gewöhnt haben. Erinnern wir uns also noch mal im Schnelldurchgang: Die Entfernung zwischen der Erde und der Sonne beträgt genau eine Astronomische Einheit, das sind rund 150 Millionen Kilometer. Der weit ausgedehnte Kuipergürtel am Rande des Sonnensystems, wo Pluto und Konsorten ihre Bahnen ziehen, erstreckt sich von etwa 40 bis 50 AE um die Sonne. Die Voyager-Sonden sind die am weitesten gereisten Artefakte der Menschheit in einer Entfernung von etwa 100 AE.

Für noch größere Entfernungen gibt uns die Spezielle Relativitätstheorie ein passendes Maß an die Hand. Sie besagt, dass die Lichtgeschwindigkeit stets für alle die gleiche ist, egal wo man ist und wie schnell man sich bewegt. Sie beträgt genau 299 792 456 Meter pro Sekunde, also rund dreihunderttausend Kilometer pro Sekunde. Wenn das Licht mit dieser Geschwindigkeit genau ein Jahr lang unterwegs ist, dann hat es die Strecke von einem Lichtjahr zurückgelegt, und dieses Lichtjahr ist ein handlicher Maßstab für Entfernungen zwischen Sternen. Und was macht das in Zahlen? Ein Lichtjahr entspricht etwa 9500 Milliarden Kilometern, und die 4,2 Lichtjahre bis zu Proxima Centauri sind knapp 270 000 AE. Tja, das ist mal wieder schwer vorstellbar. Versuchen wir es mal so: Angenommen, das Sonnensystem wäre eine große Pizza. In der Mitte ist die Sonne (Vorsicht, heiß!) und ganz außen der staubigkalte Rand mit Pluto und Konsorten. Wie weit wäre dann der nächste Stern entfernt? Das wären etwa 800 Meter. Ganz schön viel, denn die Strecke von der Erde bis zur Sonne beträgt nur so viel wie der Durchmesser eines Pfefferkorns!

Neben dem Lichtjahr ist für Entfernungen zwischen den Sternen auch das sogenannte »Parsec« üblich. Ein Parsec entspricht etwa 3,2 Lichtjahren – man könnte sagen, dass die beiden für astronomische Verhältnisse praktisch die gleiche Strecke beschreiben. Sie haben auch etwa zur gleichen Zeit Einzug in die Physik gehalten, entspringen aber völlig verschiedenen Überlegungen. Das Lichtjahr ist eine Anwendung der Speziellen Relativitätstheorie und gibt zugleich mit an, wie viel Zeit das Licht (oder auch ein Funksignal) von einem Punkt zu einem anderen braucht. Das Parsec hängt hingegen damit zusammen, wie sich die Entfernung von der Erde zu einem Stern nach einer ganz bestimmten Methode messen lässt. Diese Messmethode wird auch »Parallaxe« genannt, und Parsec ist die Abkürzung für »Parallaxsekunde«.

Damit ist keine Sekunde auf der Uhr gemeint, sondern die sogenannte »Bogensekunde«. Diese beschreibt einen Winkel, genau wie die altbekannte Einheit »Grad«: 90 Grad sind ein rechter Winkel, 180 Grad ein halber und 360 Grad ein ganzer Kreis. Eine Bogensekunde ist allerdings viel weniger als ein Grad, denn ein Grad ist in 60 Bogenminuten eingeteilt, und jede

Bogenminute noch mal in 60 Bogensekunden. Wie können wir uns Winkel in unserem Blickfeld mit diesen Begriffen vorstellen? Ein Apfel, den Sie am ausgestreckten Arm in der Hand halten, nimmt in Ihrem Blickfeld einen Winkel von etwa zehn Grad ein. Ein schönes Beispiel sind auch Sonne und Mond. Sie haben rein zufällig ungefähr den gleichen Winkeldurchmesser, nämlich rund ein halbes Grad – oder auch 32 Bogenminuten. Und jede dieser 32 Bogenminuten ist wiederum in 60 Bogensekunden unterteilt. Eine Bogensekunde ist also ein sehr kleiner Winkel. Damit ein Apfel in Ihrem Blickfeld nur eine Bogensekunde einnimmt, müssten Sie ihn schon einen halben Kilometer weit weglegen.

Bleibt noch die Parallaxe. Sie beschreibt kurz gesagt, wie ein und dasselbe Ding aus verschiedenen Perspektiven woanders aufzutauchen scheint. Angenommen, Sie haben für einen Weg, den Sie häufig zurücklegen, die Wahl zwischen zwei Routen. Manchmal fahren Sie über eine bestimmte Brücke in die Innenstadt, manchmal über eine andere. Je nachdem, welche Brücke Sie wählen, könnte nun ein bestimmtes Hochhaus links oder rechts von Ihnen auftauchen. Dazu könnte eine Astronomin sagen, dass das Hochhaus eine Parallaxe zwischen Ihren beiden möglichen Routen zeigt. Anderes Beispiel: Legen Sie doch einmal den Zeigefinger auf die Nasenspitze, und schließen Sie abwechselnd das linke und das rechte Auge. Sehen Sie den

Finger links oder rechts in Ihrem Blickfeld? Kommt drauf an! Mit dem rechten Auge sehen Sie den Finger links im Bild – mit dem linken Auge aber rechts. Das liegt daran, dass Ihre beiden Augen verschiedene Perspektiven auf den Finger haben. Als Astronom würde man sagen, Ihr Finger auf der Nase zeigt eine große Parallaxe zwischen Ihren beiden Augen.

Nun beziehen wir die ganze Angelegenheit auf die Sterne. Im ersten Beispiel hatten wir verschiedene Perspektiven, weil wir verschiedene Brücken überquert haben, im zweiten Beispiel war der Abstand zwischen unseren Augen der Grund für die Parallaxe. Und worauf basiert die astronomische Parallaxe? Es ist die jährliche Bewegung der Erde um die Sonne. Wann immer ein halbes Jahr vergangen ist, sind wir mit der Erde rund 300 Millionen Kilometer von dem Ort entfernt, an dem wir zuvor waren. Dieser Wechsel unserer Perspektive sorgt dafür, dass die Sterne im Laufe eines Jahres ein winziges bisschen am Himmel wackeln, während wir um die Sonne kreisen. Wenn wir diesen Winkel messen, indem wir mehrmals über das Jahr verteilt ganz genau die Position eines bestimmten Sterns am Himmel bestimmen, kommen wir auf dessen geometrische Parallaxe, nämlich die Hälfte des gemessenen »Wackelwinkels«.

Je näher ein Stern an der Erde ist, desto mehr wackelt er im Laufe eines Jahres am Himmel, und weiter entfernte Sterne zeigen eine kleinere Parallaxe. Das ist der Schlüssel dazu, ihre Entfernung zu bestimmen. Das Parsec ist so gewählt, dass eine Parallaxe von einer Bogensekunde bedeutet, dass ein Stern genau ein Parsec (kurz: 1 pc) entfernt ist. Wackelt er hingegen nur halb so stark, ist er zwei Parsec weit weg, und so weiter. Auch umgekehrt ist die Definition sehr anschaulich: Wenn irgendetwas – zum Beispiel ein Planetensystem – 1 AE groß und 1 pc weit weg ist, sieht für uns genau 1 Bogensekunde breit aus. In 2 pc Entfernung ist es nur noch eine halbe Bogensekunde groß. Die Parallaxen der Sterne genau zu bestimmen ist für die Astronomie deshalb sehr nützlich. Früher geschah das von Hand – oder besser gesagt mit den Augen. Anfang der 1990er Jahre machte dann der ESA-Satellit *Hipparcos* präzise Parallaxen-Messungen von über 100 000 Sternen in der Umgebung der Sonne. Die Genauigkeit seiner Messungen war spektakulär, nämlich bis auf ein Tausendstel einer Bogensekunde. Das entspricht der Größe einer Euromünze in Bremen – von Dubai aus gesehen. *Hipparcos* konnte so die Distanzen zu Sternen bis in eine Entfernung von etwa 100 pc sicher bestimmen.

Weiter entfernte Sterne wackeln allerdings im Laufe eines Jahres so wenig, dass wir ihre Parallaxe nicht mehr messen können – so ähnlich, wie man aus einigen Kilometern Entfernung vielleicht noch Menschen auf einem Kirchturm erkennt, aber nicht, ob sie leicht nach links oder rechts wippen. Um auch die Distanzen zu Sternen zu erfahren, wenn sie weiter als 100 pc entfernt sind, greift man auf bestimmte Tricks zurück. Diese basieren darauf, dass man Sternen auf irgendeinem indirekten Weg anzusehen versucht, wie hell sie eigentlich sein müssten. Zusammen mit der Helligkeit, die wir wirklich sehen, können wir dann die Entfernung zur Erde ausrechnen. Stellen Sie sich vor, dass alle Autoscheinwerfer der Welt genau gleich stark leuchten würden. Es wäre dann relativ einfach, nachts die Entfernung zu einem fahrenden Auto abzuschätzen, denn je weiter es weg ist, desto schwächer sehen wir seine Lichter. In der Realität gibt es zwei Probleme: Zum einen können Staub und Gas das Licht auf dem Weg zu uns abschwächen – in unserem Beispiel mit den Autoscheinwerfern könnte das Nebel sein, der es uns erschwert, die Entfernung einzuschätzen. Zum anderen sind natürlich die Sterne genauso wenig wie Autoscheinwerfer alle gleich hell.

Deshalb sind Astronomen stets auf der Suche nach Sternen, die sich als sogenannte »Standardkerze« eignen. Gemeint sind Sterne, die eine wohlbekannte Leuchtkraft haben und unabhängig von ihrer Entfernung erkannt werden können. In unserem Beispiel mit den Autoscheinwerfern könnte das so aussehen: Wenn es einen ganz bestimmten Autotyp gäbe, dessen Scheinwerfer nicht einfach weiß leuchten, sondern immer grün blinken würden, dann könnten wir diese Autos auch aus großer Entfernung erkennen. Da wir zweifelsfrei den Hersteller und das Modell bestimmt haben, können wir nun die bekannte Helligkeit dieser seltsamen Lampen zugrunde legen und ohne Probleme die Entfernung bestimmen.

In der Astronomie entsprechen die sogenannten »Pulsationsveränderlichen« solchen seltsamen Scheinwerfern. Damit werden Sterne bezeichnet, deren Helligkeit ständig schwankt, und zwar regelmäßig über einige Stunden oder Tage hinweg. Grob gesagt kann man diesen Sternen – wenn man sie richtig identifiziert – ansehen, wie hell sie sind, und zwar anhand der Zeitspanne, in der sie sich regelmäßig verändern. Es gibt verschiedene Arten solcher Veränderlichen mit sehr unterschiedlichen Perioden und Helligkeiten, und jede Klasse ist nach ihrem bedeutendsten Vertreter benannt. Zwei der wichtigsten Klassen von Pulsationsveränderlichen heißen »δ Cephei« und »RR Lyrae«. Allerdings müssen deren tatsächliche Helligkeiten erst einmal bestimmt werden – so wie wir von dem Auto mit den blinkenden Scheinwerfern einmal ein Exemplar vor der Nase gehabt oder mindestens das Handbuch gelesen haben müssen. Bevor man mit Hilfe der Pulsationsveränderlichen also tatsächlich Entfernungen abschätzen kann, müssen sie »geeicht« werden. Eine geeignete Methode dafür können geometrische Messungen mit Hilfe der Parallaxe sein. Dummerweise fanden sich bislang kaum Veränderliche in einer Entfernung, mit der das gut funktioniert. Es sind deshalb stets neue Messungen und mathematische Kniffe gefragt, um die tatsächliche Helligkeit der Veränderlichen zu bestimmen.

Hier zeigt sich ein grundsätzliches Problem der Entfernungsbestimmungen in der Astronomie: Wir müssen verschiedene Methoden kombinieren, aber jede einzelne von ihnen birgt eine mögliche Fehlerquelle. Man spricht von der »Entfernungsleiter«, die immer wackeliger wird, je höher man klettert. Die Parallaxenmessung bildet die unterste Stufe der Entfernungsleiter und ist deshalb für die gesamte Astrophysik von großer Bedeutung. Es lohnt sich daher immer, die Genauigkeit der bekannten Parallaxen zu verbessern, und mit dieser Mission tritt seit 2014 die *Gaia*-Mission der ESA das Erbe von *Hipparcos* an. *Gaia* ist ein Weltraumteleskop, das um den sonnenabgewandten Lagrange-Punkt eineinhalb Millionen Kilometer von der Erde entfernt kreist – genau auf der anderen Seite der Erde, wie *SOHO*, die Sonnenbeobachtungs-Sonde. *Gaia* soll eine hundertmal größere Genauigkeit erreichen als *Hipparcos* und eine dreidimensionale Karte von etwa einer Milliarde Sternen anfertigen, die bis zu 10 000 pc, oder auch knapp 33 000 Lichtjahre, von uns entfernt liegen.

Wo wir gerade wieder bei Parsec und Lichtjahren sind: Im wissenschaftlichen Alltag wird seit langem fast ausschließlich mit Parsec gearbeitet, während den meisten Menschen eher das Lichtjahr ein Begriff ist. Wenn die astronomische Forschung für die Öffentlichkeit erklärt wird, werden deshalb meist Lichtjahre benutzt. Es ist vielleicht ein bisschen wie bei Automotoren, über deren Leistung die Fachwelt nur noch in Kilowatt (kW) spricht, während die breite Öffentlichkeit weiter Pferdestärken (PS) erwartet. Ich persönlich könnte das Lichtjahr nie ganz abschütteln – die Entfernung zum nächsten Stern oder den Durchmesser der Milchstraße habe ich zuerst in Lichtjahren im Kopf, und wenn von Parsec die Rede ist, rechne ich oft instinktiv um. Vielleicht hat das auch damit zu tun, dass ich eben nicht mit Fachliteratur, sondern mit Was-ist-was-Büchern und Science-Fiction-Geschichten groß geworden bin. Mich würde interessieren, wie es anderen Astrophysikern damit geht, aber bisher habe ich mich nicht getraut zu fragen.

Nun, da wir die Maßeinheiten kennen, können wir uns der Milchstraße selbst zuwenden.

Aber Moment: Wie heißt das Ganze jetzt eigentlich? Milchstraße, Galaxie, Galaxis? Klären wir das kurz auf. Eine große Ansammlung von Sternen, die gemeinsam um einen Schwerpunkt kreisen, bezeichnet man als Galaxie. Es gibt sehr viele davon, und auch unsere Sonne gehört zu einer Galaxie, der Milchstraße. Wir können sie in dunklen Nächten sehen, wie sie sich in großem Bogen über den Himmel spannt – der griechischen Legende nach übrigens ein Band von verschütteter Milch. Vom griechischen Ursprung des Wortes her bedeutet »Galaxie« sogar dasselbe wie »Milchstraße«, aber viele europäische Sprachen unterscheiden diese Begriffe heute genauso wie wir: Es gibt viele Galaxien, aber unsere eigene ist die Milchstraße. Eine amüsante Ausnahme bildet Malta, dessen Sprache eine kuriose Mischung aus Italienisch und einem alten arabischen Dialekt ist. Hier hat der Name unserer Galaxie nichts mit Milch zu tun, sondern lautet »It-Triq ta' Sant'Anna« (»Die Straße der Heiligen Anna«), denn auf Malta geht es einfach ein Stück frommer zu. Im Deutschen setzen wir übrigens für Schlaumeier noch einen drauf: Hier kann man unsere eigene Galaxie neben »Milchstraße« auch noch »die Galaxis« nennen.

Wie man sie auch bezeichnen mag: Galaxien sind gewissermaßen Inseln voller Sterne, die von sehr viel beinahe leerem Raum umgeben sind. Sie werden auch gern mit einer Stadt verglichen: So ähnlich wie viele Menschen in mehr oder weniger deutlich abgegrenzten Städten leben, so ist auch unsere Sonne einer von vielen Sternen in einer relativ deutlich abgegrenzten Galaxie. Wie auf der Erde auch, gibt es neben den Städten noch Kleinstädte, Dörfer und besiedelte Randgebiete von Galaxien, die wir ebenfalls bereisen werden. Unsere Sternenkarte sagt uns, dass die Milchstraße gigantisch groß ist: eine Scheibe mit einem Durchmesser von rund 100 000 Lichtjahren und etwa 1000 bis 3000 Lichtjahren Dicke. Sie enthält aktuellen Schätzungen zufolge gut 200 Milliarden Sterne. Unsere Sonne ist einer von ihnen und befindet sich etwa auf der Hälfte zwischen der Mitte und dem äußeren Rand, rund 27 000 Lichtjahre vom Zentrum entfernt.

Ein gutes Modell für die Ausmaße der Milchstraße können wir uns ganz einfach selbst basteln. Die Grundlage bildet ein Stapel von zwei bis drei übereinandergelegten CDs. Einen »Wir sind hier«-Punkt können wir etwa drei Zentimeter vom äußeren Rand entfernt einzeichnen. Mit der Scheibe ist es aber noch nicht getan. Die Milchstraße hat in der Mitte eine große Ausbuchtung, die wie im Englischen der »Bulge« genannt wird. Bis in die 1980er Jahre dachte man, er wäre kugelförmig – etwa wie eine Murmel von rund zwei Zentimetern Durchmesser, die in der Mitte unseres CD-Stapels säße. Da wir aber mitten in unserer galaktischen Scheibe sitzen, ist es schwierig, die Form des Bulge genau zu bestimmen. Jüngere Beobachtungen haben ergeben, dass diese Region wahrscheinlich eher langgezogen ist und eine gewisse Unregelmäßigkeit zeigt. Außerdem gehen die Meinungen auseinander, wie groß der Bulge wirklich ist: Vielleicht entspricht er also in unserem Modell einer größeren Erdnuss oder aber auch einer ausgewachsenen Paranuss.

Wenn wir die Milchstraße von der Erde aus am Nachthimmel betrachten, schauen wir in die Scheibe hinein, also grob gesagt zu deren Mitte hin. Stellen Sie sich das vor wie auf dem riesigen Parkplatz, der rund um einen Möbelmarkt führt. Wenn Sie am Rand parken und sich nach dem Aussteigen umsehen, dann haben sie zwei recht unterschiedliche Perspektiven. Zum einen können Sie hinter sich zum Ausgang des Parkplatzes schauen. Sie sehen ein paar Autos, und dahinter ist der Parkplatz zu Ende. Wenn Sie allerdings zur Mitte des Parkplatzes in Richtung Markt schauen, sehen Sie Unmengen von Fahrzeugen – und außerdem verzweifelte Möbelkäufer mit zu großen Paketen sowie Hot-Dog-mampfende Kinder. So ähnlich verhält es sich auch, wenn wir uns in der Milchstraße umschauen: Nach außen, also zum Rand der Scheibe hin, sehen wir Sterne, aber nicht allzu viele. Blicken wir jedoch nach innen, so sehen wir das ganze Gewusel im Zentrum, nämlich so viele Sterne, dass ihr Licht zu einem weißen Band am Himmel verschwimmt. Das finde ich am Blick auf die Milchstraße so faszinierend: Sie ist nicht einfach irgendein entferntes Objekt, das wir uns von außen ansehen, sondern sie bildet die Struktur, die uns umgibt. Wir schauen die Milchstraße nicht an, sondern schauen uns in ihrem Inneren um! Dass die Milchstraße dabei teilweise fleckig aussieht und nicht als einheitliches Band zu sehen ist, liegt an Gas- und Staubwolken, von denen sie durchzogen ist. Sie schwächen das Licht stellenweise ab oder absorbieren es ganz. Schauen Sie am besten bei Gelegenheit mal selbst in einer sternklaren Nacht durch ein Fernglas die Milchstraße entlang – es ist ein beeindruckender Anblick.

Lassen Sie sich übrigens keinen Bären aufbinden, wenn Ihnen jemand »ein Foto unserer Milchstraße von außen« zeigen will. Wir haben zwar eine gute Vorstellung davon, wie das aussehen müsste, aber es gibt keine solchen Bilder. Es wäre nämlich völlig unmöglich, eine Kamera so weit von der Erde weg zu befördern, dass sie die Milchstraße von außen knipsen könnte. Das ist ein bisschen so, als sollten Sie ein Luftbild Ihres gesamten Häuserblocks machen, aber hätten dafür nichts als einen Selfie-Stick als Hilfsmittel: Die Kamera ist einfach nicht weit genug weg für das gewünschte Bild! Und dabei haben wir noch nicht einmal das Problem bedacht, dass über Entfernungen von Zehntausenden Lichtjahren auch die Funksignale mit den Fotos Zehntausende Jahre brauchten, um uns übermittelt zu werden. Selbst wenn wir heute mit einem solchen Fotoprojekt loslegen würden, könnten wir frühestens in einigen Tausend Jahren mit dem Ergebnis rechnen. Deshalb können Darstellungen unserer Milchstraße von außen nur Zeichnungen, Computersimulationen oder Fotos von anderen Galaxien sein, die unserer womöglich ähnlich sehen.

Es war ein langer Weg, all diese Merkmale der Milchstraße zu erforschen. Erst zu Beginn des 17. Jahrhunderts gelang es Galileo Galilei mit seinen damals neuartigen Teleskopen, in dem weißlichen Band am Himmel zweifelsfrei eine Ansammlung von Sternen zu erkennen. Im Laufe des 18. Jahrhunderts kam der Gedanke auf, dass unsere Sonne ein Teil eines riesigen rotierenden Systems aus Sternen sein könnte. Aber noch bis in das frühe 20. Jahrhundert war Astronomen nicht klar, dass sie die Milchstraße nur bruchstückhaft sehen konnten, weil Gas- und Staubwolken einen Teil des Lichts verschlucken. Mit ihren Vermutungen über die Form die Milchstraße und die Position der Erde darin lagen die Forscher deshalb damals noch falsch. Schließlich ist dieses »Versteckspiel« der Milchstraße aber aufgeflogen, und mit neuen Instrumenten wie etwa Radioteleskopen konnten Astronomen sogar durch die dunklen Wolken hindurchschauen. Tausende Jahre nachdem Menschen die Milchstraße am Himmel bestaunt hatten, war damit erstmals klar, wie dieses Gebilde aussieht und dass wir Menschen selbst einen Platz darin haben.

Es ist übrigens gut, dass wir hier im Buch unser Raumschiff zur Verfügung haben, um die Milchstraße zu erkunden, denn nach allem, was wir heute wissen, wäre eine Reise dorthin in der Realität ein Ding der Unmöglichkeit. Unsere bislang schnellste Raumsonde *New Horizons* wird mit 23 Kilometern pro Sekunde noch Jahrzehnte dafür brauchen, das Sonnensystem zu verlassen. Bei dieser Geschwindigkeit dauert es etwa 50 000 Jahre, die Strecke zwischen der Erde und dem allernächsten Stern zurückzulegen. Natürlich lässt sich nicht vorhersagen, ob wir in Zukunft viel bessere Antriebssysteme haben werden. Aber an der Physik führt kein Weg vorbei: Es wäre eine gewaltige Menge an Energie erforderlich, um Raumfahrzeuge so schnell zu machen, dass sie auch nur die nächsten Nachbarsterne innerhalb eines Menschenlebens erreichen könnten.

Angenommen, wir könnten zwei Menschen in einem weltraumtauglichen Smart das Überleben für Jahrzehnte ermöglichen, ohne dass sie viele Vorräte mitschleppen müssten. Unsere tapferen Raumfahrer hätten nur einen Auftrag: Zum nächsten Stern fliegen, anschlagen und zurück – innerhalb von 50 Jahren. Damit dieser »Zauber-Raumsmart« mit einer Masse von einer Tonne inklusive Besatzung das schafft, müssten wir in seine Beschleunigung grob gerechnet so viel Energie stecken, wie die gesamte Erde in einem Jahr an Elektrizität verbraucht. Der Treibstoff dafür dürfte aber nicht viel mehr wiegen als ein paar Kilogramm, sonst ginge die Rechnung nicht auf. Besteigen wir also lieber wieder unser Raumschiff und erkunden gemeinsam das, was Wissenschaftler nur von der Erde aus enträtseln können!

Auf unserem Weg durch die Galaxis fällt zuerst ihre verwirbelte Gestalt ins Auge. Die sogenannten »Spiralarme« sind langgezogene, helle Regionen, die sich vom Zentrum nach außen durch die Milchstraße schwingen. Die Sterne kreisen um das galaktische Zentrum herum, im Prinzip so ähnlich wie im Sonnensystem, wo die Planeten um die Sonne kreisen. Allerdings ist das galaktische Zentrum – obwohl es riesig ist – im Verhältnis zu all den Sternen in der galaktischen Scheibe lange nicht so schwer, wie es die Sonne im Vergleich zu unseren Planeten ist. Die Masse in der Milchstraße ist stattdessen viel gleichmäßiger verteilt als im Sonnensystem, so dass die Umlaufbahnen der Sterne anders aussehen als die der Planeten. Sie sind keine mehr oder weniger langgezogenen Kreise, sondern verlaufen in stark eiernden Ellipsen um das galaktische Zentrum.

Auch unsere Sonne, und mit ihr die Erde, umrundet in etwa 220 Millionen Jahren das galaktische Zentrum. Das bedeutet, dass sie vor etwa 100 Millionen Jahren tatsächlich auf der anderen Seite der Milchstraße war, gut 50 000 Lichtjahre von ihrem heutigen Platz entfernt. Die Erde war damals in der Kreidezeit bevölkert von Dinosauriern: vierbeinigen Pflanzenfressern mit Stachelpanzer, flinken Zweibeinern, Flugsauriern auf Fischfang und hausgroßen, langhalsigen Kolossen. Hätten diese Saurier damals Astrophysik betrieben (anstatt nur durch die Gegend zu stampfen und sich bisweilen gegenseitig aufzufressen), hätten sie aus der Galaxis hinausblicken und eine Region des Himmels sehen können, die aus unserer heutigen Perspektive komplett durch das Zentrum der Milchstraße verdeckt ist. Uns als Menschheit wird sich dieser Blickwinkel frühestens in einigen Millionen Jahren erstmals bieten.

Aber zurück zu den Spiralarmen der Galaxis. Wie drehen sich diese Arme und die Sterne eigentlich genau? Sind sie fest und starr, so dass sie mit der Milchstraße rotieren, als wären sie auf einen Kreisel aufgemalt – oder haben sie sich gar als gerade Arme gebildet und wurden dann im Laufe der Zeit gewissermaßen aufgewickelt? Während wir mit unserem Raumschiff die Arme entlangflitzen und sie eine Weile beobachten, stellen wir fest: Nichts von beidem ist richtig. Die korrekte Antwort haben Astronomen auf der Erde im Laufe der 1960er Jahre gefunden. Um die Bewegungen etlicher Millionen Sterne zu berechnen, die sich gegenseitig beeinflussen, waren damals Supercomputer ein wichtiges Werkzeug. Sie nahmen den Forschern die unmögliche Aufgabe ab, Millionen von Formeln zu lösen, um die Bewegung der Sterne nachzuvollziehen. Diese Computer füllten ganze Räume, und ihre kleiderschrankgroßen Festplatten konnten bis zu 200 Megabyte speichern. Die Berechnungen haben dabei geholfen, die Spiralarme als sogenannte »Dichtewellen« zu identifizieren. Was das ist, wird oft mit einer beliebten Analogie erklärt und mit einem Stau auf der Autobahn verglichen.

Angenommen, wir fahren auf der Autobahn und hören im Radio von einem Stau vor uns. Der Stau besteht aus einer Menge anderer Autos, aber unseres gehört nicht dazu. Noch nicht, denn wenig später erreichen wir den Stau und werden ein Teil von ihm. Eine Weile verbringen wir im Stau und haben die Gelegenheit, die anderen Fahrer und ihre Autos gründlich zu begutachten. Eine Weile nachdem wir den Stau verlassen haben, hören wir im Radio, dass er immer noch da ist. Nun kann man sich fragen: Was ist ein Stau eigentlich? Eine Ansammlung von Autos, klar. Aber sie existiert unabhängig von den einzelnen Fahrzeugen – denn der Stau war ja immer der gleiche: bevor wir ihn erreicht haben, als wir Teil davon waren und sogar nachdem wir ihn wieder verlassen hatten. Man könnte also sagen, dass es für die Definition eines Staus egal ist, aus welchen Autos er besteht. Er ist damit vergleichbar mit einer Dichtewelle, die über uns hinweggerollt ist. Wir haben uns zwar die ganze Zeit vorwärtsbewegt, aber zwischenzeitlich war es um uns herum sehr eng, und es ging deshalb nur langsam voran. Noch etwas fällt uns nach dem Stau auf: Wir erkennen einige Autos wieder, die wir zuvor auf freier Strecke um uns hatten und auch im Stau betrachtet haben. Es ist also so, als wäre unsere lose Nachbarschaft aus Autos im Stau vorübergehend zusammengerückt und hätte sich dann langsam wieder zerstreut.

Und genauso ist es mit den Spiralarmen unserer Milchstraße auch. Sie existieren als dichte Ansammlungen von Sternen – aber unabhängig von den einzelnen Sternen, die mal dazugehören und mal nicht. Der Spiralarm ist der Stau, und die Sonne ist unser Auto – wir sind mal drin und mal nicht, rücken mit unserer galaktischen Nachbarschaft zusammen oder laufen wieder auseinander. Und während sich ein Stau auf der Erde oft nach wenigen Stunden schon wieder aufgelöst hat, können Spiralarme über Milliarden von Jahren stabil sein. Wir können also nach Belieben mit unserem Raumschiff hindurchflitzen und sie von innen und außen betrachten.

Ganz so aufgeräumt und unveränderlich, wie es auf den ersten Blick scheint, ist es aber leider doch nicht. Die Spiralarme selbst drehen sich nämlich auch, aber mit einer anderen Geschwindigkeit als die Sterne. Sterne, die weiter innen in einer Galaxie liegen, laufen von hinten auf die Spiralarme auf. Sie holen sie also ein, verbringen eine Zeit darin und verlassen sie dann wieder, so wie wir mit unserem Auto den Stau. Sterne, die weiter außen liegen, werden hingegen von der Dichtewelle eingeholt und überholt. Der Stau rollt also gewissermaßen von hinten über sie hinweg. Die Sonne scheint sich in der Nähe der Grenze zwischen diesen beiden Gebieten zu bewegen: Sie kommt vorwärts durch ihren Spiralarm, aber langsamer als die weiter innen liegenden Sterne. Ein Stück weiter außen werden die Sterne hingegen von den Armen überholt. Wie viele Spiralarme, Nebenarme und kleinere Verästelungen es genau gibt, ist noch nicht klar. Wir befinden uns mit der Sonne am Rand des sogenannten »Orion-Arms«, der wahrscheinlich ein Ableger eines der größeren Arme ist. Von diesen größeren Armen kennen wir vier Stück. Wir können allerdings ihren Verlauf auf der anderen Seite des galaktischen Zentrums nicht beobachten, so dass wir nur vermuten können, dass es tatsächlich vier sind.

Neben einer Runde um das galaktische Zentrum alle

220 Millionen Jahre legt die Sonne auch eine Berg-und-Tal-Fahrt in der galaktischen Scheibe hin: Sie fliegt abwechselnd rauf und runter, wobei wir mit der Sonne ungefähr alle 35 Millionen Jahre den dichten Mittelteil der Scheibe durchqueren. Und als wäre das nicht schon genug Action, durchqueren wir außerdem noch etwa einmal in 100 Millionen Jahren einen Spiral-arm. Schon lange gibt es übrigens Vermutungen, dass solche galaktischen Vorgänge einen Einfluss auf das Klima oder andere Lebensbedingungen auf der Erde haben könnten. Diese Vermutungen zu beweisen ist aber sehr schwierig, da wir über so lange Zeiträume höchstens geologische Aufzeichnungen in Form von Ablagerungen in der Erde haben. Gelegentlich werden astronomische Vorgänge ins Gespräch gebracht, um den aktuellen raschen und mit großer Sicherheit men-schengemachten Klimawandel zu erklären. Sicher ist aber, dass die Zeiträume der Bewegung von Sonne und Erde durch die Galaxis viel zu groß sind, um solch eine Erklärung zu liefern.

Wenn wir mit unserem Raumschiff der Berg-und-Tal-Fahrt der Erde folgen und dabei die Scheibe der Milchstraße gründlich betrachten können, drängt sich die Frage auf, was die Spiralarme eigentlich so hell macht. Klar, hier liegen die Sterne enger zusammen als in den Lücken zwischen den Armen. Doch es gibt noch einen anderen wichtigen Grund: In den Spiral-armen werden auch dünne Gaswolken verdichtet, die sogar bisweilen kollidieren. So kann es vorkommen, dass eine lockere Gaswolke auf einen Spiralarm aufläuft und so stark zusammengestaucht wird, dass aus ihr Sterne entstehen können. Solche Gaswolken werden auch »Sternentstehungsgebiete« genannt. Dem häufigen Auftreten dieser Gebiete verdanken die Spiralarme ihr Leuchten.

Es ist ein bisschen wie in der bekannten Geschichte vom großen Stromausfall in New York im November 1965. Eine Nacht ohne Fernsehen und elektrisches Licht soll eine Welle von Geburten ausgelöst haben. Das ist zwar nur eine Legende, aber auch in einem Spiralarm der Milchstraße herrschen ideale Babyboom-Bedingungen. Und genauso, wie es leichte und schwere Babys gibt, entstehen dabei auch leichte und schwere Sterne. Wie wir gesehen haben, leuchten die schwersten Sterne besonders hell und blau, haben aber auch die kürzesten Lebenszeiten. Schon nach einigen Millionen Jahren können sie ihren Brennstoff aufgebraucht haben – aber in so kurzer Zeit hat sich der große, behäbige Spiralarm kaum weiterbewegt. Die Wucht der Supernova-Explosionen solcher massereichen Sterne kann durch Schockwellen wiederum Gas in der Umgebung verdichten und eine weitere Sternentstehung anfachen.

In den Sternentstehungsgebieten der Spiralarme ist also mächtig was los! Würde man die Milchstraße im Zeitraffer betrachten, so dass Hunderte Millionen Jahre

in wenigen Sekunden vergehen, würden sich die Spiralarme langsam vorwärtsschieben und an ihnen entlang
ständig helle, blaue Sterne aufblitzen und sogleich wieder explodieren. Jeder Spiralarm schiebt also gewissermaßen eine pulsierende Partymeile voller Sterngeburten
und -explosionen vor sich her. Diese sind wiederum in
einzelnen kleineren Bereichen konzentriert, gewissermaßen in Kneipen auf der Partymeile. Da wir mit der
Sonne in der Nähe eines Spiralarms sitzen, aber dan-
kenswerterweise auch nicht mittendrin, können wir
solche Sternentstehungsgebiete aus sicherer Entfernung
beobachten.

Eines der beeindruckendsten Exemplare dieser
Kneipen, die in der Astronomie »Offene Sternhaufen«
genannt werden, ist der »Orionnebel«. In der mytho-
logischen Interpretation des Sternbilds Orion bei den
Griechen hat der Jäger namens Orion ein Schwert dabei, das durch eine kleine Reihe von drei Sternen zwischen seinen Beinen angedeutet wird. Der mittlere
davon ist der Orionnebel: In einer dunklen Nacht
kann man mit einem Fernglas gut erkennen, dass er
gar kein einzelner Stern ist, sondern eher verwischt
erscheint.[*] Es handelt sich um einen riesigen Nebel,
über 20 Lichtjahre im Durchmesser, etwas mehr als

---

[*] Da so oft von Orion die Rede ist, tut es mir wirklich leid, falls
Sie dieses Buch im Sommer lesen und das Sternbild nicht zu
sehen ist. Ich möchte Sie auf die frühen Morgenstunden im
nächsten Oktober vertrösten. Es lohnt sich!

1300 Lichtjahre von der Erde entfernt. In diesem Nebel verstecken sich, weitgehend vor unserem Blick ver-
schleiert, einige Hundert junger, heißer Sterne. Ihre
intensive Strahlung regt die Moleküle des umgebenden Gases zum Leuchten an, so dass wir einen diffu-
sen Schein sehen können. Wenn wir mit unserem
Raumschiff durch ein solches Gebiet rauschen, fällt
mitunter so viel Licht von den hellen Sternen und dem
leuchtenden Gas herein, dass wir keine Leselampe
brauchen, wenn wir mit einem guten Buch einschlafen
wollen.

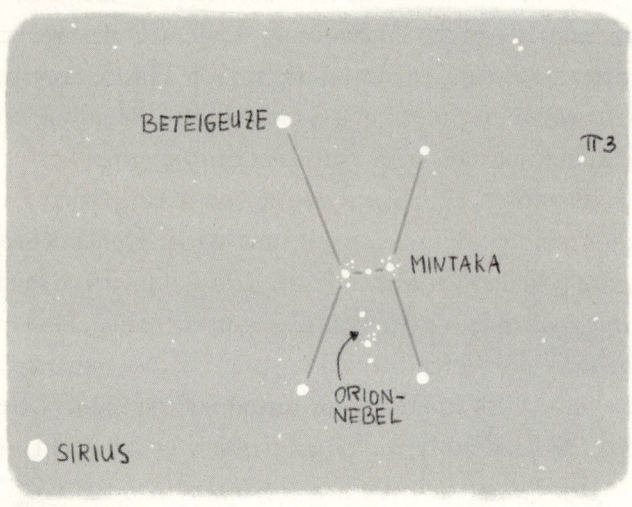

*Abbildung 5: Ein Teil des Sternbilds Orion, wie es im Herbst und
Winter leicht am Himmel zu finden ist. In der Nähe steht Sirius,
der hellste Stern am Himmel.*

Einen solchen Anblick bieten Offene Sternhaufen aber nur für eine begrenzte Zeit, denn wie in der wildesten Kneipe ist auch die Sternentstehungsfeier irgendwann einmal vorbei. Früher oder später blasen die jungen Sterne das sie umgebende Gas durch ihre starke Strahlung und ihre Sternwinde davon, ganz zu schweigen von ihren gewaltigen Supernova-Explosionen. Offene Sternhaufen sehen deshalb schon zwischen zehn und einhundert Millionen Jahre nach ihrem Entstehen völlig anders aus als zu Beginn. Wir finden am Himmel auch Beispiele für ältere Offene Sternhaufen – Kneipen also, in denen die wilde Sause schon vorbei ist und nur noch der harte Kern an der Theke sitzt. Solche Sternhaufen enthalten nach wie vor viele relativ junge, heiße Sterne, aber kaum noch sichtbares Gas. Das mit Sicherheit schönste Beispiel dafür sind die »Plejaden« an unserem Nachthimmel, die ich spaßeshalber gern »den ganz kleinen Wagen« nenne. Die Plejaden sind eine engstehende Gruppe von sechs bis zehn gut sichtbaren Sternen im Sternbild Stier. Man findet sie, wenn man einer gedachten Linie von Orions rechter Schulter (dem Stern Bellatrix) durch den hellen westlichen Nachbarstern Aldebaran folgt. Die wunderschön funkelnden Plejaden liegen nur etwa 450 Lichtjahre von uns entfernt und bestehen aus rund eintausend Sternen. Mit ihrem Alter von etwa einhundert Millionen Jahren zeigen sie die Zukunft des wirbelnden Orionnebels und der anderen jungen

Offenen Sternhaufen, wenn ihr Gas fortgeweht sein wird.

In Sternentstehungsgebieten bilden sich auch masse-ärmere Sterne, die weniger hell, aber dafür deutlich langlebiger sind. Unsere Sonne hat ein Alter von etwa viereinhalb Milliarden Jahren, während die Milchstraße schon über zwölf Milliarden Jahre alt ist. Die Sonne gehört also nicht zu den Gründungsmitgliedern der Milchstraße, sondern ist sehr wahrscheinlich nach-träglich in einem Sternentstehungsgebiet gebildet wor-den. Allerdings haben wir unsere kosmische Kindergar-tengruppe offensichtlich schon lange verlassen, denn wir sehen nicht besonders viele gleichaltrige Sterne in unserer näheren Umgebung. Eine Zeitlang galt ein über 2500 Lichtjahre entfernter Sternhaufen namens »Messier 67« als möglicher Ursprungsort der Sonne. Dessen Alter, Umlaufbahn und sogar der Metallgehalt seiner Sterne stimmen sehr gut mit den Eigenschaften der Sonne überein.

Aber warum hat sich die Sonne überhaupt so weit von ihrem Entstehungsort entfernt? Das liegt daran, dass die Sterne eines Offenen Sternhaufens nicht fest gebunden sind. Jeder Stern hat eine ganz eigene Bewe-gung relativ zu seiner Umgebung, und der Sternhaufen selbst ist nicht schwer genug, um seine Bestandteile durch die Schwerkraft festzuhalten. Innerhalb von einigen Hundert Millionen Jahren kann die Eigen-bewegung der Sterne, zusammen mit den Wirren des

Umlaufs um das galaktische Zentrum und durch die Spiralarme, einen Sternhaufen deshalb komplett auseinandertreiben. Schon vorher kann es außerdem passieren, dass sich Sterne sehr nahe kommen und dadurch mit hoher Geschwindigkeit aus ihrer Nachbarschaft geschleudert werden.

Stellen Sie sich vor, Sie gingen ruhig spazieren, während eine Freundin auf dem Skateboard auf Sie zugerauscht kommt. Sie strecken den Arm aus, und Ihre Freundin ergreift im Vorbeifahren Ihre Hand – nun dürfte mindestens einer von Ihnen beiden plötzlich und nachhaltig seine Richtung ändern. Was die Sonne angeht, werfen jüngere Forschungsergebnisse aber Zweifel daran auf, dass sie auf diese Weise aus dem Offenen Sternhaufen Messier 67 geworfen wurde. Das hätte wohl so schwungvoll sein müssen, dass unser wohlgeordnetes Planetensystem fatal durcheinandergewirbelt worden wäre und wir heute keine acht Planeten hätten, die brav auf einer Ebene um die Sonne kreisen.

In bunten, dichtgedrängten Offenen Sternhaufen entstehen also zum einen heiße und helle Sterne, die nur ein kurzes Leben führen und deshalb kaum weit vom Ort ihres Entstehens wegkommen. Zum anderen entstehen aber auch langlebigere Sterne wie unsere Sonne, die einige Milliarden Jahre Zeit haben, sich in der ganzen Galaxis zu verteilen. Sie bilden die Bevölkerung der »Otto-Normalverbraucher-Sterne«, wie sie überall verstreut in der Milchstraße zu finden sind.

Die Offenen Sternhaufen selbst, in denen diese Sterne entstehen, sind nach einer Weile praktisch verschwunden: Gas und Staub wurden weggeblasen, die leichteren Sterne haben sich verstreut und die schweren Sterne ihr Leben ausgehaucht. Dafür entstehen aber ständig neue Offene Sternhaufen entlang der Spiralarme. Wir kennen aktuell über eintausend von ihnen, aber außerhalb unseres Blickfelds gibt es zweifellos noch viele mehr.

Nach so viel Aufregung steht uns vielleicht der Sinn nach einer ruhigeren Gegend. Die finden wir, wenn wir aus der Scheibe der Milchstraße gerade nach oben oder unten hinausfliegen. Hier liegt der sogenannte »Halo«, eine mehr oder weniger kugelförmige Region rund um die Scheibe der Milchstraße. Wie können wir uns den Halo im Vergleich zu dem Modell der Galaxis als kleinen CD-Stapel vorstellen? Nun, der Halo ist überraschend groß. Wir könnten eine Honigmelone halbieren, die CDs in die Mitte legen und sie wieder zusammenklappen: Das entspräche etwa den Größenverhältnissen der galaktischen Scheibe und des Halo. Er besteht neben einigen einsamen Sternen aus einer großen Menge sehr dünnen Gases. Doch während wir ihn durchfliegen, erregt vor allem eins unsere Aufmerksamkeit: insgesamt rund 150 runde Gebilde, bestehend aus jeweils Hunderttausenden enorm dichtgedrängten Sternen. Sie heißen »Kugelsternhaufen« und umkreisen das Zentrum der Milchstraße kreuz und quer, wobei sie nur gelegentlich die Scheibe durchqueren. Die meiste Zeit verbringen sie fernab der Sternenscheibe im Halo, wo wir sie gut beobachten können, da wenig Gas und Staub die Sicht versperren. Im Modell der gestapelten CDs umkreisen die Kugelsternhaufen das galaktische Zentrum in Abständen von einigen Fingerbreit bis zu einer ganzen Handbreit – das entspricht einer Spanne von etwa 10 000 bis 120 000 Lichtjahren.

Trotz ihrer ähnlichen Namen haben Kugelsternhaufen nur wenig mit Offenen Sternhaufen gemeinsam. Kugelsternhaufen sind sehr viel größer und enthalten meist mehrere Hunderttausend Sterne. Dafür gibt es deutlich weniger von ihnen. Um die 150 Kugelsternhaufen sind uns bekannt, die meisten davon weit draußen im Halo der Milchstraße. Den Großteil ihrer Zeit ziehen sie in aller Seelenruhe ihre Bahnen um das galaktische Zentrum und durchqueren höchstens gelegentlich die Scheibe. Während uns die Offenen Sternhaufen durch besonders heiße und junge Sterne aufgefallen sind, enthalten die Kugelsternhaufen weitaus weniger heiße, aber enorm alte Sterne. Ein bisschen kann man es sich wie einen großen Kinderspielplatz im Park vorstellen: Kinder jagen unermüdlich kreuz und quer durch die Sandkiste, während außen herum ältere Leute gemütlich in der Sonne sitzen.

Für mich sind die Offenen Sternhaufen wie Kinder, die in der Sandkiste der Spiralarme herumtollen, während die gemütlichen, uralten Kugelsternhaufen das

Ganze seelenruhig aus der Ferne betrachten. Ihr Alter ist wahrhaftig enorm: Die Kugelsternhaufen der Milchstraße sind wahrscheinlich über 12 Milliarden Jahre alt – während das Universum selbst kaum mehr als eineinhalb Milliarden Jahre älter ist. Die Kugelsternhaufen gehören damit zu den ältesten Gebilden in unserer Umgebung. Wenn wir uns daran erinnern, wie wir die Lebenszeit der Sonne auf die Länge eines Fußballspiels umgerechnet haben, das gerade in der Halbzeitpause ist – dann existieren die Kugelsternhaufen schon seit eineinhalb Stunden vor dem Anpfiff.

Auch ihr Inneres ist beeindruckend, denn einige Hunderttausend bis eine Million Sterne auf vergleichsweise engem Raum geben ein spektakuläres Bild ab. Die durchschnittliche Entfernung der Sterne zueinander beträgt nur etwa 1 Lichtjahr – ziemlich dicht, wenn man bedenkt, dass sich im Umkreis von 10 Lichtjahren um unsere eigene Sonne nur etwa ein Dutzend Sterne befinden. Im Zentrum von Kugelsternhaufen ist die Dichte erst recht schwindelerregend groß. Der durchschnittliche Abstand zwischen zwei Sternen liegt dort nur etwa bei der Größe unseres Sonnensystems! Eine phantastische Vorstellung, im Zentrum eines solchen Kugelsternhaufens zu sitzen: Es dürfte niemals wirklich dunkel werden, weil stets unzählige Sterne, etliche davon in großer Nähe, den gesamten Himmel hell erleuchten. So atemberaubend ein solcher Nachthimmel auch wäre, unser Sonnensystem hätte in einer so dicht mit Sternen vollgestopften Umgebung keine Überlebenschance. Nahe Begegnungen unserer Sonne mit anderen Sternen würden die Planeten ständig durcheinanderwirbeln und sie schlimmstenfalls sogar aus ihrer Umlaufbahn katapultieren.

Und so fügt sich das Bild der Milchstraße zusammen, das wir im Ganzen bewundern können, wenn wir uns mit unserem Raumschiff wieder aus dem Kugelstern-haufen verabschieden und einen Blick zurückwerfen: Ein turbulentes Zentrum mit einem supermassereichen Schwarzen Loch ist umgeben von einer Menge Gas, Staub und älteren Sternen in der Ausbeulung namens Bulge. Junges Leben tobt in den Offenen Sternhaufen entlang der leuchtenden Spiralarme, und in der Nähe eines solchen sitzt auch unsere Sonne, die zu den gesetzteren Durchschnittssternen der Milchstraße ge-hört. Außen herum ziehen die wuseligen, aber uralten Kugelsternhaufen behäbig ihre Bahnen, wobei sie nur selten in der galaktischen Scheibe vorbeischauen. Und beinahe versteckt am Rand eines kleineren Spiralarms, nicht einsam, aber auch nicht zu nah an der Stern-entstehung, leuchtet schüchtern: unser Zuhause.

Galaxien
und ihre Geheimnisse

Noch ein letztes Mal hält uns das bekannte Universum jetzt an, unsere inzwischen vertraute Umgebung zurückzulassen. Nachdem wir uns von der Erde zu unseren Nachbarplaneten gewagt hatten, waren wir den verschiedensten Sternen, ihren dramatischen Entwicklungswegen und schließlich der Milchstraße mit ihren 200 Milliarden Sternen in den Spiralarmen und zahlreichen Sternhaufen begegnet. Jetzt steht wieder ein Schritt an, der uns weiter hinaus führt, hin zu anderen Galaxien.

Ich erinnere mich gern daran, wie sich meine Urgroßmutter damals gefreut hat, dass ich ein Studium aufgenommen habe, auch wenn ihr die Physik als Wissenschaft kaum vertraut war. Als sie vor fast 110 Jahren auf die Welt kam, entspann sich unter Astronomen gerade eine Kontroverse darüber, was es mit all den spiralförmigen »Nebeln« am Himmel auf sich hatte. Sie wurden mit immer stärkeren Teleskopen in immer größerer Zahl entdeckt, aber ihre Natur war rätselhaft. Manche wollten sie als Teil der Milchstraße verstanden wissen, wie es auch Offene Sternhaufen oder Kugelsternhaufen sind. Andere sahen in den Spiralnebeln eigene ferne und ebenso große Galaxien wie die Milchstraße.

Füllt unsere Galaxis das ganze Universum aus, oder ist das Universum voller Galaxien? Die Diskussion war mühselig, denn die Gestalt der Milchstraße selbst war noch gar nicht verstanden. Eine gediegene Abendveranstaltung in Washington D.C. im April 1920 gilt heute als »die große Debatte« zu diesem Thema. Die beiden Astronomen Harlow Shapley und Heber Curtis sprachen in aufeinanderfolgenden Vorträgen gleich eine ganze Reihe offener Fragen an, die sich um die Natur der Milchstraße, möglicher anderer Galaxien und die Größe des Universums drehten. Beide lagen in manchen Punkten richtig und in anderen falsch, aber zwei bestimmte Streitpunkte sind in der Geschichte der Astronomie hängengeblieben: Curtis glaubte fälschlicherweise, unsere Sonne müsse sich im Zentrum der Milchstraße befinden, während Shapley richtig vermutete, dass es dafür keinen Grund gab. Dafür vertrat Shapley die irrige Ansicht, dass die Spiralnebel zu unserer Galaxis gehörten, welche das ganze Universum ausfüllt – während Curtis in der Milchstraße zu Recht nur eine von vielen Galaxien sah. Als viele der offenen Fragen Jahrzehnte später endlich beantwortet waren, wurde die Debatte zwischen den beiden zum Inbegriff der damaligen Verunsicherung über die Gestalt des Universums. Und so war zwischen der Geburt meiner Urgroßmutter und der ihrer Kinder das bekannte Universum plötzlich viel, viel größer geworden.

Bis hierher haben wir uns tapfer an die Distanzen zwischen den Sternen und das Ausmaß der Milchstraße gewöhnt. Angefangen von wenigen Lichtjahren zum nächsten Stern hat es uns bis zu 100 000 Lichtjahre weit ans andere Ende und die Ränder der Galaxis verschlagen. Eine handliche Einheit für diese Distanzen, die wir im Display unseres Raumschiffs einstellen können, ist das Kiloparsec (kurz: kpc). Es steht für 1000 Parsec, also gut 3200 Lichtjahre. Der Durchmesser der Milchstraße beträgt dann nicht 100 000 Lichtjahre, sondern geradezu überschaubar klingende 30 Kiloparsec. Die meisten galaktischen Kugelsternhaufen sind zwischen 5 und 15 Kiloparsec von der Erde entfernt, und ein bis zwei Dutzend benachbarte »Zwerggalaxien« mit jeweils einigen Hundert Millionen Sternen liegen zwischen rund 25 und 250 Kiloparsec entfernt. Sie gehören zu den am weitesten entfernten Objekten am Himmel, die unter günstigen Bedingungen dennoch mit dem bloßen Auge zu sehen sind.

Die Milchstraße bildet zusammen mit zwei anderen großen Spiralgalaxien sowie einigen Dutzend Zwerggalaxien eine Einheit, die »Lokale Gruppe« genannt wird. Unsere Galaxis ist die mittlere der drei großen Galaxien in der Lokalen Gruppe, was ihre Größe und die Anzahl der Sterne angeht. Die größere ist die sogenannte »Andromedagalaxie«, die mindestens doppelt so groß wie die Milchstraße ist und bis zu fünfmal mehr Sterne enthält, nämlich rund 1000 Milliarden. Die kleinste der drei ist die »Dreiecksgalaxie«, nach einem historischen Katalogeintrag auch als »M33« bekannt. Sie hat einen etwa halb so großen Durchmesser wie die Milchstraße, beherbergt aber fünf- bis zehnmal weniger Sterne. Diese beiden Galaxien sind in den gleichnamigen Sternbildern Andromeda und Dreieck zu finden. Folgt man den beiden Spitzen des markanten »W«, das vom Sternbild Kassiopeia gebildet wird, ein Stück nach unten, landet man in der Gegend dieser beiden kosmischen Nachbarn – allerdings muss die Nacht dafür sehr dunkel sein oder ein starkes Fernglas zu Hilfe genommen werden.

Die Entfernung, in der diese beiden Nachbargalaxien zu uns liegen, ist auf verschiedenen Wegen gemessen worden. Die wichtigsten Methoden stützen sich auf einzelne charakteristische Sterne, denen man ihre tatsächliche Helligkeit anhand anderer Eigenschaften ansehen kann. Am Beispiel blinkender Autoscheinwerfer hatten wir dieses Prinzip schon innerhalb der Milchstraße kennengelernt. Das Ergebnis ist sowohl für die Andromeda- wie auch die Dreiecksgalaxie eine Entfernung von etwa 800 Kiloparsec zu uns, wobei sich die beiden Galaxien gegenseitig mit rund 300 Kiloparsec deutlich näher sind als unserer Galaxis. Doch gründliche Beobachtungen des Sternenlichts können nicht nur die Entfernungen zu diesen Galaxien offenbaren, sondern auch die Geschwindigkeit, mit der sie sich im Verhältnis zueinander bewegen.

Das funktioniert mit Hilfe des sogenannten »Doppler-Effekts«, den wir im Alltag besonders aus dem Straßenverkehr kennen. Wenn ein Fahrzeug auf uns zufährt, klingen seine Geräusche anders, als wenn es sich von uns wegbewegt. Wenn uns ein lautes Fahrzeug passiert, ist dieser Wechsel in der Tonhöhe deutlich zu bemerken: etwa im charakteristischen »Njiiiiieeeee-ooooouuuuu« eines Motorrads. Denselben Effekt erfährt auch das Licht: Eine Lichtquelle, die sich auf uns zubewegt, zeigt eine kleinere Wellenlänge (man spricht von »Blauverschiebung«) und das Licht einer Quelle, die sich von uns wegbewegt, eine größere Wellenlänge (»Rotverschiebung«). Um uns im Alltag aufzufallen, sind diese Doppler-Verschiebungen zu schwach, doch in der Astronomie können wir sie deutlich messen. Wir wissen zum Teil sehr genau, was für Wellenlängen wir im Sternenlicht erwarten, und wenn diese in unseren Messungen dann danebenliegen, können wir auf die Geschwindigkeit schließen, mit der sich ein Stern auf uns zu- oder von uns wegbewegt.

Das Ergebnis der Messung von Doppler-Verschiebungen in unseren Nachbargalaxien förderte in den vergangenen Jahrzehnten Erstaunliches zutage: Die Andromedagalaxie kommt der Milchstraße unaufhaltsam näher, und in wenigen Milliarden Jahren werden die beiden Galaxien sogar kollidieren. Das klingt nach der Geschichte für den größten aller Katastrophen-filme, doch es gibt auch beruhigende Nachrichten. Zum einen wird die Erde bis dahin ohnehin vollkommen unbewohnbar geworden sein. Die Sonne wird auf dem Weg zum Roten Riesen ihre Leuchtkraft schon in rund einer Milliarde Jahren so vergrößert haben, dass die Weltmeere verdampfen und dramatische Veränderungen der Erdatmosphäre weder Tieren noch Pflanzen langfristige Überlebenschancen lassen. Zum anderen droht dem Sonnensystem von der galaktischen Kollision ohnehin keine Gefahr: Auch wenn sie die Milchstraße und die Andromedagalaxie vollständig durchdringen, wird es voraussichtlich so gut wie keine Zusammenstöße von Sternen geben. Die sind nämlich in ihren Galaxien so locker gepackt, dass sie die galaktische Kollision unbeschadet überstehen können. Wir könnten mit unserem Raumschiff problemlos durch eine solche Kollision fliegen, während sie in vollem Gange ist, und würden dabei kaum bemerken, dass sie überhaupt stattfindet.

Wie sich solche galaktischen Kollisionen abspielen, können wir auf zwei Arten erforschen: indem wir ferne Galaxien beobachten, denen genau dies gerade widerfährt, oder mit Hilfe von Computersimulationen. Bei der Beobachtung von tatsächlichen Kollisionen haben wir vor allem ein großes Problem: Die Bewegungen von Galaxien vollziehen sich so unvorstellbar langsam, dass wir keine Chance haben, ihren Ablauf zu beobachten. Das ist in etwa so, als wären Sie angehender Sportreporter und wollten üben, wie man von einem 100-Meter-Lauf berichtet. Sie werden aber nicht ins Stadion gelassen, sondern bekommen nur einen Haufen Fotos von verschiedenen Läufen vorgesetzt. Und nun? Manche Fotos zeigen die Läufer vor dem Start, andere mitten im Lauf, und einige sind lange nach dem Zieldurchlauf entstanden. Das klingt erst mal wenig nützlich. Aber wenn man sehr viele solcher Fotos hat und sie in die richtige Reihenfolge vom Verlauf eines Rennens bringen kann, ist man einem Bild des Wettkampfes schon näher. So geht es uns auch mit galaktischen Kollisionen: Da wir am Himmel sehr viele Galaxien beobachten können, finden wir auch solche, die sich vor, während oder nach einem Zusammenstoß zeigen.

Die zweite Methode sind Computersimulationen, die so kompliziert sind, dass sie erst in jüngeren Jahren mit Hilfe moderner Supercomputer gelingen konnten. Man gibt einem solchen Computer vereinfacht gesagt die folgende Aufgabe: »Hier sind eine Million Sterne, die eine rotierende Galaxie bilden, und dort ist eine weitere solche Galaxie. Beide Systeme bewegen sich aufeinander zu. Berechne bitte über einen Zeitraum von einigen Milliarden Jahren die Wirkung der Schwerkraft aller Sterne aufeinander und zeige, wie sie sich bewegen.« Dass man von Hunderttausenden bis Millionen von Sternen ausgeht, anstatt wie in der Realität von etlichen Milliarden, ist der begrenzten Rechenleistung der Computer geschuldet. Je nachdem, wie realistisch die Simulation sein soll, können noch die supermassereichen Schwarzen Löcher, das dünne Gas der Galaxien und weitere Aspekte berücksichtigt werden. Solche Berechnungen können selbst auf den leistungsstärksten Computern, die der Wissenschaft zur Verfügung stehen, Tage oder sogar Wochen dauern.

Ihre Ergebnisse sind dafür beeindruckend: Fotografische Aufnahmen von kollidierenden Galaxien stimmen hervorragend mit den Ergebnissen von Berechnungen überein. Auch für den Zusammenstoß der Milchstraße mit der Andromedagalaxie haben Astronomen inzwischen solche Simulationen durchgeführt, die ein mögliches Schicksal unserer Galaxis in einem kurzen Film zeigen.[*] Aller Voraussicht nach werden die Milchstraße und die Andromedagalaxie in ihrer gemeinsam Zukunft völlig anders aussehen als heute: Statt zweier Spiralgalaxien werden sie dann eine große »elliptische Galaxie« bilden. Der Aufbau solcher Galaxien ist im Gegensatz zu unserer Spiralgalaxie gähnend langweilig: Sie haben keine Scheibenform, sondern bilden mit ihren Milliarden von Sternen eine einförmige Kugel oder ein langgezogenes Ellipsoid, das aussieht wie ein Rugbyball. Sie haben keine Spiralarme,

---

[*] NASA: »Milky Way's Head On Collision« vom 24.3.2013 auf Youtube: https://youtu.be/fMNlt2FnHDg

keine einheitliche Drehrichtung und kaum Sternentstehung. Eine ziemlich öde Partymeile! Da elliptische
Galaxien praktisch keine jungen Sterne enthalten, zeigen sie auch kein blaues Leuchten. Stattdessen scheinen sie eher gelblich weiß, wie auch die Kugelsternhaufen unserer Milchstraße, die ebenfalls aus alten
Sternen bestehen.

Allerdings ist noch lange nicht klar, ob alle ellip-
tischen Galaxien in Kollisionen entstanden sind. Wir
stehen noch viel mehr als schon bei den Sternen vor
dem Problem, dass die Entwicklung von Galaxien sich
extrem langsam vollzieht. Es kommt erschwerend hinzu, dass sich heutzutage offenbar keine neuen Galaxien
mehr bilden, denn unseren Beobachtungen zufolge
sind alle Galaxien im Universum schon einige Milliarden Jahre alt. Obwohl wir ausgereifte Theorien und
mächtige Computersimulationen zur Unterstützung
haben, stehen wir also bei der Erforschung der Galaxien an einem ähnlichen Punkt wie mit den Sternen
vor rund 100 Jahren: Wir haben viele von ihnen beobachtet und ihre Eigenschaften untersucht, aber noch
fehlen uns eine zündende Theorie und schlagende
Beweise, um alle Beobachtungen in einen schlüssigen
Zusammenhang zu bringen.

Das zeigt auch die Geschichte der »Aktiven Galaxienkerne«. Alles begann mit rätselhaften Bildern einer
Handvoll Scheibengalaxien, die lange Strahlen aus
ihrem Zentrum auszusenden schienen. Mitte des

20. Jahrhunderts kam die Radioastronomie auf, die Radiostrahlung aus dem All untersucht, um Objekte und Vorgänge aufzuspüren, die wir nicht sehen können. So wurden bei vielen Galaxien riesige Strukturen nachgewiesen, die nach oben und unten aus der Scheibe herausragten. Sie verursachten kaum sichtbares Licht, aber dafür deutliche Radiostrahlung – ohne dass es eine plausible Erklärung für ihre Ursache gab. Wie sollte das Zentrum einer Galaxie zwei mehrere Tausend Lichtjahre große Keulen aus strahlender Materie in entgegengesetzter Richtung produzieren? Etliche solcher »Radiogalaxien« wurden gründlich vermessen, während ihre Herkunft ungeklärt blieb.

Zu diesen Beobachtungen kamen geheimnisvolle Quellen von Radiostrahlung hinzu, die man zunächst für nahe Sterne hielt – bis sie sich als ferne Galaxien mit außergewöhnlichen Eigenschaften herausstellten. Wieder deuteten die Beobachtungen etwas physikalisch kaum Vorstellbares an: Eine winzige Region im Zentrum einer Galaxie sollte eine Strahlungsquelle enthalten, die stärker leuchtete als alle Sterne der umgebenden Galaxie zusammen. Mit Hilfe des Doppler-Effekts konnte man der Strahlung entnehmen, dass sich das aussendende Material mit Zehntausenden Kilometern pro Sekunde bewegte. Aus dem behelfsmäßigen Begriff »quasistellare Radioquelle« entstand für diese Objekte die heute noch gebräuchliche Abkürzung »Quasar«.

Objekte dieser Art gelten zudem als mögliche Quelle für extrem hochenergetische kosmische Teilchen, deren Überreste nach dem Aufprall auf die obere Erdatmosphäre am Boden registriert werden können. Großflächige Messapparaturen registrieren auf Flächen von einigen Tausend Quadratkilometern am Erdboden etwa alle paar Wochen ein Teilchen, das einige Millionen Mal mehr Energie trägt, als unsere stärksten Teilchenbeschleuniger erreichen können.

Als Ursprung all dieser Phänomene konnten sowohl Spiral- als auch elliptische Galaxien ausgemacht werden, die in praktisch allen Bereichen des elektromagnetischen Spektrums von Radio- und Mikrowellen bis hin zu Röntgen- und Gammastrahlung messbar sind. Die genaue Einteilung dieser Galaxien in verschiedene Klassen anhand ihrer Strahlung ist allerdings noch stark historisch geprägt und sehr unübersichtlich – was ebenfalls davon kündet, dass noch keine einheitliche Erklärung für ihre Natur gefunden wurde.

Unsere derzeit beste Antwort auf all dies ist, dass sogenannte »Aktive Galaxienkerne« dahinterstecken. Beobachtungen zeigten, dass sich im Zentrum praktisch aller großen Galaxien, wie auch in unserer Milchstraße, ein supermassereiches Schwarzes Loch befindet. Ein Aktiver Galaxienkern könnte sich dann bilden, wenn Materie auf ein solches Schwarzes Loch zuströmt und eine Akkretionsscheibe darum bildet, wie wir sie schon um Weiße Zwerge, Neutronensterne und

Schwarze Löcher kennengelernt haben – nur diesmal sehr viel größer. Das Gas dieser Scheibe heizt sich stark auf und sendet unter anderem starke Röntgenstrahlung aus. Durch einen noch ungeklärten Mechanismus werden starke Magnetfelder und Ströme von extrem energiereichen Teilchen in entgegengesetzte Richtungen entlang der Drehachse der Akkretionsscheibe ausgestoßen. Diese sogenannten »Jets« verursachen Radiostrahlung und können weit in den Raum außerhalb der Galaxie ragen. Wegen dieser Strahlung und ihrer dick auslaufenden Form werden sie auch »Radiokeulen« genannt. Vor lauter energiereichen Teilchen müssen wir unser Raumschiff in der Nähe solcher Jets vorsichtig navigieren, damit die Elektronik nicht in Mitleidenschaft gezogen wird!

Je nachdem, aus welchem Blickwinkel wir von der Erde aus auf einen solchen Aktiven Galaxienkern schauen, sehen wir scheinbar ganz verschiedene Objekte. Das können Galaxien mit sichtbaren Jets sein oder Galaxien mit riesigen Radiokeulen. Vor allem aber kann es sein, dass wir gar keine Galaxie sehen, sondern nur eine extrem starke Quelle von Strahlung aller Wellenlängen und sehr energiereicher Teilchen erkennen, wenn wir genau in den Jet schauen. Viele Einzelheiten sind allerdings noch unklar – allen voran der rätselhafte Mechanismus, durch den die Jets aus der Akkretionsscheibe entstehen. Eine einheitliche Erklärung dafür, wie Aktive Galaxienkerne funktionieren und was wir genau von ihnen beobachten, ist eine der meistgesuchten Antworten der heutigen Astrophysik.

Das allergrößte Rätsel um die Galaxien in unserem Universum ist aber noch ein anderes. Es hält seit Jahrzehnten die Astro- und Teilchenphysik gleichermaßen in Atem: die Dunkle Materie. Das Problem offenbart sich, wenn man mit Hilfe des Doppler-Effekts die Rotation von Galaxien vermisst. Das können wir uns ganz einfach vorstellen, als würden wir Kinder auf einem Karussell beobachten. Wenn wir danebenstehen, sehen wir, wie schnell und in welche Richtung sich das Karussell dreht. Aber durch unser Wissen, wie Kinderkarussells funktionieren, müssen wir dafür gar nicht danebenstehen: Wir könnten die Eigenschaften eines laufenden Karussells sogar anhand eines Fotos erkennen. Die Richtung der Drehung ergibt sich nämlich daraus, dass die Kinder immer vorwärts fahren. Der Teil des Bilds, auf dem wir die Kinder von hinten sehen, zeigt also die Hälfte des Karussells, die sich von uns wegdreht. In der Hälfte, die sich auf uns zubewegt, sehen wir den Kindern ins Gesicht – und wie schnell es sich dreht, können wir in den Gesichtern lesen.

Für Galaxien wenden wir ein ähnliches Prinzip an, weil sie sich so langsam drehen, dass wir als Menschen immer nur Momentaufnahmen betrachten können. Wir wissen von Scheibengalaxien aber ebenfalls, dass sich eine Hälfte ihrer Sterne stets von uns weg- und die andere Hälfte auf uns zubewegen müsste. Eine solche

Bewegung verrät sich durch den Doppler-Effekt auch in ihrem Licht: Die sich auf uns zubewegenden Sterne zeigen eine Blauverschiebung und die sich von uns wegbewegenden eine Rotverschiebung. Mit einer genauen Messung des Lichtspektrums können wir also bestimmen, wie sich eine Galaxie dreht. Das Ergebnis einer solchen Messung wird die »Rotationskurve« einer Galaxie genannt. In den 1970er Jahren unternahm die Astrophysikerin Vera Rubin gemeinsam mit dem Astronomen Kent Ford Messungen an Spiralgalaxien. Ford hatte zuvor ein hochempfindliches Gerät zur Analyse von Lichtspektren entwickelt, und die beiden Wissenschaftler nahmen die Rotationskurven von mehr als zwanzig Spiralgalaxien mit einer bis dahin unerreichten Genauigkeit auf. Ihre Ergebnisse waren ein Paukenschlag, denn sie widersprachen der Erwartung völlig: Die Sterne im äußeren Teil der Galaxien waren viel zu schnell, als dass man ihre Bewegung mit den Kepler'schen und Newton'schen Gesetzen erklären konnte.

Die Messungen, die seither immer wieder bestätigt wurden, lassen mehrere Schlüsse zu. Zum einen könnte es sein, dass es neben den leuchtenden Sternen und Gasen noch eine Menge nichtleuchtender Materie gibt, die wir in unseren Berechnungen vernachlässigt haben. Heute gilt das aber als unwahrscheinlich. Selbst großzügige Schätzungen zum Gehalt von unsichtbarem Gas oder anderen nichtleuchtenden Objekten in Galaxien ergeben um ein Vielfaches weniger Masse, als zur Erklärung des Beobachteten nötig wäre.

Eine weitere Erklärung könnte sein, dass die Astrophysik die Gesetze der Schwerkraft so gründlich falsch verstanden hat, dass die Vorhersagen für das Verhalten von Galaxien komplett danebenliegen. Das ist aber wenig wahrscheinlich, denn die Kepler'schen und Newtons'chen Gesetze sind in der Allgemeinen Relativitätstheorie enthalten, die als eine der am besten getesteten Theorien der gesamten Physik gilt. Manche Physiker verfolgen trotzdem noch heute eine entsprechende Theorie namens MOND (»Modifizierte newtonsche Dynamik«), um die Rotationskurven der Galaxien zu erklären.

Die heutzutage am weitesten verbreitete Theorie, um die Beobachtungen zu erklären, ist die der Dunklen Materie. Der Begriff ist ein wenig irreführend – »unsichtbares, schweres Zeug« trifft es eher. Die Theorie vermutet eine Art Materie, die sich im Wesentlichen nur durch ihre Schwerkraft bemerkbar macht und ansonsten praktisch nicht an der Chemie, der Kernphysik oder der Strahlung im Universum teilnimmt. Sie soll Galaxien durchziehen und einen großen Teil ihrer Masse ausmachen, so dass diese tatsächlich viel schwerer sind, als es die normale, sichtbare Materie vermuten ließe. Die Bewegung der Sterne durch ihre Galaxien lässt sich so mit der Wirkung der Schwerkraft der Dunklen Materie erklären. Auf unserem Rundflug durch das Universum bemerken wir die Dunkle Materie ebenfalls nur dadurch, dass wir unser Raumschiff anders steuern müssen, als es die sichtbaren Sterne erwarten lassen: Etwas Unsichtbares in den Galaxien zieht am Raumschiff und macht es notwendig, dass wir unseren Kurs neu berechnen.

Der Lösungsvorschlag ist freilich gewagt: Um alle Beobachtungen zu erklären, müsste ein Anteil von rund 85 % der Masse von Galaxien in Form von Dunkler Materie vorliegen – und das, obwohl wir bislang nur grobe und unbelegte Vermutungen haben, woraus Dunkle Materie bestehen und wie sie sich in die Teilchenphysik einfügen lassen könnte. Es mag weit hergeholt und vielleicht auch ein bisschen beunruhigend klingen, dass die uns bekannte Materie lediglich rund 15 % der Masse des Universums ausmachen soll, aber es ist derzeit die beste Erklärung für eine Vielzahl von Beobachtungen. Wann immer sich heutzutage neue Erkenntnisse in der Teilchenphysik ankündigen, etwa mit leistungsfähigeren Teilchenbeschleunigern oder unerwarteten Ergebnissen, steht sofort eine Gruppe Astrophysiker in der Tür und will wissen, ob man damit endlich die Dunkle Materie erklären könnte.

Bislang haben wir nur von Hinweisen auf Dunkle Materie in Scheibengalaxien gesprochen, die eine deutliche Rotation zeigen. Aber alle Galaxien, darunter auch elliptische, zeigen ebenfalls an anderer Stelle deutliche Hinweise auf Dunkle Materie. Erinnern wir uns an die Allgemeine Relativitätstheorie und ihre Vorhersage, dass Massen den Raum krümmen. Solch eine Krümmung kann auch den Weg verändern, den Lichtstrahlen durch das Universum nehmen – was die Beobachtung von Sternen in der Nähe der Sonne während einer Sonnenfinsternis ja tatsächlich bestätigt hatte. Je größer die Masse, desto stärker die Raumkrümmung, also müssten wir von ganzen Galaxien oder Galaxienhaufen ja eine besonders starke Ablenkung des Lichts erwarten. Dieser Effekt wird auch »Gravitationslinseneffekt« genannt, da die Masse der Galaxien ähnlich wie die Linse einer Brille wirkt, wenn sie das Licht ablenkt.

Den erwarteten Gravitationslinseneffekt beobachten wir tatsächlich, manchmal sogar auf spektakuläre Weise. Wenn eine gut sichtbare Galaxie genau hinter einer Gravitationslinse liegt, kann die Masse des vorderen Objekts das Licht der dahinterliegenden Objekte so verzerren, dass diese ähnlich wie bei einer Fata Morgana in mehreren Abbildungen, einem verschmierten Streifen oder gar einem sogenannten »Einstein-Ring« erscheinen. Es ist, als würden wir das Universum durch eine Brille aus dem Scherzartikelladen betrachten, die unser Blickfeld verzerrt. Im Februar 2015, pünktlich zum 100. Jubiläum der Allgemeinen Relativitätstheorie, wurde sogar ein Foto des Hubble-Weltraumteleskops veröffentlicht, auf dem zwei benachbarte elliptische Galaxien zusammen mit einem teilweisen Einstein-

Ring ein Smiley-Gesicht bilden.[*] Berechnungen der Raumkrümmung von Gravitationslinsen ergeben stets, dass ihre Masse deutlich größer sein muss als alles, was wir in Sternen, Gas und Staub von Galaxien und Galaxienhaufen vermuten.

Eine spektakuläre Messung, die diesen Zusammenhang zeigt, ist im Dezember 2015 erstmals gelungen. Aufnahmen des Hubble-Weltraumteleskops zeigten im November 2014 ein seltenes Bild: die Explosion einer Supernova vom Typ Ia in einer fernen Galaxie, durch eine Gravitationslinse vervielfältigt. Zu den vier identischen Bildern dieser Supernova, das konnten Forscher berechnen, müsste sich in absehbarer Zeit sogar ein fünftes gesellen. Der Effekt war ein halbes Jahrhundert zuvor, im Jahr 1964, von dem norwegischen Astrophysiker Sjur Refsdal erstmals vorhergesagt worden, der bis zu seiner Pensionierung jahrzehntelang Professor an der Hamburger Sternwarte war. Er sagte voraus, dass verschiedene Wege, die das Licht durch eine Gravitationslinse nehmen kann, unterschiedlich lang sein könnten. Dadurch wären die Bilder leicht zeitversetzt.

Nach genau diesem Prinzip berechneten die Entdecker der vierfach abgebildeten Supernova vom November 2014 das Erscheinen eines fünften Bilds bis auf

---

[*] Zu sehen in: »Hubble Sees a Smiling Lens«, Artikel auf der AA-Webseite vom 10.2.2015: www.nasa.gov/content/hubble-sees-a-smiling-lens

wenige Wochen genau für das Ende des Jahres 2015 voraus, wobei sie auch die mutmaßliche Verteilung von Dunkler Materie in der Gravitationslinse mit einbezogen. Und tatsächlich zeigte eine Aufnahme im Dezember 2015 die Supernova pünktlich und am vorausgesagten Ort. Es war die erste erfolgreich vorhergesagte Beobachtung einer Supernova überhaupt. Sjur Refsdal, der im Jahr 2009 verstorben war, hat diesen Erfolg seiner Vorhersage leider nicht mehr erlebt – doch auf Initiative der Entdecker bekam das Ereignis zu seinen Ehren den Spitznamen »Supernova Refsdal«.

Das Universum
im Überblick

Nun haben wir viel über andere Galaxien und ihre Eigenschaften gesprochen. Die Fragen, wie viele Galaxien es eigentlich gibt und wie sie im Raum verteilt sind, werden uns direkt zur Struktur des Universums führen – und diese ist eng mit der Entstehung und dem Untergang des Universums verknüpft. Sind Sie bereit für unsere letzte große Reise?

Die schiere Zahl der Galaxien, die wir am Himmel beobachten können, wird in meinen Augen besonders gut durch eine berühmte und wunderschöne Aufnahme des Hubble-Weltraumteleskops aus dem Jahr 1995 illustriert. Sie trägt den Namen *Hubble Deep Field*, wobei »Deep«, also »tief«, für die Tatsache steht, dass kein bestimmtes astronomisches Objekt fotografiert wurde. Stattdessen sollte möglichst tief in einen praktisch leeren Fleck des Himmels geschaut werden, um zu zeigen, was hinter allen bekannten Sternen und Nachbargalaxien steckt. Für die Aufnahme wurde ein winziges Stück Himmel knapp oberhalb des Großen Wagens gewählt, wo keine bekannten Sterne oder anderen Objekte lagen. Der Ausschnitt des Himmels war so klein, wie eine Weintraube aus einer Entfernung von 20 Metern.

Und was zeigt dieses Bild? Zum einen eine Handvoll zuvor unbekannter Sterne der Milchstraße, die zufällig doch im gewählten Bildausschnitt lagen. Zum anderen aber vor allem rund dreitausend Galaxien in allen möglichen Formen und Größen – und das in einem Ausschnitt, der so winzig ist, dass man über 20 Millionen davon aneinanderlegen müsste, um den ganzen Himmel zu bedecken. In den folgenden Jahren wurden mit dem Hubble-Weltraumteleskop zwei ähnliche, noch tiefere Aufnahmen angefertigt: das *Hubble Ultra Deep Field* im Jahr 2004 und das *Hubble eXtreme Deep Field* von 2012. Beide Aufnahmen konnten bestätigen, wie dicht gedrängt es an unserem Himmel zugeht: Hinter einer scheinbar leeren Fläche von der Größe des Vollmonds verbergen sich im Schnitt mehr als eine halbe Million Galaxien. Stellen Sie sich vor, wir wollten sie mit unserem Raumschiff alle abklappern – dafür müssten wir einen langen Urlaub planen! Ich jedenfalls könnte mich nicht entscheiden, welche ich am interessantesten fände.

Manche von ihnen fallen in den Hubble-Aufnahmen dadurch auf, dass sie deutlich rötlich leuchten, obwohl sie als Spiralgalaxien eigentlich blau erscheinen müssten. Wir kennen solch eine Rotverschiebung des Lichts schon vom Doppler-Effekt, und dort bedeutet sie, dass sich ein Objekt von uns wegbewegt. Heißt das, dass sich auch diese Galaxien mit großer Geschwindigkeit von uns entfernen? Gibt es genauso viele blauverschobene Galaxien, die auf uns zukommen? Diesen Fragen ging Edwin Hubble mit Messungen im Jahr 1929 nach.

Um die Entfernungen der beobachteten Galaxien abzuschätzen, bediente er sich der Pulsationsveränderlichen. Solche Sterne haben wir schon im Zusammenhang mit der galaktischen Entfernungsleiter kennengelernt. Um das Jahr 1910 hatte die amerikanische Astronomin Henrietta Swan Leavitt festgestellt, dass man einer Klasse von pulsierenden Sternen namens »Cepheiden« anhand der Veränderung ihrer Helligkeit ansehen konnte, wie viel Licht sie insgesamt abgeben. So konnte die Entfernung zu diesen Sternen bestimmt werden, indem man einfach ihr Pulsieren und ihre Helligkeit vermaß. Cepheiden können so hell sein, dass man sie noch in anderen Galaxien erkennen kann, und diese Tatsache konnte Edwin Hubble nutzen, um den Zusammenhang zwischen Doppler-Verschiebung und Entfernung der Galaxien zu vermessen. Die Methode stellt den ersten Schritt der »extragalaktischen Entfernungsleiter« dar, mit der Entfernungen außerhalb unserer Milchstraße gemessen werden.

Hubbles Ergebnisse waren mehr als überraschend, sie waren richtiggehend erschütternd. Je größer die Entfernung zu einer Galaxie, desto stärker ihre Rotverschiebung, oder auch: Je weiter weg eine Galaxie ist, desto schneller entfernt sie sich auch von uns – so lautet das nach ihm benannte »Hubble-Gesetz«. Es ist bis heute eine der wichtigsten Erkenntnisse der Astrophysik, auch wenn sich später herausgestellt hat, dass Hubble mit seinen Zahlenwerten komplett danebenlag. Die wichtigere Frage war ohnehin: Wie kann es sein, dass in alle Richtungen alles von uns wegfliegt? Heißt das, dass wir in der Mitte des Universums sitzen? Warum entfernen sich all diese Galaxien überhaupt von uns? Hubble war ratlos, und seine Ergebnisse beschäftigten unter anderem Albert Einstein und Georges Lemaître, die den Grundstein für die moderne »Kosmologie« legten: die Erforschung des Universums an sich und seiner Entwicklung im Ganzen.

Einstein hatte schon kurz nach der Veröffentlichung der Allgemeinen Relativitätstheorie begonnen, ihre Bedeutung für die Entwicklung des Universums im Ganzen zu erforschen. Dabei stieß er darauf, dass sich das Universum gemäß seiner Formeln ausdehnen oder zusammenziehen könnte. Doch dass das Universum nicht ewig und unveränderlich sein sollte, war zur damaligen Zeit selbst unter Physikern eine abwegige Vorstellung. Einstein fügte deshalb eine zusätzliche Größe in seine Formeln ein. Sie sollte die Dynamik ausgleichen, die sich aus der Relativitätstheorie ergab, so dass die Formeln im Ergebnis doch ein unveränderliches Universum beschrieben. Diese Größe bekam den Namen »Kosmologische Konstante«.

Andere Physiker waren von der Vorstellung eines veränderlichen Universums weniger schockiert, darunter der belgische Priester und Astrophysiker Georges Lemaître. Er dachte den Gedanken eines sich ausdehnenden Universums konsequent zurück und formulierte als Erster die Idee des Urknalls. Der Begriff des »Big Bang« geht hingegen auf Fred Hoyle zurück, der Lemaîtres Theorie energisch ablehnte und sich in einer Radiosendung mutmaßlich über sie lustig machte. Entgegen Hoyles Absicht bezeichnet »the Big Bang theory« heute nicht nur eine der führenden Theorien der Kosmologie, sondern auch noch eine erfolgreiche Fernsehserie.

Dass er mit seiner Idee eines unveränderlichen Universums falsch gelegen hatte, sah Einstein sofort ein, als er 1929 von Hubbles Ergebnissen erfuhr. Die Rotverschiebung der fernen Galaxien ließ sich nämlich damit erklären, dass sich das Universum tatsächlich ausdehnte – ganz wie es Lemaître vorausgesagt und Einstein abgelehnt hatte. Einstein sah sich deshalb gezwungen, die Kosmologische Konstante zu verwerfen, die ihm das Universum unveränderlich gemacht hätte. Oft wird Einstein zugeschrieben, er habe diese späte Einsicht so kommentiert, dass die Kosmologische Konstante »die größte Eselei« seines Lebens gewesen sei. Diese Aussage lässt sich aber nicht wirklich belegen.

Aber was hat die Ausdehnung des Universums mit der Rotverschiebung des Lichtes ferner Galaxien zu tun, und bewegen sie sich tatsächlich alle von uns weg? Was bedeutet das für unseren Platz im Universum? Die

Antwort verbirgt sich in der Tatsache, dass wir nicht bloß die Bewegung von Galaxien im Raum beobachten können. Stattdessen sehen wir zusätzlich, wie sich der Raum selbst verändert! Alle Distanzen werden ständig größer, weil überall ständig neuer Raum entsteht. Das Licht ferner Galaxien ist rotverschoben, weil die Ausdehnung des Raums dem Licht auf seinem Weg durch das Universum »unterm Hintern« die Wellenlänge vergrößert. Und weil dies im ganzen Universum gleichermaßen passiert, sieht der Effekt auch von überall gleich aus. Es bewegt sich also nicht etwa deshalb alles von uns weg, weil wir im Zentrum des Universums sitzen, sondern weil sich schlichtweg alles von allem entfernt, und zwar egal von welchem Ort im Universum aus gesehen.

Aber halt: Hatten wir nicht davon gesprochen, dass die Andromedagalaxie mit der Milchstraße kollidieren wird? Dafür muss sie sich ja nähern, anstatt sich zu entfernen. Das stimmt, und das tut sie auch – Hubbles Beobachtung gilt nur für besonders große Entfernungen von Tausenden Kiloparsec. Bei kleineren Distanzen, etwa zwischen Nachbargalaxien, überwiegt die anziehende Wirkung der Schwerkraft gegenüber der Ausdehnung des Raums, so dass sie sich dort nicht bemerkbar macht. Einzelne Körper im Universum werden zudem von Kräften zwischen ihren Atomen zusammengehalten. Die Ausdehnung des Universums kann deshalb nicht als Erklärung dafür herhalten, warum es manchmal so scheint, als sei der Weg zur Arbeit besonders mühsam oder der eigene Körper aus unerfindlichen Gründen breiter geworden.

Ein weiterer bedeutender Schritt für unser Verständnis des Universums war eine zufällige Entdeckung im Jahr 1964, die sich zur großen Frustration der amerikanischen Astronomen Arno Penzias und Robert Wilson als unerklärliches Rauschen in einem neu in Betrieb genommenen Radioteleskop ankündigte. Die beiden hatten zuvor jede erdenkliche Störquelle – inklusive Taubendreck auf der Apparatur – beseitigt und konnten sich das gleichmäßige Signal nicht erklären, das Tag und Nacht gemessen wurde. Etwa zu dieser Zeit erfuhren sie von der Arbeit anderer Astrophysiker, die über eine Art Licht-Echo des Urknalls spekulierten, das sich in Form von Radio- oder auch Mikrowellenstrahlung zeigen könnte, und erkannten schließlich die Tragweite der Entdeckung ihrer »Störquelle«, die ihnen 1978 schließlich auch den Physik-Nobelpreis einbrachte.

Aber was hat ein schwaches Signal in einem Radioteleskop mit dem Urknall zu tun? Die Erklärung ist die folgende: Nach dem Urknall waren Materie und Energie im jungen Universum noch eine Weile lang so dicht gepackt, dass sich in der heißen »Suppe« aus Teilchen kein Licht ausbreiten konnte. Aber das Universum kühlte sich stetig ab, während es sich immer weiter ausdehnte. Zu einem bestimmten Zeitpunkt, etwa

380 000 Jahre nach dem Urknall, war es dann so weit: Protonen und Elektronen vereinigten sich zu neutralen Wasserstoffatomen, und das Universum »klarte auf«. Die zu diesem Zeitpunkt etwa 2700 °C heiße Materie füllte aber nach wie vor das gesamte Universum aus und ließ es mit dem Licht ihres Glühens erstrahlen, etwa in der gleichen Farbe wie die Oberfläche eines Roten Zwergs. Die Materie kühlte aber immer weiter ab und hörte schließlich auf zu leuchten. Auch ihr Licht wurde durch die Ausdehnung des Universums immer stärker rotverschoben, und zwar von einem sichtbaren Leuchten zu infraroter Wärmestrahlung und schließlich zu einem Mikrowellensignal.[*] Das Signal, wie es uns heute erreicht, entspricht nur noch dem schwachen »Leuchten«, das wir von einem Körper bei einer Temperatur von 3 Kelvin, also rund −270 °C, erwarten würden – aber diese schwache, unsichtbare Strahlung war vor Milliarden von Jahren einmal ein Leuchten, von dem das gesamte Universum erhellt wurde.

Jahrzehnte nach den ersten zufälligen Messungen mit Penzias' und Wilsons Radioteleskop sind inzwischen schon drei Weltraumteleskope ins All gebracht

---

[*] Das Phänomen wird auch der »Kosmische Mikrowellenhintergrund« genannt, im Englischen abgekürzt mit CMB. Immer wenn ich in Süddeutschland bin und die »C+M+B«-Markierungen vom Dreikönigsfest an den Häusern sehe, freue ich mich, an die Kosmologie erinnert zu werden.

worden, deren wichtigstes Ziel eine genaue Vermessung des Signals war: COBE im Jahr 1989, WMAP in den 2000ern und schließlich Planck ab 2009. Alle drei konnten winzige Abweichungen von einem perfekt gleichmäßigen Signal entdecken und zunehmend genauer vermessen. Diese Abweichungen deuten darauf hin, dass die Materie im Universum bei der Freisetzung der Strahlung nicht völlig gleichmäßig war. Wie diese Unregelmäßigkeiten in der Hintergrundstrahlung mit den größten Strukturen des Universums zusammenhängen, werden wir gleich erkunden. Zunächst müssen wir diese großen Strukturen allerdings erforschen, also besteigen wir dafür erneut unser Raumschiff!

Bis hierher haben wir die sogenannte »Lokale Gruppe« unserer Milchstraße kennengelernt, in der die nächsten Nachbargalaxien einige Hundert Kiloparsec entfernt sind. Jetzt werden wir zu den allergrößten Strukturen des Universums vordringen, und hier ereilt uns ein letztes Mal eine größere Entfernungseinheit: das Megaparsec (kurz Mpc), das für 1000 kpc steht.

Der Durchmesser unserer Lokalen Gruppe mit ihren drei großen Galaxien und einigen Dutzend Zwerggalaxien beträgt rund 3 Megaparsec. Zusammen mit anderen ähnlich großen Gruppen wird sie selbst von einer noch größeren Ansammlung von Galaxien namens »Virgo-Galaxienhaufen« angezogen. Die Lokale Gruppe wirkt geradezu niedlich gegenüber dem Virgo-Galaxienhaufen, dessen Zentrum in einer Entfernung von etwa 15 bis 20 Mpc liegt. Er besteht aus bis zu 2000 Galaxien, darunter über 100 große elliptische und Spiralgalaxien. Obwohl die Lokale Gruppe vom Virgo-Galaxienhaufen angezogen wird, bewegt sich sein Zentrum aktuell mit etwa 1000 Kilometern pro Sekunde von uns weg. Das ist nicht ungewöhnlich, denn auch der Planet Merkur verbringt beispielsweise die Hälfte seiner Zeit damit, sich von der Sonne zu entfernen, obwohl deren Schwerkraft ihn fest im Griff hat. Auch die Galaxien, die direkt zum Virgo-Galaxienhaufen selbst gehören, bewegen sich in seinem Inneren mit Geschwindigkeiten von mehr als 1000 Kilometern pro Sekunde. Darin findet sich ein weiterer Hinweis auf die Existenz von Dunkler Materie, denn die Anziehungskraft der sichtbaren Materie allein könnte diese Geschwindigkeiten nicht erklären.

Unsere Lokale Gruppe bildet also ein Ensemble mit dem Virgo-Galaxienhaufen, zu dem außerdem noch einige kleinere Galaxienhaufen sowie zahlreiche Einzelgruppen gehören. Dieses Ensemble ist seit einigen Jahrzehnten als der »Virgo-Superhaufen« bekannt, der etwa 30 Mpc umspannt und etliche Tausend Galaxien enthält. Eine neue Analyse der beobachteten Bewegung von über 8000 Galaxien im Jahr 2014 hat zu dem Vorschlag geführt, den noch viel größeren »Laniakea-Superhaufen« als erweiterte Heimat der Milchstraße anzuerkennen. Neben dem Ensemble des Virgo-Superhaufens enthält der vorgeschlagene Superhaufen auch den »Großen Attraktor«: eine seit den 1980er Jahren bekannte riesige Massenansammlung, die praktisch alle Galaxienhaufen und Gruppen anzieht, die sich in dem etwa 160 Mpc durchmessenden Laniakea-Superhaufen befinden.

Zeit, durchzuatmen! Kaum hat man sich einmal gründlich im Universum umgeschaut, jongliert man mit Entfernungen von etlichen Megaparsec und Tausenden von Galaxien, von denen jede etliche Hundert Millionen Sterne enthalten kann. Willkommen in der Welt der Kosmologie, in der Gewöhnung die einzige Chance ist, angesichts der behandelten Dimensionen nicht vom Stuhl zu kippen. Wenden wir uns deshalb zunächst wieder einer handfesteren Frage zu: Wie können wir über viele Megaparsec hinweg die Entfernung zu anderen Galaxien bestimmen?

Die Methode der Pulsationsveränderlichen funktioniert nur so lange, wie wir diese als einzelne Sterne in anderen Galaxien erkennen können. Bei nahen Nachbarn wie der Andromedagalaxie ist das gut möglich, aber schon jenseits des Virgo-Galaxienhaufens stößt diese Methode an ihre Grenzen: Denn irgendwann verschwimmen die einzelnen Sterne einer Galaxie selbst für unsere besten Teleskope zu einer einzigen hellen Fläche. Darüber hinaus helfen uns gewisse Annahmen über die Eigenschaften von Galaxien als Sprossen der Entfernungsleiter. Für Spiralgalaxien besagt die »Tully-Fisher-Beziehung«, dass ihre Leucht-kraft umso größer ist, je schneller sie sich drehen. Für elliptische Galaxien gibt es ähnliche Zusammenhänge, die unter dem Begriff der »Fundamentalebene« zusammengefasst werden. Diese bringen allerdings erheb-liche Unsicherheiten mit sich, denn wir müssen beden-ken: Um die Tully-Fisher-Beziehung zu verstehen, brauchen wir die Daten der Pulsationsveränderlichen, und die kennen wir höchstens so genau, wie wir ihre Sternentwicklung verstehen und die Entfernungen zu ihnen mit Hilfe von Parallaxen gemessen haben. Das schöne Bild der Entfernungsleiter hat also auch eine mahnende Seite. Gewissermaßen steht man auf der Leiter nur so sicher, wie es ihre wackeligsten Sprossen erlauben. Astronomen nehmen die schon sprichwört-liche Ungenauigkeit ihrer Disziplin häufig mit Humor, und ich fand den Gedanken immer erheiternd, dass man sich in dieser Disziplin um unzählige Milliarden von Kilometern verschätzen kann, ohne dass jemand mit der Wimper zuckt.

Eine der beliebtesten Stufen der Entfernungsleiter sind die extrem hellen Supernovae vom Typ Ia. Sie kön-nen tagelang heller leuchten als ihre gesamte Galaxie, so dass wir ihr Signal deutlich messen können. Wie schon bei den Pulsationsveränderlichen Sternen können wir auf ihre Entfernung schließen, wenn wir ihre Hel-ligkeit bestimmen können. Supernovae vom Typ Ia ver-raten ihre Helligkeit durch den Verlauf ihres Ausbruchs:

Wie schnell leuchten sie auf, und wie lange glühen sie nach? Wann immer wir also eine solche Supernova in einer fernen Galaxie ausmachen und ihren Verlauf aufzeichnen können, haben wir eine gute Chance auf eine Entfernungsbestimmung. Besonders nahe Supernovae, wie etwa 1987A in einer Entfernung von nur rund 50 kpc, bergen deshalb die Chance, auf einen Schlag etliche ungenaue Entfernungsmessungen über viele Tausend Kiloparsec zu verbessern.

Mit Untersuchungen ferner Galaxien können wir aber nicht nur große Distanzen, sondern auch vergangene Zeiten überblicken. Uns spielt dabei die Tatsache in die Hände, dass das Licht nur eine begrenzte Geschwindigkeit hat. Und wenn wir über Entfernungen von etlichen Tausend Lichtjahren sprechen, dann hat das Licht auch etliche Tausend Jahre gebraucht, um uns zu erreichen. Ein Beispiel: Das Bild eines Sterns in 10 Lichtjahren Entfernung erreicht uns aus dessen Sicht um 10 Jahre verspätet. Wenn wir in unserem Raumschiff aus 200 Lichtjahren Entfernung mit Hilfe eines zauberhaften Teleskops das Geschehen auf der Erde beobachten könnten, würden wir gerade sehen, wie die Dampfmaschine die industrielle Revolution ins Rollen bringt. Und anhand von Galaxien, die Millionen von Lichtjahren entfernt sind, sehen wir ein Bild des Universums, wie es vor Millionen von Jahren bestand. Mit immer größeren Distanzen ergeben sich durch die ständige Ausdehnung des Universums gewisse Probleme bei der Berechnung der Zeiträume, aber das Prinzip des Blicks in die Vergangenheit bleibt das gleiche. Deshalb bildet das Hubble-Gesetz die letzte Stufe der Entfernungsleiter: Die bis zum Äußersten rotverschobenen Galaxien, die wir beobachten können, sind zugleich die am weitesten entfernten und jüngsten von allen, manche davon nur einige Hundert Millionen Jahre nach dem Urknall, also vor weit über 10 Milliarden Jahren entstanden.

Diesen Blick in die Vergangenheit machten sich Forscher zunutze, die in den 1990er Jahren in zwei verschiedenen Projekten nach Supernovae vom Typ Ia in möglichst weit entfernten Galaxien suchten. Beide kamen im Jahr 1998 zu spektakulären Ergebnissen: Das Universum dehnt sich nicht nur ständig aus, sondern diese Ausdehnung beschleunigt sich seit Milliarden von Jahren immer weiter. Für die Kosmologie bedeutete diese Entdeckung nichts Geringeres als das Comeback des Jahrhunderts: 70 Jahre nachdem Albert Einstein zerknirscht seine Idee der Kosmologischen Konstante verworfen hatte, musste sie plötzlich wieder in unser Modell des Universums integriert werden, um dessen beschleunigte Ausdehnung zu erklären. Die geheimnisvolle Natur dieser neuen Kosmologischen Konstante zeigt sich auch darin, dass ihre noch völlig rätselhafte Triebkraft heute »Dunkle Energie« genannt wird. Für deren revolutionäre Entdeckung bekamen drei Forscher der beiden Projekte, nämlich Saul Perlmutter, Brian Schmidt und Adam Riess, im Jahr 2011 den Physik-Nobelpreis.

In meinem Bücherschrank steht seit meiner Kindheit das »Was ist was«-Buch Nummer 102, das im Jahr 1996 unter dem Titel »Unser Kosmos« erschienen ist.[*] Autor war der Astronom Erich Übelacker, damals Leiter des Hamburger Planetariums und in den 1980er Jahren regelmäßig in der Fernsehsendung »Der Sternenhimmel« zu sehen, wo er neben diversen astronomischen Themen jeden Monat erklärte, was es am Nachthimmel zu sehen gab. Ich habe sein Buch damals über alles geliebt und stundenlang über den Illustrationen von fernen Galaxien, dem Urknall und der Gestalt des Universums gebrütet. Begleitet von der berechtigten Warnung, dass unser Verständnis der Kosmologie noch sehr unvollständig ist, hieß es dort:

Ewige Expansion oder Kollaps? – Die Expansion des Weltalls wird mit der Zeit immer langsamer, da sich die Galaxien und die Bestandteile der Dunkelmaterie gegenseitig anziehen und abbremsen.[**]

Es ist ein unbeschreibliches Gefühl, heute – zwanzig Jahre und ein Physikstudium später – in demselben

---

[*] Erich Übelacker: »Was ist was, Band 102: Unser Kosmos«, Tessloff Verlag, ISBN 3-7886-0665-7. Heute neu aufgelegt als: Manfred Baur: »Was ist was, Band 102: Universum«, Tessloff Verlag, ISBN 3-7886-2094-3

[**] Erich Übelacker: »Was ist was, Band 102: Unser Kosmos«, Tessloff Verlag, ISBN 3-7886-0665-7, 1. Auflage, 1996, S. 33

Buch zu blättern und davon erzählen zu können, wie sich unser Bild des Universums in diesem Punkt grundlegend geändert hat, denn die Expansion verlangsamt sich nicht etwa, sondern beschleunigt sich. Und wer weiß: Von dem Bild, das wir uns heute vom Universum machen, muss man vielleicht eines Tages ebenfalls sagen, dass es sich als unvollständig herausgestellt hat. Ich bin jedenfalls gern dabei, wenn es etwas Neues zu entdecken gibt!

Eben dieses heutige Bild des Universums und seiner Entwicklung können wir jetzt in einem Überblick von der fernen Vergangenheit bis in die ferne Zukunft zeichnen. Sind Sie bereit? Dann los! Alles beginnt mit dem Urknall. Das Universum ist ein mikroskopisches Fleckchen unfassbar dicht gepackter Energie. Die physikalischen Gesetze in diesem Universum haben vor lauter Energie eine völlig andere Gestalt, als wir sie heute erleben. Aber schon nach einem winzigen Bruchteil einer Sekunde ist dieses verschwindend kleine Universum im Begriff, sich in einer extrem kurzen Zeit unvorstellbar stark auszudehnen und sich für immer zu verändern. Winzige Unregelmäßigkeiten in der heißen »Ursuppe« des Universums werden dabei so stark aufgeblasen, dass sie später die Gestalt der allergrößten Strukturen des Universums bestimmen.

Kurzer Zwischenstopp: Was ist damit gemeint? Hier berühren sich die Erkenntnisse zweier Messungen, die wir in diesem Kapitel kennengelernt haben: die der kosmischen Hintergrundstrahlung und die der größten Strukturen unseres Universums.

Wenn man nämlich die Verteilung der Superhaufen von Galaxien über das gesamte beobachtbare Universum verfolgt, dann stellt man fest: Ab einer gewissen Größe der untersuchten Strukturen, nämlich von der Verteilung der Superhaufen aufwärts, sieht im Universum in alle Richtungen einfach alles gleich aus. Es gibt riesige Blasen namens »Voids« (vom englischen »void«: »Leere«, »Hohlraum«) mit Durchmessern von 20 bis 50 Mpc, in denen sich fast keine Galaxien oder andere Materie findet. Diese Voids liegen eng beieinander, und entlang der Grenzflächen zwischen benachbarten Voids bilden die Superhaufen sogenannte »Filamente«, die sich wie Fäden durch den Raum ziehen. Beliebte Vergleiche für diese Struktur sind Bienenwaben oder auch Spinnweben, die auf unsichtbaren Kugeln liegen. Mir gefällt besonders das Bild, wonach die Voids wie Seifenblasen aneinanderliegen und die Superhaufen entlang der dünnen Seifenfilme zwischen ihren Hohlräumen praktisch alle Materie beinhalten, die wir im Universum kennen.

Die zweite Messung, mit deren Hilfe wir diese erstaunliche Beobachtung in Verbindung mit dem Urknall bringen können, betrifft die Unregelmäßigkeiten in der kosmischen Hintergrundstrahlung. Die sehen nämlich den Voids und Filamenten im Universum bestechend ähnlich, und Kosmologen vermuten, dass die heutige Verteilung der Materie dadurch zustande gekommen ist, dass diese winzigen Unregelmäßigkeiten nach dem Urknall »aufgeblasen« wurden. Mikroskopische Bläschen im jungen Universum waren der Ausgangspunkt der Struktur, die alle Galaxien zusammen bilden – ein beeindruckender Gedanke!

Und was ist mit der Zukunft des Universums? Die wird vor allem durch die Dunkle Energie bestimmt sein. Dass das Universum in einer Art »umgekehrtem Urknall« mit dem Spitznamen »Big Crunch« enden könnte, war bis Ende der 1990er Jahre eine verbreitete Vermutung. Sie wird jedoch heute weitgehend ausgeschlossen, nachdem die Wirkung der Dunklen Energie entdeckt wurde. Je nachdem, wie sich deren Einfluss auf das Universum entwickelt, dürfte es in etlichen Milliarden Jahren entweder zerrissen werden oder sang- und klanglos auskühlen. Beides klingt nicht schön, aber da müssen wir jetzt durch.

Würde die Dunkle Energie die Ausdehnung des Raums immer weiter beschleunigen, könnten eines Tages immer größere Teile des Universums gewissermaßen hinter dem Horizont verschwinden. Wenn entlang einer großen Distanz ständig so viel neuer Raum entsteht, dass selbst Lichtstrahlen nicht hinterherkommen, dann wird alles jenseits dieser Entfernung aus unserer Sicht für immer aus dem Universum verschwinden. Zuerst würden die am weitesten entfernten Galaxien hinter dem Horizont verlorengehen, und eines

Tages könnten unsere Lokale Gruppe oder sogar die Milchstraße völlig isoliert in einem ansonsten scheinbar völlig leeren Universum liegen. In letzter Konsequenz würden dann alle Sterne und Planeten zerrissen und ihre Atome jeweils in einem eigenen, isolierten Universum untergehen.[A]

Wenn sich die Expansion des Universums dagegen fortsetzt, aber nicht wesentlich verstärkt, werden zwar auch ferne Galaxien hinter einem Horizont verschwinden, aber die Schwerkraft könnte dauerhaft in der Lage sein, gewisse Objekte wie etwa die Milchstraße zusammenzuhalten. Diese würde dann restlos auskühlen und ihre Energie weitgehend verteilen. Das können wir uns vorstellen wie einen Latte macchiato, den wir auf dem Tresen vergessen. Zunächst ist das überteuerte Heißgetränk höchst geordnet und hat verschiedene Temperaturen: unten die warme Milch, darüber der heiße Espresso und schließlich der Milchschaum, angeordnet in hübschen Schichten. So ähnlich ist es auch mit der Materie im Universum: Es gibt sehr heiße Sterne, in deren Nähe weniger heiße Planeten vorkommen, und diese sind wiederum eingebettet in Galaxien mit ebenfalls heißen und kalten Gaswolken.

—————

[A] Eine künstlerische Auseinandersetzung mit diesem schaurigen Szenario bietet eine meiner liebsten Folgen der Fernsehserie »Raumschiff Enterprise – Das nächste Jahrhundert«, nämlich die 5. Folge der 4. Staffel mit dem Titel »Das Experiment«.

Wenn man den Latte macchiato aber eine Weile stehenlässt, vermischen sich alle Bestandteile, gleichen ihre Temperatur an oder trennen sich wieder in verschiedene Phasen, wie etwa der Milchschaum in Luft und Milch. Das unansehnliche Ergebnis macht keine Freude mehr, und so wäre es auch, wenn man das Universum viele Milliarden Jahre auf dem Tresen vergessen würde: Die meisten Sterne wären erloschen, Monde in ihre Planeten gestürzt oder ihnen entwichen, Staub und Gas würden zu kalten Klumpen zusammenfallen oder für immer in Schwarzen Löchern versenkt werden. Je nachdem, wie wild es die Teilchenphysik über etliche Jahrmilliarden noch mit Effekten treibt, die wir bisher nicht kennen, könnten sogar die Bausteine der Atomkerne zerfallen, und das Universum würde am Ende womöglich kaum noch feste Materie enthalten.

Welcher Fall auch eintreten mag: Die paar Jahrtausende der Menschheitsgeschichte wirken gegen die Entwicklung des Universums wie ein flüchtiger Augenblick. Die Menschheit könnte ihre Chancen, einen bleibenden Eindruck auf das Universum zu machen, immerhin deutlich verbessern, indem sie über ihren Planeten hinauswachsen und sich vom Schicksal der Erde und der Sonne lösen würde. Keine leichte Aufgabe, haben wir es doch in der Geschichte der Menschheit in unseren besten Zeiten gerade einmal fertiggebracht, ein gutes Dutzend Menschen gleichzeitig ins

All zu bringen. Angesichts der enormen Größe des Universums ist die Frage angebracht, die ich mir gern angesichts schwieriger Probleme stelle: Hat das vielleicht schon mal jemand versucht? Werfen wir zum Abschluss unserer Reise durch das Universum einen Blick darauf, wie besonders unsere Lage als Bewohner der Erde wohl ist.

Wo sind
eigentlich alle anderen?

Die große Frage ist: Sind wir als Bewohner der Erde allein im Universum? Es gibt viele verschiedene Antworten darauf, die religiös, philosophisch oder emotional begründet sind und den Menschen unterschiedlich viel bedeuten. Für eine wissenschaftliche Antwort ist die Astrophysik die erste Adresse, denn sie kann Auskunft darüber geben, wo anderes Leben überhaupt stecken könnte und wie wir das womöglich in Erfahrung bringen. Die noch junge Wissenschaft der »Astrobiologie« (manchmal auch »Exobiologie« genannt) erforscht, wie solches Leben aussehen und unter welchen Umständen es entstehen könnte.

Aber auf dem Weg dorthin müssen wir eine Klippe umschiffen, die in der Frage »Was ist Leben?« steckt. Wir kennen eben dummerweise nur genau ein Beispiel, nämlich das Leben auf der Erde. Wenn wir nun woanders im Universum auf die Suche gehen wollen, wonach halten wir dann eigentlich Ausschau? Wirbeltiere, Pflanzen, Bakterien, Pilzsporen, Viren: Schon das Leben auf der Erde ist enorm vielfältig. Aber könnte Leben nicht auch ganz anders aussehen? Dieser Gedanke führt schnell in eine Falle. Egal welche Grenzen man sich zurechtlegt, um zu sagen: Leben kann es nur innerhalb dieser Grenzen geben – die Phantasie gibt immer noch etwas »ganz anderes« her. Könnten Flechten nicht auch ohne eine Atmosphäre existieren? Warum könnten nicht gewisse Einzeller auch in den oberen Regionen von Gasplaneten leben? Könnte es nicht eine Art Schwamm geben, der völlig frei im All überleben könnte? Es gibt hervorragende Science-Fiction-Erzählungen, die sich mit solchen Fragen beschäftigen und wahrhaft faszinierende Geschichten erzählen. Ich schlage allerdings vor, dass wir uns auf einen losen Rahmen einigen, um die Diskussion einzugrenzen.

Ein solcher Rahmen, der oft für fremdes Leben herangezogen wird, lässt sich als »Leben, wie wir es kennen« zusammenfassen. Dieses Leben baut auf chemischen Vorgängen auf, die uns auch auf der Erde begegnen, und besteht vor allem aus den Elementen Kohlenstoff, Wasserstoff, Sauerstoff und Stickstoff. Es verträgt ähnliche Bedingungen – Druck, Temperatur, Strahlung und anderes –, wie sie auf der Erde herrschen, wobei stellenweise Ausreißer durchaus denkbar sind. Wir wollen außerdem einen festen Planeten voraussetzen, was zugegebenermaßen ein Grenzfall ist: Einfache Lebewesen in der oberen Atmosphäre eines Gasriesen sind nicht völlig abwegig. Aber auch solches Leben wäre uns so fremd, dass wir kaum vernünftige Annahmen machen könnten.

Welche Orte bleiben also noch für Leben, wie wir es

kennen? Von den festen Körpern unseres Sonnensystems scheiden diejenigen aus, die zu kalt sind oder keine Atmosphäre haben. Eine spannende Ausnahme sind die Monde Europa und Enceladus mit ihren flüssigen Ozeanen aus Wasser unter der Oberfläche. Über die Bedingungen dort ist kaum etwas bekannt, aber es wird ihnen eine gute Chance eingeräumt, Leben beherbergen zu können. Unter der Atmosphäre von Titan ist es wahrscheinlich zu kalt, während die Venus meist als deutlich zu heiß gehandelt wird. Mars hat wohl von allen Körpern im Sonnensystem die besten Chancen, erdähnliches Leben zu beherbergen, wobei es auch dort enorm kalt wird und die Oberfläche – mangels Magnetfeld und dichter Atmosphäre – kaum vor Strahlung der Sonne geschützt ist. Wenn es komplexes Leben in Form von Tieren oder größeren Pflanzen auf dem Mars gäbe, hätten wir sie wahrscheinlich längst gefunden, so dass höchstens noch einfache Organismen in Frage kommen.

So viel zu den Planeten unseres Sonnensystems – doch was ist mit anderen Planetensystemen? Die Sonne ist schließlich ein Stern wie viele andere, und deshalb liegt die Vermutung nahe, dass auch andere Sterne von Planeten – sogenannten Exoplaneten – umkreist werden. Ein Beweis dafür ließ allerdings lange auf sich warten: Erst Anfang der 1990er Jahre gelangen die ersten zweifelsfreien Entdeckungen von »Exoplaneten«. Es blieben jahrelang nur eine Handvoll, und sie waren kaum mit unserem Sonnensystem vergleichbar. Manche von ihnen umkreisen Pulsare statt normaler Sterne oder sind ihrem Stern extrem nahe. In den 2000er Jahren konnten endlich auch einige Exoplaneten gefunden werden, die gewöhnliche Sterne in ähnlichen Abständen wie unsere Nachbarplaneten umkreisen. Die Zahl der Entdeckungen betrug regelmäßig ein paar Dutzend pro Jahr, bis sie in den 2010ern geradezu explodierte: Im Jahr 2015 wurde der zweitausendste Exoplanet gefunden, und es sieht nicht danach aus, als würde die Serie bald abreißen. Ein großer Teil dieses Erfolgs geht auf Weltraumteleskope wie die ESA-Mission *COROT* oder den NASA-Satelliten *Kepler* zurück.[♟]

Allerdings haben wir momentan beim Aufspüren von Exoplaneten ein großes Problem: Unsere aktuellen Instrumente und Messmethoden können am zuverlässigsten große Gasplaneten aufspüren, die ihren Stern eng umkreisen. Solche Exoplaneten werden auch »heiße Jupiter« genannt, und sie sind eher das Gegenteil von dem, was wir als bewohnbare Planeten betrachten. Damit ein Exoplanet ähnliche Bedingungen wie die Erde aufweisen kann, müssen im Wesentlichen drei Dinge zusammenkommen: Er muss im richtigen

---

[♟] Die spannende und ausführliche Geschichte all dieser Entdeckungen und der Physik dahinter erzählt der Astronom Florian Freistetter in seinem Buch »Die Neuentdeckung des Himmels«, Carl Hanser Verlag, ISBN 3-446-43878-1, 2014.

Abstand um seinen Stern kreisen, die richtige Masse haben und eine geeignete Atmosphäre aufweisen. Zu leicht, und er könnte keine Atmosphäre halten, zu schwer, und er wäre ein Gasplanet. Zu nah an seinem Stern, und es wäre zu heiß, zu weit entfernt, und es wäre zu kalt. Der richtige Abstand, der für jeden Stern abhängig von seiner Leuchtkraft ein anderer ist, wird »habitable Zone«, also der bewohnbare Bereich genannt. Und selbst wenn das alles passt, besteht immer die Möglichkeit, dass der Planet eine so dichte Atmosphäre hat, dass er eine lebensfeindliche Hochdruck-Hölle ist wie die Venus.

Von den rund zweitausend bislang entdeckten Exoplaneten gibt es selbst nach optimistischen Schätzungen höchstens zwei Dutzend, die nach diesen Kriterien Leben, wie wir es kennen, beherbergen könnten. Aber selbst diese sind umstritten, denn fast alle fallen in eine Kategorie mit dem irreführenden Namen »Super-Erde«. Damit sind Planeten gemeint, die zwischen ein- und zehnmal so viel wiegen wie die Erde. Diese fernen Super-Erden könnten allein ihrer Masse nach zu urteilen sowohl Gesteinsplaneten als auch Gasplaneten sein. Aus der Ferne zwischen diesen beiden Fällen zu unterscheiden ist schwierig, zumal wir in unserem eigenen Sonnensystem keinen Vergleich für Planeten mit dieser Masse haben. Eine Antwort könnte am ehesten die Untersuchung der Atmosphären dieser Exoplaneten liefern. Das ist im Februar 2016 erstmals bei einer

Super-Erde namens »55 Cancri e« gelungen. Der Planet mit etwa acht Erdmassen scheint demnach eher ein Mini-Gasplanet zu sein, mit einer Menge Wasserstoff und Helium, aber keiner Spur von Wasser in der Atmosphäre. Schade!

Trotzdem: Unter Astronomen zweifelt kaum jemand daran, dass wir mit besseren Instrumenten und Messmethoden in den kommenden Jahrzehnten auch wahrhaft erdähnliche Exoplaneten finden können. Jüngere Schätzungen, wie viele davon es in der Milchstraße insgesamt geben könnte, reichen von den Millionen bis in die Milliarden. Dazu kommen wahrscheinlich noch unzählige Monde mit guten Chancen auf Leben, wie wir sie ansatzweise auch im Sonnensystem vorfinden. Wie wir wissen, gibt es außerdem neben der Milchstraße noch viele Milliarden anderer Galaxien. Es scheint deshalb praktisch ausgeschlossen, dass ausgerechnet die Erde der einzige von etlichen Milliarden Planeten im Universum sein sollte, auf dem es Leben gibt.

Mit dieser Erkenntnis stellt sich allerdings eine Frage, die als das »Fermi-Paradoxon« bekannt ist. Der Name geht auf den Physiker Enrico Fermi zurück, der im Jahr 1950 beim Mittagessen mit anderen Physikern ebendiese Frage stellte: Wenn es prinzipiell möglich ist, dass intelligentes Leben entsteht und sich durch die Milchstraße ausbreitet, müsste das dann nicht schon längst passiert sein? Und wenn ja, warum haben wir von so einer die ganze Galaxis umspannenden Zivilisation noch nichts mitbekommen? Am Fermi-Paradoxon berühren sich Wissenschaft und Science Fiction, und wir kennen bisher nur spekulative Antworten. Die sind allerdings so faszinierend, dass sich ein kurzer Einblick für uns sehr lohnt.

Eine einfache Antwort wäre, dass das Leben auf der Erde tatsächlich das einzige im ganzen Universum ist. Um es mit *Contact*, einem meiner Lieblingsfilme über die Erforschung des Universums, zu sagen: Das wäre eine fürchterliche Platzverschwendung. Aber wenn schon nicht das einzige, so könnte das Leben auf der Erde doch das am weitesten entwickelte sein. Fremde Welten, die von Kleinstlebewesen, Pflanzen oder einfachen Tieren bewohnt wären, könnten nicht mit Funksignalen oder anderen technischen Mitteln auf sich aufmerksam machen. Sie aufzuspüren wäre dann vor allem anhand chemischer Spuren möglich, die biologische Aktivität in einer Atmosphäre hinterlässt. Von der technischen Möglichkeit, die Atmosphären fremder Planeten so genau zu untersuchen, sind wir womöglich nur noch wenige Jahre entfernt. Es ist dann eine Aufgabe für die Astrobiologie, Vorhersagen für mögliche Spuren von Leben zu machen oder Messergebnisse zu interpretieren, um auf die mögliche Existenz von Leben zu schließen, so wie es mit der *Exo-Mars*-Mission zu unserem Nachbarplaneten auch passieren soll.

Wenn intelligentes Leben im Universum zwar möglich, aber enorm selten wäre, dann könnte es auch sein, dass sich statistisch gesehen nicht mehr als eine Zivilisation pro Galaxie entwickelt. Wir wären dann zwar nicht allein, aber von anderen bewohnten Orten praktisch vollkommen isoliert. Es ist uns zurzeit noch unmöglich, Planeten in fernen Galaxien aufzuspüren, geschweige denn ihre Atmosphären zu vermessen. Außerdem ist es denkbar, dass Planeten einfach grundsätzlich sehr lange brauchen, um intelligentes Leben auszubilden. Immerhin scheint das auf der Erde auch rund vier Milliarden Jahre gedauert zu haben, fast ein Drittel des Alters unseres Universums. Unter diesen Bedingungen könnte man ein Bild zeichnen, wonach es viele bewohnte Planeten im Universum gibt, die allerdings wie auf einsamen Inseln in verschiedenen Galaxien sitzen. Das Licht, und damit alle Information, braucht Hunderte Millionen Jahre, um die Distanzen zurückzulegen, durch welche die Superhaufen voneinander getrennt sind – und so könnte es sein, dass etliche intelligente Zivilisationen noch nie die Chance hatten, voneinander Kenntnis zu nehmen.

Aber angesichts der enormen Zahl von Hunderten Milliarden Sternen allein in unserer Milchstraße halte ich es für ebenso gut denkbar, dass selbst in unserer Nachbarschaft gute Chancen dafür bestehen, dass sich intelligentes Leben entwickelt. Das bringt uns allerdings zu einer nicht minder dramatischen Vorstellung: nämlich, dass Zivilisationen zwar oft entstehen, aber grundsätzlich nur für kurze Zeit überleben. Massensterben hat es in der Geschichte der Erde immer wieder gegeben, und es gibt keinen Grund zu der Annahme, dass ausgerechnet die Menschheit immun wäre – wenn sie ihr Ende nicht sogar selbst herbeiführt. Spätestens, wenn die Sonne in wenigen Milliarden Jahren ihr Leben aushaucht, müsste die Menschheit einen soliden Plan B für ihr Fortbestehen in der Tasche haben. Vielleicht kennen Sie den alten Kalauer zu diesem Thema:

Treffen sich zwei Planeten. Sagt der eine zum anderen: »Du siehst ja furchtbar aus. Was ist denn los mit dir?« – »Ach, ich habe Menschen.« – »Oh, das kenne ich. Keine Sorge, das geht von selbst vorbei!«

Wenn Zivilisationen im Universum also bloß »aufblitzen«, könnten wir andere intelligente Lebewesen in der Milchstraße nur verpasst haben – um ein paar Tausend, vielleicht aber auch um etliche Millionen Jahre.

Wir als Menschheit geben uns jedenfalls bewusst und unbewusst alle Mühe, gefunden zu werden: Wir senden Radiosignale aus, besuchen andere Himmelskörper und haben sogar Nachrichten an einigen unserer Raumsonden hinterlassen. Dahinter steckt die Idee, nicht nur selbst zu suchen, sondern auch die Chancen zu erhöhen, gefunden zu werden. Eine der schönsten Nachrichten dieser Art ist für mich die Pioneer-Plakette, von der jeweils ein Exemplar an den Raumsonden *Pioneer 10* und *Pioneer 11* befestigt ist. Auf dem Heimweg aus den Tiefen des Universums kommen wir an den Sonden vorbei, die für uns als erfahrene Reisende gerade erst aus der Haustür unseres Sonnensystems gestolpert sind. Machen wir einen letzten Zwischenstopp und betrachten die vergoldete Aluminiumplatte und was sie über die Menschheit zu sagen hat.

Sie misst nur wenige Zentimeter und zeigt nicht viele Symbole, will aber eine Menge erzählen. Abgebildet ist ein Umriss der Raumsonde selbst, vor dem maßstabsgetreu ein nackter Mann und eine nackte Frau stehen. Ein Symbol mit zwei Kreisen und wenigen Linien soll einen der häufigsten Vorgänge unter allen Atomen des Universums zeigen: den sogenannten »Hyperfeinstrukturübergang« von Wasserstoff. Die Frequenz der Strahlung, die in diesem Vorgang abgegeben wird, dient als Schlüssel für den zentralen Teil der Nachricht: eine Sternenkarte von vierzehn Pulsaren und ihrer Entfernung zur Erde. Das letzte Element der Nachricht ist eine schematische Karte des Sonnensystems mit seinen – nun ja – neun Planeten. Ein kleines Symbol der Sonde ist mit dem dritten Planeten in der Reihe verbunden. Die Pioneer-Plakette versucht, in universeller Zeichensprache eine einfache Aussage zu vermitteln, die in etwa so lautet:

Wir sind die Menschheit, und so sehen wir aus. Wir machen uns Gedanken über das Universum, und wir kennen den Hyperfeinstrukturübergang von Wasserstoff. Wir haben in der Nähe unseres Sterns diese Pulsare gefunden und ihre Umlaufzeiten gemessen – man kann unseren Stern anhand dieser Karte finden. Wir leben auf dem dritten Planeten, der um diesen Stern kreist. Wir würden uns freuen zu erfahren, dass wir nicht allein sind.

Ich finde, das ist auch nach über vierzig Jahren noch eine sehr schöne und angemessene Nachricht, um von den weitesten Außenposten der Menschheit getragen zu werden. Wünschen wir den Pioneer- und Voyager-Sonden also alles Gute auf ihrem langen Weg, und verabschieden wir uns in die Richtung, aus der sie vor vierzig Jahren kamen.

Sei es die Suche nach Mikroben auf dem Mars, das Aufspüren von Exoplaneten oder philosophische Gedanken zum Fermi-Paradoxon: Ob wir allein sind oder nicht, kann als eine der wichtigsten Fragen der Menschheit gelten. Mit unserem immer schärferen Blick auf das Universum könnte sich durchaus noch in unserer Lebenszeit herausstellen: Nein, ganz allein sind wir nicht.

Dank

Mein Dank gilt dem Ullstein-Verlag für das Vertrauen und die tolle Zusammenarbeit, besonders mit meinen Lektorinnen Andrea Schmidt-Pientka und Marieke Schönian. Weiterhin gebührt Frau Kirschvogel große Anerkennung für die Kreativität und Hingabe, mit der sie den vielen Illustrationsideen Leben eingehaucht hat. Außerdem möchte ich Maja Asanović *mnogo hvala* (vielen Dank) sagen für das Foto von mir, welches das Titelbild ziert.

Gute Freunde und Kollegen haben eine Menge Zeit mit meinen Entwürfen verbracht, und ihre Korrekturen und Ideen haben das Buch um Längen besser gemacht: Danke, Jan, danke, Tim, danke, Kim, danke, Stefan, danke, Jens Kube und danke, Henning Krause! (Danke auch denen, die ich hier vergessen habe – was für eine Frechheit!)

Und ganz besonders: Danke, Anna, die du mich genauso wie das Buch begleitet hast, mit vielen guten Ideen, immer mit der passenden Ermunterung und vor allem mit unendlicher Geduld – *Вселенная, и мы, и ночь* :)

Korrekturen

Als Wissenschaftler muss ich zugeben: Trotz sorgfältiger Arbeit ist es so gut wie ausgeschlossen, dass dieses Buch frei von Fehlern ist. Korrekturen, nützliche Hinweise und Denkanstöße zu diesem Buch werden auf folgender Internetseite gesammelt:

www.michael-bueker.de/aufsaturn

Quellen und Literatur

Die folgenden Seiten enthalten die Quellen für Zahlen, Fakten und Einschätzungen in diesem Buch.

Forscher aus aller Welt und allen Fachgebieten informieren sich gegenseitig über ihre Ergebnisse, indem sie Artikel in wissenschaftlichen Fachzeitschriften veröffentlichen. Viele der folgenden Quellen sind deshalb solche Artikel.

Leider sind sie längst nicht alle frei und kostenlos zugänglich. Wissenschaftsverlage wie *Elsevier*, *Springer* oder *Wiley-VCH* verlangen gesalzene Preise für den Zugang zu Forschungsergebnissen, egal ob gewinnträchtig oder gemeinnützig, ob Spitzenforschung oder Nischenthema, ob brandneu oder steinalt.[*] Diese Verlage stehen deshalb heute immer stärker in der Kritik. Es gibt inzwischen eine starke politische und gesellschaftliche Gegenbewegung, die vor allem von den Wissenschaftlern selbst getragen wird. Ihr Motto ist »Open Access«: »freier Zugang«.

Die Physik, und insbesondere die Astrophysik, ist

---

[*] Mein persönliches Highlight ist ein einseitiger Artikel aus dem Jahr 1934, für den die American Physical Society auch nach 82 Jahren noch $ 20,– verlangt: Baade, W. und Zwicky, F.: »Remarks on Super-Novae and Cosmic Rays«, Phys. Rev. 46, 1934, DOI: 10.1103/PhysRev.46.76.2

seit Jahrzehnten Vorreiter darin, Forschungsergebnisse frei zugänglich zu machen. Das geschieht vor allem auf der Internetplattform *arXiv*, auf der Wissenschaftler ihre Artikel veröffentlichen, bevor sie in den eigentlichen Fachzeitschriften erscheinen. Mit *bioRxiv* hält das gleiche Prinzip langsam auch in der Biologie Einzug. Solche Vorabveröffentlichungen geschehen mit Zustimmung der Verlage, und langsam entwickeln auch die Verlage selbst Open-Access-Angebote.

Einer der schönsten Wege, als Leser an Fachartikel zu kommen, ist aber der Besuch in einer Bibliothek. Am besten eignen sich Staatsbibliotheken oder solche an Universitäten, wo nicht nur Studierende oder Mitarbeiter, sondern alle Besucher willkommen sind. Bibliothekarinnen und Bibliothekare sind echte Superhelden der Informationsbeschaffung – egal ob im Internet oder aus einem Buch, das tief im Keller einer Bibliothek einstaubt. Probieren Sie es doch mal aus!

Tipps zum Auffinden der Literatur

Bei Büchern ist stets die ISBN angegeben und sofern bekannt auch die Auflage. Manche der Bücher können über *Google Books* eingesehen werden.

Für einfache Internetseiten ist die Internetadresse angegeben. Sollte die einmal nicht (mehr) funktionieren, kann es helfen, mit einer Suchmaschine nach dem genauen Titel der Seite zu suchen. Außerdem besteht die Chance, dass eine inzwischen verschwundene Seite vom *Internet Archive* archiviert wurde. Das lässt sich herausfinden, wenn man auf https://archive.org/web/ nach der genauen Adresse einer Seite sucht.

Alle wissenschaftlichen Artikel haben einen DOI (*Digital Object Identifier*), der sie eindeutig kennzeichnet, ähnlich der ISBN für Bücher. Hängt man diesen DOI an die Internetadresse https://dx.doi.org/ an, so landet man auf einer Internetseite, die Zugang zu dem jeweiligen Artikel bietet – unter Umständen allerdings nur gegen Geld. Ein Beispiel dafür ist unter https://dx.doi.org/10.1103/PhysRev.46.76.2 zu finden. Ein Beispiel für einen Artikel, der unter seinem DOI frei gelesen werden kann, ist dies: https://dx.doi.org/10.1086/421257

Für manche Artikel ist auch ein arXiv-Identifikationscode angegeben. Alle Artikel auf arXiv können frei gelesen und heruntergeladen werden. Um einen solchen Artikel aufzurufen, hängt man den Identifikationscode an die Adresse https://arxiv.org/abs/ an. Das Ergebnis sieht zum Beispiel so aus: https://arxiv.org/abs/0902.3446

Eine dritte nützliche Datenbank ist der *Astronomy Abstract Service*, kurz SAO/NASA ADS. Hier wird jeder Artikel durch einen »Bibcode« identifiziert, den man an die Adresse http://adsabs.harvard.edu/abs/ anhängen kann. Das ADS bietet Zugang zu vielen älteren Artikeln, die nirgendwo sonst im Internet (auf einfachem Weg) einzusehen sind. Hier ist in der Regel ein Bibcode angegeben, wenn ein Artikel keinen DOI hat, oder das ADS einen besseren Zugang bietet. Es gilt: Wenn im oberen Teil der Seite einer oder mehrere grüne Links zu sehen sind, dann verbergen sich dahinter frei einsehbare Versionen des Artikels. Ein schönes Beispiel ist dieses: http://adsabs.harvard.edu/abs/1995 PASP..107.1133T

Raumfahrt

Alan Boyle: »Asteroid named after ›Hitchhiker‹ humorist«, NBC News, 25.1.2005: www.nbcnews.com/id/6867061/

NASA: »What Is Microgravity?«, 15.2.2012: www.nasa.gov/audience/forstudents/5-8/features/nasa-knows/what-is-microgravity-58.html

The Digital Journalist: »100 Photographs that Changed the World by Life«, »Earthrise 1968«: http://digitaljournalist.org/issue0309/lm11.html

Australian Broadcasting Corporation: »The Earthrise Photograph«, 1999: www.abc.net.au/science/moon/earthrise.htm

Andrew Chaikin: »A Man on the Moon«, Viking Press, ISBN 0-670-81446-6, 1994

John Noble Wilford: »On Hand for Space History, as Superpowers Spar«, The New York Times, 13.7.2009: www.nytimes.com/2009/07/14/science/space/ 14mission.html

BBC News: »Soyuz spacecraft docks at ISS after just six hours«, 29.3.2013: www.bbc.com/news/science-environment-21972804

Sonnensystem

Phil Plait: »Bad Astronomy«, »Twinkle Twinkle Little Star«, 23.8.1999: www.badastronomy.com/bitesize/twinkle.html

Christine Kensche: »Gülpe im Havelland ist das Paradies für Sterngucker«, Hamburger Abendblatt, 9.9.2013: www. abendblatt.de/vermischtes/article119825528/

The Planetary Society: »Planetary Facts«: www.planetary.org/ explore/space-topics/compare/planetary-facts.html

NASA, Carnegie Science, Johns Hopkins Applied Physics Laboratory: »MESSENGER Education and Public Outreach«, »Animation: Orbit & Rotation«: www.messenger-education. org/Interactives/ANIMATIONS/Orbit_Rotation/orbit_ rotation.php »Animation: A Day on Mercury«: www. messenger-education.org/Interactives/ANIMATIONS/ Day_On_Mercury/day_on_mercury.php

PBS Online: »The American Experience«, »William Beebe: Going Deeper«: www.pbs.org/wgbh/amex/ice/sfeature/ beebe.html

ESA: »Could Venus be shifting gear?«, 10.2.2012: www.esa. int/Our_Activities/Space_Science/Venus_Express/Could_ Venus_be_shifting_gear

NASA: »NASA Space Science Data Coordinated Archive«, »Luna 3«: http://nssdc.gsfc.nasa.gov/nmc/spacecraftDisplay. do?id=1959-008A

Emily Lakdawalla: »Chang'e 3 and LADEE updates – and Lunar Reconnaissance Orbiter, too, for good measure«, The Planetary Society Blogs, 6.12.2013: www.planetary.org/ blogs/emily-lakdawalla/2013/12051704-change-3-and- ladee-updates.html

Stuart Wolpert: »University of California, Los Angeles News-room«, »Moon was produced by a head-on collision between Earth and a forming planet«, 28.1.2016: http://newsroom.ucla.edu/releases/moon-was-produced-by-a-head-on-collision-between-earth-and-a-forming-planet

Rainer Kayser: »Wasser auf Erde und Mond hat gemeinsamen Ursprung«, Welt der Physik, 9.5.2013: www.weltderphysik.de/gebiet/planeten/news/2013/wasser-auf-erde-und-mond-hat-gemeinsamen-ursprung/

Steven J. Dick, »Why We Explore: Under the Moons of Mars«, »NASA: Exploration«, 19.11.2007: www.nasa.gov/exploration/whyweexplore/Why_We_27.html

ESA: »Science & Technology: Martian Moons: Phobos«, 2.1.2014: http://sci.esa.int/mars-express/31031-phobos/

Elizabeth Zubritsky: »Mars' Moon Phobos is Slowly Falling Apart«, NASA, 10.11.2015: www.nasa.gov/feature/goddard/phobos-is-falling-apart

NASA: »NASA Science: News«, »Making a Splash on Mars«, 29.6.2000: http://science.nasa.gov/science-news/science-at-nasa/2000/ast29jun_1m/

Jeffrey Kluger: »Revealed: How Mars Lost Its Atmosphere«, Time, 23.6.2013: http://science.time.com/2013/07/23/revealed-how-mars-lost-its-atmosphere/

Fred Guterl, Monica Heger: »Mars is Hard«, IEEE Spectrum, 23.06.2009: http://spectrum.ieee.org/aerospace/space-flight/mars-is-hard

NASA: »Mars Exploration«, »Program & Missions«, »Historical Log«: http://mars.jpl.nasa.gov/programmissions/missions/log/

Robin Lloyd: »Metric mishap caused loss of NASA orbiter«, CNN, 30.9.1999: http://edition.cnn.com/TECH/space/9909/30/mars.metric.02/

NASA: »Solar System Exploration«, »Asteroids: Overview: Ancient Space Rubble«: https://solarsystem.nasa.gov/planets/asteroids

Edward F. Tedesco, François-Xavier Desert: »The *Infrared Space Observatory* Deep Asteroid Search«, The Astronomical Journal, Volume 123, Issue 4, pp. 2070-2082, 2002, DOI: 10.1086/339482

NASA: »NASA Science: Missions«, »Hayabusa«: http://science.nasa.gov/missions/hayabusa/

NASA/Jet Propulsion Laboratory, California Institute of Technology: »Dawn Journal«, 27.11.2009: http://dawn.jpl.nasa.gov/mission/journal_11_27_09.asp

Tilman Spohn, Doris Breuer, Torrence Johnson: »Encyclopedia of the Solar System, Third Edition«, Elsevier Verlag, ISBN 0-12-415845-0, 2014

Linda T. Elkins-Tanton: »Jupiter and Saturn«, Chelsea House, ISBN 0-8160-5196-8, 2006

NASA: »The Space Educator's Handbook«, »What Did Galileo Find at Jupiter?«: http://er.jsc.nasa.gov/seh/galileo5.html

Encyclopædia Britannica: »Kids Encyclopedia«, »Galileo: atmosphere«: http://kids.britannica.com/comptons/art-92991

David P. Stern: »From Stargazers to Starships«, »Get a Straight Answer: Question 456: A Diamond Core for Jupiter?«: http://www-istp.gsfc.nasa.gov/stargaze/StarFAQ25.htm#q456

D. Saumon, T. Guillot: »Shock Compression of Deuterium and the Interiors of Jupiter and Saturn«, The Astrophysical Journal, Volume 609, Issue 2, pp. 1170-1180, 2004, DOI: 10.1086/421257, arXiv: astro-ph/0403393

NASA: »Solar System Exploration«, »Io: In Depth«: https://solarsystem.nasa.gov/planets/io/indepth

NASA: »Solar System Exploration«, »About Europa«: https://solarsystem.nasa.gov/europa/overview.cfm

Michael Belfiore: »How NASA Could Find Life on Europa«, Popular Mechanics, 2.6.2015: www.popularmechanics.com/space/deep-space/a15837/nasa-life-on-europa/

NASA: »Nasa's Hubble Observations Suggest Underground Ocean on Jupiter's Largest Moon«, 12.3.2015: www.nasa.gov/press/2015/march/nasa-s-hubble-observations-suggest-underground-ocean-on-jupiters-largest-moon

NASA/Jet Propulsion Laboratory, California Institute of Technology: »Galileo Mission Finds Strange Interior of Jovian Moon«, 4.6.1998: www.jpl.nasa.gov/releases/98/callistocore.html

NASA: »Solar System Exploration«, »Callisto: In Depth«: https://solarsystem.nasa.gov/planets/callisto/indepth

Van Kane: »New Concepts to Explore the Jovian System«, The Planetary Society Blogs, 28.10.2015: www.planetary.org/blogs/guest-blogs/van-kane/1028-new-concepts-to-explore-the-jovian-system.html

Matthew S. Tiscareno et al.: »100-metre-diameter moonlets in Saturn's A ring from observations of ›propeller‹ structures«, Nature, Volume 440, Issue 7084, pp. 648-650, 2006, DOI: 10.1038/nature04581

Ryuki Hyodo, Keiji Ohtsuki: »Saturn's F ring and shepherd satellites a natural outcome of satellite system formation«, Nature Geoscience, Volume 8, Issue 9, pp. 686-689, 2015, DOI: 10.1038/ngeo2508

Emily Lakdawalla: »Saturn's hexagon recreated in the laboratory«, The Planetary Society Blogs, 5.5.2010: www.plane tary.org/blogs/emily-lakdawalla/2010/2471.html

Richard Pogge: »Astronomy 161: An Introduction to Solar System Astronomy«, »Lecture 37: The Gas Giants: Jupiter & Saturn«, Department of Astronomy, Ohio State University, 2007: www.astronomy.ohio-state.edu/~pogge/Ast161/Unit6/jupsat.html

Laboratory for Atmospheric and Space Physics, University of Colorado: »The Outer Planets: Giant Planets: Interiors«, 2007: http://lasp.colorado.edu/education/outerplanets/giantplanets_interiors.php

Gunter Faure, Teresa M. Mensing: »Introduction to Planetary Science: The Geological Perspective«, Springer Netherlands, ISBN: 1-4020-5544-7, 2007

NASA/Jet Propulsion Laboratory, California Institute of Technology: »Cassini: Mission to Saturn«, »Science Overview«: https://saturn.jpl.nasa.gov/science/overview/

Emily Lakdawalla: »Cassini's awesomeness fully funded through mission's dramatic end in 2017«, The Planetary Society Blogs, 4.9.2014: www.planetary.org/blogs/emily-lakdawalla/2014/cassinis-awesomeness-fully.html

Kelly Young: »Saturn's moon is Death Star's twin«, New Scientist, 11.2.2005: www.newscientist.com/article/dn6999-saturns-moon-is-death-stars-twin/

Paul Schenk et al.: »Plasma, plumes and rings: Saturn system dynamics as recorded in global color patterns on its midsize icy satellites«, Icarus, Volume 211, Issue 1, pp. 740-757, 2011, DOI: 10.1016/j.icarus.201008.016

NASA/Jet Propulsion Laboratory, California Institute of Technology: »Cassini Finds Global Ocean in Saturn's Moon Enceladus«, 15.9.2015: www.jpl.nasa.gov/news/news.php?release=2015-298

Henry Fountain: »Solving a Tonal Mystery in Orbit Around Saturn«, The New York Times, 10.12.2009: www.nytimes.com/2009/12/15/science/15obmoon.html

Athena Coustenis, Frederic W. Taylor: »Titan: Exploring an Earthlike World, Second Edition«, World Scientific, ISBN 981-281-161-5, 2008

Natalia Artemievaa, Jonathan Lunine: »Cratering on Titan: impact melt, ejecta, and the fate of surface organics«, Icarus, Volume 164, Issue 2, pp. 471-480, 2003, DOI: 10.1016/S0019-1035(03)00148-9

Richard A. Lovett: »Saturn Moon Titan May Have Underground Ocean«, National Geographic News, 20.3.2008: http://news.nationalgeographic.com/news/2008/03/080320-titan-ocean.html

NASA: »Solar System Exploration«, »Radioisotope Power Systems: Radioisotope Thermoelectric Generator (RTG)«: https://solarsystem.nasa.gov/rps/rtg.cfm

NASA: »Solar System Exploration«, »Uranus: In Depth«: https://solarsystem.nasa.gov/planets/uranus/indepth

NASA/Jet Propulsion Laboratory, California Institute of Technology: »Photojournal«, »PIA00044: Miranda High

Resolution of Large Fault«, 1996: http://photojournal.jpl.
nasa.gov/catalog/PIA00044

Richard A. Kerr: »Neptune May Crush Methane Into Dia-
monds«, Science, Volume 286, Issue 5437, p. 25, 1999, DOI:
10.1126/science.286.5437.25a

Sromovsky, L. A. et al.: »The unusual dynamics of new dark
spots on Neptune«, Bulletin of the American Astronomical
Society, Volume 32, p. 1005, 2000, Bibcode: 2000 DPS....
32.0903S

HubbleSite: »Neptune Completes Its First Circuit Around
The Sun Since Its Discovery«, News Release Number:
STScI-2011-19, 12.7.2011: http://hubblesite.org/news
center/archive/releases/2011/19/

Emily Lakdawalla: »A moon with atmosphere«, The Planetary Society Blogs, 8.4.2015: www.planetary.org/blogs/
emily-lakdawalla/2015/04081101-a-moon-with-atmosphe-
re.html

NASA, Johns Hopkins Applied Physics Laboratory: »New
Horizons: NASA's Mission to Pluto«, »What We Know:
Pluto's Atmosphere«: http://pluto.jhuapl.edu/Participate/
learn/What-We-Know.php?link=Plutos-Atmosphere

Eric Hand: »Astronomers spot most distant object in the solar
system, could point to other rogue planets«, Science,
10.11.2015: www.sciencemag.org/news/2015/11/astrono
mers-spot-most-distant-object-solar-system-could-point-
other-rogue-planets

Dave Jewitt: »Sedna – 2003 VB12«, University of California,
Los Angeles, 2004: http://www2.ess.ucla.edu/~jewitt/kb/
sedna.html

Scott S. Sheppard, C. Trujillo: »Beyond the Kuiper Belt Edge: Sednoids and the Inner Oort Cloud«, American Astronomical Society, DPS meeting #45, id.511.0, Bibcode: 2013 DPS....4551104S

Konstantin Batygin, Michael E. Brown: »Evidence for a Distant Giant Planet in the Solar System«, The Astronomical Journal, Volume 151, Issue 2, DOI: 10.3847/0004-6256/151/2/22, arXiv: 1601.05438

Alan Stern: »New Horizons: A Billion Miles to 2014 MU69«, Sky & Telescope, 1.10.2015: www.skyandtelescope.com/astronomy-news/new-horizons-a-billion-miles-to-2014-mu69-10012015/

Andrew Anthony: »2006: a space oddity – the great Pluto debate«, The Guardian, 1.5.2016: www.theguardian.com/science/2016/may/01/2006-space-oddity-pluto-debate-row

Sterne

Achim Weiß: »Sterne: Was ihr Licht über die Materie im Kosmos verrät«, Spektrum Akademischer Verlag, ISBN 3-8274-1968-2, 2008

Hamburger Sternwarte, Fachbereich Physik, Universität Hamburg: »Digitales Fotoplattenarchiv der Hamburger Sternwarte«:http://plate-archive.hs.uni-hamburg.de/

James Schombert: »Gamma-Ray Bursts«, Department of Physics, University of Oregon: http://abyss.uoregon.edu/~js/lectures/gamma_ray_bursts.html

Deutsches Museum: »Die Helios-Raumsonde«: www.deutsches-museum.de/de/sammlungen/verkehr/raumfahrt/satelliten/helios-raumsonde/

NASA, Johns Hopkins Applied Physics Laboratory: »Solar Probe Plus: A NASA Mission to Touch the Sun«, »Mission Overview«: http://solarprobe.jhuapl.edu/mission/

NASA: »ESA/NASA Solar Observatory Discovers Its 3,000th Comet«, 15.9.2015: www.nasa.gov/feature/goddard/esa-nasa-solar-observatory-discovers-its-3000th-comet

NASA: »NASA Science: News«, »A Super Solar Flare«, 6.5.2008: http://science.nasa.gov/science-news/science-at-nasa/2008/06may_carringtonflare/

J. C. Evans: »ASTR 103 – Astronomy – Text Supplement: Interstellar Matter«, Physics & Astronomy Department, George Mason University, 1998: http://physics.gmu.edu/~jevans/astr103/CourseNotes/Text/Lec24_interstellarMedium.htm

Siobahn M. Morgan: »Astronomy Course Notes and Supplementary Material: Section II – Stars: Stellar Evolution«, Department of Earth Science, University of Northern Iowa: www.uni.edu/morgans/astro/course/Notes/section2/new8.html

Carl R. Nave: »HyperPhysics: Stellar Lifetimes«, Department of Physics and Astronomy, Georgia State University: http://hyperphysics.phy-astr.gsu.edu/hbase/Astro/startime.html

Alak Ray: »Massive stars as thermonuclear reactors and their explosions following core collapse«, Principles and Perspectives in Cosmochemistry, Astrophysics and Space Science Proceedings, Springer-Verlag Berlin Heidelberg, ISBN 3-642-10351-3, 2010, S. 209, DOI: 10.1007/978-3-642-10352-0_5, arXiv: 0907.5407

Bruce T. Cleveland, Timothy Daily, Raymond Davis, Jr. et al.: »Measurement of the Solar Electron Neutrino Flux with the

Homestake Chlorine Detector«, The Astrophysical Journal, Volume 496, Issue 1, pp. 505-526, 1998, DOI: 10.1086/305343

Philip Massey, Michael R. Meyer: »Stellar Masses«, Encyclopedia of Astronomy and Astrophysics, Taylor & Francis, 2001, DOI: 10.1888/0333750888/1882

Nobel Media AB: »Wilhelm Wien – Biographical«, 2014: www.nobelprize.org/nobel_prizes/physics/laureates/1911/wien-bio.html

Phil Plait: »What's the Quicker Solar Weight Loss Plan: Solar Wind, or Nuclear Fusion?«, Slate, 14.7.2014: www.slate.com/blogs/bad_astronomy/2014/07/14/solar_wind_versus_fusion_how_does_the_sun_lose_mass.html

Richard Pogge: »Astronomy 162: Introduction to Stars, Galaxies, & the Universe«, »Lecture 12: As Long as the Sun Shines«, Department of Astronomy, Ohio State University, 2006: www.astronomy.ohio-state.edu/~pogge/Ast162/Unit2/sunshine.html

Bryan J. Méndez: »Astronomy 10: Lecture 13: Stars and their Properties«, University of California Berkeley, Space Sciences Laboratory, Center for Science Education, 2002: http://cse.ssl.berkeley.edu/bmendez/ay10/2002/

Adam J. Burgasser: »Brown dwarfs: Failed stars, super Jupiters«, Physics Today, Volume 61, Issue 6, p. 70, 2008, DOI: 10.1063/1.2947658

Dave Kornreich: »Ask An Astronomer: How do you measure the mass of a star? (Beginner)«, Cornell University Astronomy, 27.6.2015: http://curious.astro.cornell.edu/physics/82-the-universe/stars-and-star-clusters/measuring-the-stars/394-how-do-you-measure-the-mass-of-a-star-beginner

T. Shenar et al.: »A coordinated X-ray and Optical Campaign of the Nearest Massive Eclipsing Binary, Delta Orionis Aa: IV. A multiwavelength, non-LTE spectroscopic analysis«, The Astrophysical Journal, Volume 809, Issue 2, 2015, DOI: 10.1088/0004-637X/809/2/135, arXiv: 1503.03476

P. Zasche et al.: »A Catalog of Visual Double and Multiple Stars With Eclipsing Components«, The Astronomical Journal, Volume 138, Issue 2, pp. 664-679, 2009, DOI: 10.1088/0004-6256/138/2/664, arXiv: 0907.5172

Weiße Zwerge, Supernovae, Neutronensterne und Schwarze Löcher

Michael Richmond: »Physics 230, Stellar Astronomy: Late stages of evolution for low-mass stars«, Department of Physics, Rochester Institute of Technology, 2004: http://spiff.rit.edu/classes/phys230/lectures/planneb/planneb.html

Klaus-Peter Schroder, Robert C. Smith: »Distant future of the Sun and Earth revisited«, Notices of the Royal Astronomical Society, Volume 386, Issue 1, pp. 155-163, 2008, DOI: 10.1111/j. 1365-2966.2008.13022.x, arXiv: 0801.4031

M. Mocák et al.: »The core helium flash revisited – I. One and two-dimensional hydrodynamic simulations«, Astronomy and Astrophysics, Volume 490, Issue 1, 2008, pp. 265-277, 2008, DOI: 10.1051/0004-6361:200810169, arXiv: 0805.1355

Ker Than: »Astronomers Peer Inside Stars, Finding Giant Magnets«, California Institute of Technology, 22.10.2015: www.caltech.edu/news/astronomers-peer-inside-stars-finding-giant-magnets-48498

Donald D. Clayton: »Principles of Stellar Evolution and Nucleosynthesis«, The University of Chicago Press, ISBN 0-226-10953-4, 1984

Hilding Neilson, John B. Lester, Xavier Haubois: »Weighing Betelgeuse: Measuring the mass of alpha Orionis from stellar limb-darkening«, 9th Pacific Rim Conference on Stellar Astrophysics. ASP Conference Series, Volume 451, 2011, Bibcode: 2011ASPC..451..117N, arXiv: 1109.4562

Onno Pols: »Stellar structure and evolution: Chapter 12: Presupernova evolution of massive stars«, Afdeling Sterrenkunde, Radboud Universiteit Nijmegen, 2011: www.astro.ru.nl/~onnop/education/stev_utrecht_notes/

G. Fontaine, P. Brassard, P. Bergeron: »The Potential of White Dwarf Cosmochronology«, The Publications of the Astronomical Society of the Pacific, Volume 113, Issue 782, pp. 409-435, 2001, DOI: 10.1086/319535

A. Vibert Douglas: »Sir Arthur Stanley Eddington«, Encyclopædia Britannica: 15.9.2015: www.britannica.com/biography/Arthur-Stanley-Eddington

Quentin A. Parker et al.: »The Macquarie/AAO/Strasbourg H_Planetary Nebula Catalogue: MASH«, Monthly Notices of the Royal Astronomical Society, Volume 373, Issue 1, pp. 79-94, 2006, DOI: 10.1111/j.1365-2966.2006.10950.x

Michael Richmond: »Physics 230, Stellar Astronomy: Late stages of stellar evolution for high-mass stars«, Department of Physics, Rochester Institute of Technology, 2004: http://spiff.rit.edu/classes/phys230/lectures/sn/sn.html

Thierry Foglizzo et al.: »The explosion mechanism of core-collapse supernovae: progress in supernova theory and experiments«, Publications of the Astronomical Society of

Australia, Volume 32, 2015, DOI: 10.1017/pasa.2015.9, arXiv: 1501.01334

Karel A. van der Hucht: »The VIIth catalogue of galactic Wolf-Rayet stars«, New Astronomy Reviews, Volume 45, Issue 3, p. 135-232, 2001, DOI: 10.1016/S1387-6473(00)00112-3

Jose H. Groh et al.: »Fundamental properties of core-collapse supernova and GRB progenitors: predicting the look of massive stars before death«, Astronomy & Astrophysics, Volume 558, 2013, DOI: 10.1051/0004-6361/201321906, arXiv: 1308.4681

Jonay I. González Hernández et al.: »No surviving evolved companions of the progenitor of SN_1006«, Nature, Volume 489, Issue 7417, pp. 533-536, 2012, DOI: 10.1038/nature11447, arXiv: 1210.1948

Carles Badenes: »The Merger Rate of Binary White Dwarfs in the Galactic Disk«, The Astrophysical Journal Letters, Volume 749, Issue 1, 2012, DOI: 10.1088/2041-8205/749/1/L11, arXiv: 1202.5472

F. K. Röpke, W. Hillebrandt: »The case against the progenitor's carbon-to-oxygen ratio as a source of peak luminosity variations in type Ia supernovae«, Astronomy and Astrophysics, Volume 420, pp. L1-L4, 2004, DOI: 10.1051/0004-6361:20040135, arXiv: astro-ph/0403509

Bernard R. Goldstein: »Evidence for a supernova, of A.D. 1006«, Astronomical Journal, Volume 70, p. 105, 1965, DOI: 10.1086/109679, Bibcode: 1965AJ.....70..105G

International Astronomical Union Central Bureau for Astronomical Telegrams: »List of Supernovae«: www.cbat.eps.harvard.edu/lists/Supernovae.html

J. Craig Wheeler: »Supernovae in binary systems«, in: Frontiers of stellar evolution (A92-51676 22-90). San Francisco, CA, Astronomical Society of the Pacific, ISBN: 0-937707-39-2, 1991, S. 483-538, Bibcode: 1991ASPC...20..483W

Yuko Motizuki et al.: »An Antarctic ice core recording both supernovae and solar cycles«, 2009, arXiv: 0902.3446, Bibcode: 2009arXiv0902.3446M

Michael J. Longo: »Tests of relativity from SN1987A«, Physical Review D (Particles and Fields), Volume 36, Issue 10, pp. 3276-3277, 1987, DOI: 10.1103/PhysRevD.36.3276

NASA: »Chandra X-ray Observatory«, »Field Guide to X-Ray Sources: Supernovas & Supernova Remnants«: http://chandra.harvard.edu/xray_sources/supernovas.html

Horace Freeland Judson: »No Nobel Prize for Whining«, The New York Times, 20.10.2003: www.nytimes.com/2003/10/20/opinion/no-nobel-prize-for-whining.html

Dr. Eric Christian: »Ask Us: Star Rotation«, NASA Cosmiscopia, 2012: http://helios.gsfc.nasa.gov/qa_star.html# starrotation

Michael Richmond: »Physics 230, Stellar Astronomy: Neutron Stars«, Department of Physics, Rochester Institute of Technology, 2004: http://spiff.rit.edu/classes/phys230/lectures/ns/ns.html

Robert Naeye: »Neutron Stars«, »NASA Missions: Fermi Gamma-ray Space Telescope«, 23.8.2007: www.nasa.gov/mission_pages/GLAST/science/neutron_stars.html

NASA Goddard Space Flight Center: »Imagine the Universe!«, »Science: Objects of Interest: Pulsars«, 2011: http://imagine.gsfc.nasa.gov/science/objects/pulsars2.html

Swinburne University of Technology: »Cosmos – The SAO Encyclopedia of Astronomy: Pulsar«, https://astronomy. swin.edu.au/cosmos/p/pulsar

H.E.S.S. Collaboration: »H.E.S.S. Observations of the Crab during its March 2013 GeV Gamma-Ray Flare«, Astronomy & Astrophysics, Volume 562, DOI: 10.1051/0004-6361/201323013, arXiv: 1311.3187

M. Marelli et al.: »Radio-quiet and radio-loud pulsars: similar in Gamma-rays but different in X-rays«, The Astrophysical Journal, Volume 802, Issue 2, DOI: 10.1088/0004-637X/802/2/78, arXiv: 1501.06215

Max-Planck-Institut für Radioastronomie: »Die vielfältigen Wege zu Millisekunden-Pulsaren«, 16.12.2013: www. mpifr-bonn.mpg.de/pressemeldungen/2013/13

Walter Sullivan: »Star May Be Flashing 642 Times Each Second«, The New York Times, 27.11.1982: www.nytimes. com/1982/11/27/us/star-may-be-flashing-642-times-each-second.html

Joachim Trümper: »Deep searches for isolated radio-quiet neutron stars«, The Scientific Requirements for Extremely Large Telescopes, Proceedings of the 232nd Symposium of the International Astronomical Union, Cambridge University Press, S. 236-240, 2006, DOI: 10.1017/S1743921306000639, Bibcode: 2006IAUS..232..236T

A. Treves et al.: »The Magnificient Seven: Close-by Cooling Neutron Stars?«, X-ray Astronomy 2000, ASP Conference Proceeding, Volume 234, Astronomical Society of the Pacific ISBN: 1-58381-071-4, 2001, S. 225, arXiv: astro-ph/0011564, Bibcode: 2001ASPC..234..225T

D. L. Kaplan: »Nearby, Thermally Emitting Neutron Stars«,

International Conference on Astrophysics of Compact Objects, AIP Conference Proceedings, Volume 968, pp. 129-136, 2008, DOI: 10.1063/1.2840384, arXiv: 0801.1143

V.I. Kondratiev et al.: »A Search for Pulsed and Bursty Radio Emission from X-ray Dim Isolated Neutron Stars«, »40 Years of Pulsars: Millisecond Pulsars, Magnetars and More«, AIP Conference Proceedings, Volume 983, pp. 348-350, DOI: 10.1063/1.2900180, arXiv: 0710.1648

A. Slowikowska: »Comparison of giant radio pulses in young pulsars and millisecond pulsars«, Proceedings of the 363. WE-Heraeus Seminar on Neutron Stars and Pulsars, ISSN 0178-0719, Max Planck Institut für extraterrestrische Physik, 2007, S. 64, arXiv: astro-ph/0701105, Bibcode: 2007 whsn.conf...64S

Harvard-Smithsonian Center for Astrophysics: »HEA Research: Millisecond Pulsars«: www.cfa.harvard.edu/hea/ea/milpulsars.html

Stephane Goriely, Andreas Bauswein, Hans-Thomas Janka: »r-process Nucleosynthesis in Dynamically Ejected Matter of Neutron Star Mergers«, The Astrophysical Journal Letters, Volume 738, Issue 2, 2011, DOI: 10.1088/2041-8205/738/2/L32, arXiv: 1107.0899

Chryssa Kouveliotou et al.: »An X-ray pulsar with a superstrong magnetic field in the soft _-ray repeater SGR1806 – 20«, Nature, Volume 393, Issue 6682, pp. 235-237, 1998, DOI: 10.1038/30410

M. Feroci et al.: »The Giant Flare of 1998 August 27 from SGR 1900+14: I. An Interpretive Study of BeppoSAX and Ulysses Observations«, The Astrophysical Journal, Volume 549, Issue 2, pp. 1021-1038, 2001, DOI: 10.1086/319441, arXiv: astro-ph/0010494

NASA: »NASA Science: News«, »Crusty young star makes its presence felt: Gamma ray flash zaps satellites, illuminates Earth, and sheds light on several mysterious stellar events«, 26.9.1998: http://science.nasa.gov/science-news/science-at-nasa/1998/ast29sep98_1/

World Wide Words: »Black Hole«, 2008: www.worldwide words.org/topicalwords/tw-bla1.htm

Heather R. Smith: »NASA Knows Grades 5-8: What Is a Black Hole?«, 4.6.2014: www.nasa.gov/audience/for stu dents/5-8/features/nasa-knows/what-is-a-black-hole-58. html

NASA: »NASA Science: Astrophysics«, »Black Holes«, 19.4.2016: http://science.nasa.gov/astrophysics/focus-areas/black-holes/

Jorge Casares: »Observational evidence for stellar-mass black holes«, Black Holes from Stars to Galaxies – Across the Range of Masses, Cambridge University Press, 2007, pp. 3-12, DOI: 10.1017/S1743921307004590, arXiv: astro-ph/0612312

W. M. Goss, Robert L. Brown, K. Y. Lo: »The Discovery of Sgr A*«, Astronomische Nachrichten, Supplementary Issue 1, Proceedings of the Galactic Center Workshop 2002 – The central 300 parsecs of the Milky Way, pp. 497-504, 2003, DOI: 10.1002/asna.200385047, arXiv: astro-ph/0305074

L. Meyer et al.: »The Shortest Known Period Star Orbiting our Galaxy's Supermassive Black Hole«, Science, Volume 338, Issue 6103, p. 84, 2012, DOI: 10.1126/science.1225506, arXiv: 1210.1294

Jonathan Webb: »Event horizon snapshot due in 2017«, BBC

News, 8.1.2016: www.bbc.com/news/science-environment-35258378

J. M. Weisberg, D. J. Nice, J. H. Taylor: »Timing Measurements of the Relativistic Binary Pulsar PSR B1913+16«, The Astrophysical Journal, Volume 722, Issue 2, pp. 1030-1034, 2010, DOI: 10.1088/0004-637X/722/2/1030, arXiv: 1011.0718

Cardiff University, School of Physics and Astronomy: »Cardiff Gravitational Physics tutorial: 3. The Hulse-Taylor Pulsar – Evidence of Gravitational Waves«: www.astro.cf.ac.uk/research/gravity/tutorial/?page=3thehulsetaylor

F. Eisenhauer et al.: »SINFONI in the Galactic Center: Young Stars and Infrared Flares in the Central Light-Month«, Astrophysical Journal, Volume 628, Issue 1, pp. 246-259, 2005, DOI: 10.1086/430667, arXiv: astro-ph/0502129

Milchstraße

DOX Productions, National Geographic Channel: »Inside the Milky Way«, Dokumentarfilm, 96 Minuten, 2010

Research Consortium on Nearby Stars (RECONS): »The One Hundred Nearest Star Systems«, 1.1.2012: http://www.recons.org/TOP100.posted.htm

Michael Richmond: »Physics 301, University Astronomy: Measuring distances to stars via parallax«, Department of Physics, Rochester Institute of Technology, 2011: http://spiff.rit.edu/classes/phys301/lectures/parallax/parallax.html

Carl R. Nave: »HyperPhysics: Hipparcos«, Department of Physics and Astronomy, Georgia State University: http://hyperphysics.phy-astr.gsu.edu/hbase/solar/hipparcos.html

ESA: »Gaia: Science Performance«: www.cosmos.esa.int/web/gaia/science-performance

Michael A. Seeds, Dana E. Backman: »Stars and Galaxies: Ninth Edition«, Cengage Learning, ISBN: 1-305-12078-5, 2016

Françoise Combes: »Ripples in a Galactic Pond«, Scientific American, 1.10.2005: http://www.scientificamerican.com/article/ripples-in-a-galactic-pon/

Daniel J. Majaess: »Concerning the Distance to the Center of the Milky Way and its Structure«, Acta Astronomica, Volume 60, Number 1, pp. 55-74, 2010, arXiv: 1002.2743, Bibcode: 2010AcA....60...55M

Karen Masters: »Ask An Astronomer: How often does the Sun pass through a spiral arm in the Milky Way? (Intermediate)«, Cornell University Astronomy, 18.4.2016: http://curious.astro.cornell.edu/our-solar-system/55-our-solar-system/the-sun/the-sun-in-the-milky-way/207-how-often-does-the-sun-pass-through-a-spiral-arm-in-the-milky-way-intermediate

Rainer Kayser: »Galaktisches Pendel beeinflusst irdisches Leben«, Welt der Physik, 7.4.2006: http://www.weltderphysik.de/gebiet/astro/news/2006/galaktisches-pendel-beeinflusst-irdisches-leben/

Ortwin Gerhard: »Pattern speeds in the Milky Way«, Memorie della Societa Astronomica Italiana Supplement, Volume 18, p. 185, 2011, arXiv: 1003.2489, Bibcode: 2011 MSAIS..18..185G

National Radio Astronomy Observatory: »Earth's Milky Way Neighborhood Gets More Respect«, 3.6.2013: www.nrao.edu/pr/2013/localarm/

NASA: »Chandra X-ray Observatory«, »NASA's Chandra Shows Milky Way is Surrounded by Halo of Hot Gas«, 24.9.2012: www.nasa.gov/mission_pages/chandra/news/ H-12-331.html

Donald Dukes, Mark R. Krumholz: »Was The Sun Born In A Massive Cluster?«, The Astrophysical Journal, Volume 754, Issue 1, 2012, DOI: 10.1088/0004-637X/754/1/56, arXiv: 1111.3693

Barbara Pichardo et al.: »The Sun was not born in M67«, Astronomical Journal, Volume 143, Issue 3, 2012, DOI: 10.1088/0004-6256/143/3/73, arXiv: 1201.0987

Rainer Kayser: »Entstehungsort der Sonne muss neu gesucht werden«, Welt der Physik, 6.1.2012: http://www.weltder physik.de/gebiet/astro/news/2012/entstehungsort-der-sonne-muss-neu-gesucht-werden/

IOP Institute of Physics: »Topic of the moment Archive«, »The cosmic distance ladder«, www.iop.org/resources/topic/archive/cosmic/

B. Dauphole et al.: »The kinematics of globular clusters, apocentric distances and a halo metallicity gradient«, Astronomy and Astrophysics, Volume 313, pp. 119-128, 1996, Bibcode: 1996A&A...313..119D

NASA Astronomy Picture of the Day: »Glimpse of a Globular Star Cluster«, 14.10.2004: http://apod.nasa.gov/apod/ap 041014.html

Harvard-Smithsonian Center for Astrophysics: »OIR Research: OIR: Open Clusters«: www.cfa.harvard.edu/oir/mw/openclusters.html

Instituto de Astrofísica de Canarias: »X Canary Islands Winter School of Astrophysics«, »What would the sky look like if observed from a planet of a globular cluster star?«, 1998: http://www.iac.es/gabinete/iacnoticias/winter98/xplaneta. htm

European Southern Observatory (ESO): »Ashes from the Elder Brethren: UVES Observes Stellar Abundance Anomalies in Globular Clusters«, 2.3.2001: http://www.eso.org/public/news/eso0107/

Galaxien und Universum

Virginia Trimble: »The 1920 Shapley-Curtis Discussion: Background, Issues, and Aftermath«, Publications of the Astronomical Society of the Pacific, Volume 107, p. 1133, 1995, DOI: 10.1086/133671, Bibcode: 1995PASP..107.1133T

HubbleSite: »NASA's Hubble Shows Milky Way is Destined for Head-on Collision with Andromeda Galaxy«, News Release Number: STScI-2012-20, 31.3.2012: http://hubblesite.org/newscenter/archive/releases/2012/20

NASA Goddard Space Flight Center: »Imagine the Universe!«, »Science: Objects of Interest: Active Galaxies and Quasars«, 2011: http://imagine.gsfc.nasa.gov/science/objects/active_galaxies2.html

Vera C. Rubin, W. Kent Ford, Jr., Norbert Thonnard: »Rotational properties of 21 Sc galaxies with a large range of luminosities and radii, from NGC 4605 (R = 4kpc) to UGC 2885 (R = 122 kpc)«, Astrophysical Journal, Part 1, Colume 238, p. 471-487, 1980, DOI: 10.1086/158003, Bibcode: 1980ApJ...238..471R

Tomasz Nowakowski: »Astronomers observe a unique multiply-lensed supernova«, phys.org, 19.1.2016: http://phys.org/news/2016-01-astronomers-unique-multiply-lensed-supernova.html

Alaina G. Levine: »Arno Penzias and Robert Wilson: Large Horn Antenna and the Discovery of Cosmic Microwave Background Radiation«, American Physical Society (APS) Physics, Physics History, 2009: www.aps.org/programs/outreach/history/historicsites/penziaswilson.cfm

ESA: »Space Science: Planck«, »Planck and the Cosmic Microwave Background«: www.esa.int/Our_Activities/Space_Science/Planck/Planck_and_the_cosmic_micro wave_background

NASA Goddard Space Flight Center: »Imagine the Universe!«, »Special Exhibits: The Cosmic Distance Scale: The Local Group«: http://imagine.gsfc.nasa.gov/features/cosmic/lo cal_group_info.html

George Djorgovski: »Ay 127: Lecture 2: Distance scale, Hubble constant, ages«, Caltech Astronomy, California Institute of Technology, 2013: http://www.astro.caltech. edu/~george/ay127/

Edward L. Wright: »A Cosmology Calculator for the World Wide Web«, The Publications of the Astronomical Society of the Pacific, Volume 118, Issue 850, pp. 1711-1715, 2006, DOI: 10.1086/510102, arXiv: astro-ph/0609593: www. astro.ucla.edu/~wright/CosmoCalc.html

Adam G. Riess et al.: »Observational Evidence from Supernovae for an Accelerating Universe and a Cosmological Constant«, The Astronomical Journal, Volume 116, Issue 3, pp. 1009-1038, 1998, DOI: 10.1086/300499, arXiv: astro-ph/9805201

S. Perlmutter et al.: »Measurements of_and_from 42 High-Redshift Supernovae«, The Astrophysical Journal, Volume 517, Issue 2, pp. 565-586, 1999, DOI: 10.1086/307221, arXiv: astro-ph/9812133

HubbleSite: »Hubble Discoveries: Dark Energy: Fate of the Universe«: http://hubblesite.org/hubble_discoveries/dark_energy/de-fate_of_the_universe.php

Tamara M. Davis, Charles H. Lineweaver: »Expanding Confusion: common misconceptions of cosmological horizons and the superluminal expansion of the Universe«, Publications of the Astronomical Society of Australia, Volume 21, Issue 1, pp. 97-109, 2004, DOI: 10.1071/AS03040, arXiv: astro-ph/ 0310808

Astrobiologie

NASA: »Astrobiology Strategy«, Astrobiology at NASA, 015: https://astrobiology.nasa.gov/our-research/astrobiology-at-nasa/astrobiology-strategy/

NASA: »NASA Science: News«, »Who Wrote The Book of Life? Picking Up Where D'Arcy Thompson Left Off«, 28.5.1999: http://science.nasa.gov/science-news/science-at-nasa/1999/ast28may99_1/

Eric M. Jones: »Where is everybody? An account of Fermi's question«, 1985, Bibcode: 1985STIN... 8530988J

Exoplanet Team: The Extrasolar Planets Encyclopaedia, 2016: http://exoplanet.eu/

phys.org: »First detection of super-earth atmosphere«, 16.2.2016: http://phys.org/news/2016-02-super-earth-atmo sphere.html

Planetary Habitability Laboratory: »The Habitable Exoplanets Catalog«, University of Puerto Rico at Arecibo, 28.3.2016: http://phl.upr.edu/projects/habitable-exoplanets-catalog

Jake Rosenthal: »The Pioneer Plaque: Science as a Universal Language«, The Planetary Society Blogs, 20.1.2016: http://www.planetary.org/blogs/guest-blogs/2016/0120-the-pioneer-plaque-science-as-a-universal-language.html

SEDNA →S.2307

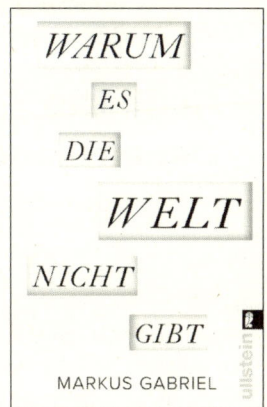

Katja Berlin

Gefühltes Deutschland

Humor.
Mit farbigen Abbildungen.
Taschenbuch.
www.ullstein-buchverlage.de

Nach »*Was wir tun, wenn der Aufzug nicht kommt*«:
der neue Bestseller von Katja Berlin

Gefühlt weiß jeder, die wahre deutsche Teilung verläuft zwischen Aldi Nord und Aldi Süd. Und es gibt nur drei Klimazonen in Deutschland: den zu kalten Norden, die zu nasse Mitte und den zu heißen Süden. Nach ihren Bestsellererfolgen *Was wir tun, wenn der Aufzug nicht kommt* und *Was wir tun, wenn es an der Haustür klingelt* zeigt Katja Berlin in Grafiken, wie Deutschland wirklich ist. Die abgebildeten Vorurteile, gefühlten Wahrheiten und Meinungen sind zu mindestens 70 Prozent interessant, zu 90 Prozent überwiegend witzig und zu hundert Prozent wahr (Mehrfachnennungen möglich).

»Wir versprechen: Sie werden Ihren Alltag, Sie werden Deutschland wiedererkennen.«
Huffington Post

ullstein